Voyage à travers Nout

EMMANUEL SOARES BARBOSA

ISBN : 9798859109128

Chapitre 0 :

Le Soleil au zénith, une chaleur étouffante de près de quarante-cinq degrés écrasait de canicule la ville de Thèbes. Les ombres des maisons, des abris et des rares arbres se réduisaient à leur strict minimum. Les chairs dénudées brûlaient lentement sous la clarté, tandis qu'un vent sec et fiévreux soulevait des nuages de poussière, fouettant les visages des passants non protégés. Ce souffle d'air chaud et rougeoyant, que les dieux avaient probablement déclenché, harcelait les prêtres et les badauds, asséchant leur peau et étouffant leur respiration. Néanmoins, tout cela n'était rien comparé au grondement sourd de la révolte dont on percevait au loin les premiers échos métalliques. Le crissement aigu des armes résonnait déjà contre les murs extérieurs du grand Temple. On s'affrontait de toute évidence avec hardiesse et fureur sous cette chaleur torride et ceux qui ne s'étaient pas déjà consumés sous la lumière aveuglante du grand astre, périssaient plus rapidement encore du fait de l'embrasement social. Dans les rues adjacentes, la foule se précipitait dans tous les sens, à la recherche d'un refuge ou même d'une simple cachette temporaire. On pouvait lire sur le visage de chacun une peur panique, un affolement proche de l'hystérie. Tous hurlaient de désespoir et demandaient secours. Des femmes priaient avec ferveur au-devant des statues des dieux, tandis que leurs congénères masculins tentaient en vain de pénétrer dans le grand Temple, en tambourinant autant qu'ils le pouvaient contre ses immenses portes en bois. Mais devant la gravité de la situation, les gardes s'étaient empressés de les refermer derrière eux, laissant ainsi la foule à sa destinée, sans aucune arme, ni aucune protection. Un peu plus loin, à seulement quelques encablures de là, les premiers individus couverts de sang s'évertuaient quant à eux à échapper à la mort. Certains agonisaient déjà au milieu des poteries fracassées et des jarres renversées, d'autres pendaient simplement sur le dessus d'une barricade montée à la hâte avec quelques charrettes entassées, dans l'espoir de ralentir l'inévitable. Les rues étaient jonchées de cadavres que des individus traînaient à l'arrière ou déplaçaient sur le côté pour faire de la place à ceux qui tentaient encore de se battre. Le chaos était à son apogée, les blessés tentant de se démarquer des morts, mais beaucoup déjà gisaient entre les baraquements de bois et les maisonnées en torchis ou en brique crue.

Il existe parfois un laps de temps qui ne laisse de lui-même que si peu pour agir, qu'il nous faut alors raisonner en dehors du temps.

C'est ce qu'elle entreprit de faire, calfeutrée, bien à l'abri des murs du Temple, en son cœur, au plus proche du Naos, elle avait étalé dix-sept papyrus sur un monolithe en grès de très grande taille - qui servait habituellement à recevoir les offrandes des pèlerins.

Avec méthode et patience, elle les déroula méticuleusement un à un, perpendiculairement à la grande pierre longitudinale qui servait ici de présentoir. Certains plus grands que d'autres pendaient dans le vide et deux d'entre eux descendaient même jusqu'au sol. L'ensemble formait un tout magnifique, car outre les textes hiéroglyphiques, plusieurs papyrus comportaient de nombreuses illustrations. Elle n'ignorait rien des événements qui se déroulaient à l'extérieur, pouvant facilement entendre se rapprocher le brouhaha de la foule, ses cris et la bataille qui faisait rage au loin. Néanmoins, elle prit tout son temps pour relire avec application chaque papyrus, qu'elle connaissait pourtant déjà presque par cœur. À travers cette ultime lecture, elle cherchait à s'approprier pleinement et pour la dernière fois, la forme et surtout le sens précis du texte. Cela lui prit plusieurs heures et lorsqu'elle eut enfin terminé, elle marqua encore un temps de réflexion important. Alors que les cris de la foule se rapprochaient manifestement des portes du Temple, toujours avec le plus grand calme, elle divisa les papyrus en deux groupes distincts et intima l'ordre à l'un des architectes du sanctuaire de les dissimuler entre deux murs. Ainsi, elle déposa avec délicatesse les deux groupes de papyrus en deux endroits différents d'une première enceinte, avant que l'architecte n'ordonne à ses ouvriers spécialisés de bâtir un second mur derrière lequel ils seraient à jamais enfouis, soustraits à la vue de chacun. Ce travail prit toute la nuit, ainsi qu'une partie de la matinée suivante, mais bien qu'épuisée, elle assista à la scène et demeura présente jusqu'au bout, afin de s'assurer par elle-même que la qualité du travail réalisé était sans faille. Cette nouvelle paroi fut construite comme toutes les autres, à l'aide de blocs de calcaire d'une épaisseur et d'une taille impressionnante, ne permettant à personne de comprendre qu'elle dissimulait en son sein une cachette.

Cependant, le son des armes se faisait toujours plus clair. On se battait maintenant à l'intérieur du Temple, alors même que la garde s'était peu à peu regroupée en son cœur. Elle attendit ainsi patiemment, parfaitement sereine et pleinement consciente de ce qui allait suivre, avant qu'enfin les portes de la pièce où elle s'était réfugiée ne fussent brusquement ouvertes par des assaillants emplis de colère.

Chapitre 1 : Hehou

Il y a trois ans de cela, en deux mille dix-huit, lors de mon premier voyage en Égypte, je me trouvais à Louxor, à contempler les nombreux étals des marchands de fruits frais. Ils avaient installé leurs stands le long d'un grand bâtiment blanc plutôt délabré, sur lequel des fils électriques couraient dans tous les sens à la manière d'une araignée qui aurait tissé sa toile après s'être longtemps baignée dans un verre de whisky.

Les étals où de belles oranges, pêches et tomates apparaissaient bien ordonnées, étaient déposés sur des empilements de cageots en plastique vieillissant. Sur le côté, des pains de toutes tailles séchaient au soleil sur des étagères métalliques peintes en bleu qui ressemblaient à un échafaudage pour le bâtiment - comme si ces miches allaient être utilisées pour bâtir des remparts au milieu de l'avenue. Un peu plus loin, quelque peu à l'écart, se hasardait une charrette en bois, attelée à un âne. Elle était en mesure de circuler grâce à de grosses roues cerclées, montées de pneus disparates, plus lisses qu'un miroir finement poli. Elle dévoilait sous une bâche à demi couverte, de nombreux légumes verts élégamment alignés - des courgettes essentiellement, ainsi que des piments. Des enfants jouaient et couraient tout autour, poussant des hurlements stridents insoutenables. Les marchands vêtus en djellaba, s'activaient pour peser leurs légumes à l'aide de balances faites de deux plateaux en aluminium martelé et dont les poids en fonte, de forme hexagonale, ressemblaient à de gros écrous. À même le sol, dans la rue, étaient entassés derrière les étals, des sacs à moitié ouverts, qui regorgeaient d'autres fruits et légumes. Plus loin encore, entre deux motos poussiéreuses et un vélo déjà très fatigué, avaient été empilées, comme des boulets de canon, des pastèques récemment récoltées. Les marchands et leurs clients s'abritaient comme ils le pouvaient du Soleil, déjà très haut dans le ciel, sous des tentures assemblées avec des attaches montées à trois mètres de hauteur et tendues entre des poteaux en bois. En parcourant cette rue, on faisait son marché comme sur le pont d'un vieux galion européen du seizième siècle, où s'entremêlaient les voiles et les cordages. Dans un renfoncement qui servait de boutique, des carcasses de mouton pendaient à des crochets. Du sang frais s'en écoulait et tombait doucement dans des bassines destinées à cet effet. N'importe quel touriste occidental qui aurait pris le risque inconsidéré d'acheter et de cuisiner une telle pièce de boucher, aurait été soumis à de fortes crampes intestinales qui l'auraient dissuadé à jamais de réitérer son acte. Depuis plus d'un siècle maintenant, aucun marchand n'avait d'ailleurs jamais vendu de viandes à qui que ce soit d'autre qu'un Égyptien, qui dès sa naissance se voyait sans doute protégé par Isis, Déesse de la santé, de la fécondité et inventrice des remèdes médicinaux.

En tant que seul occidental blanc, je ne passais pas inaperçu sur ce marché. Intrigués par ma présence, tous les regards convergeaient vers moi et plaisantaient - pariant pour les uns que j'avais dus m'égarer, et pour les autres si j'allais finalement opter pour l'achat d'un kilo de bananes ou d'oranges.

Dans un anglais très approximatif qui convient à tout Français qui se respecte, je choisis avec raison les bananes, en espérant que l'épaisseur de la peau des fruits aurait eu raison des bactéries égyptiennes. C'est en me retournant, après avoir payé sans doute beaucoup trop cher ma marchandise - et alors que j'avais pourtant déjà obtenu une division par deux du prix demandé - que je tombai presque nez à nez avec un vieil homme barbu que tout le monde semblait respecter, car le brouhaha de la rue parut brusquement s'estomper.

L'homme qui devait avoir environ soixante-cinq ans, me parla dans un français très soigné, avec un léger accent. Il se présenta rapidement en tendant une main chaleureuse que je saisis aussitôt fermement :

— Bonjour et bienvenu à toi étranger. Je me nomme Hehou, et suis descendant d'un dieu du temps infini, génie de l'éternité.

Devant tant de prétention, il m'était bien sûr difficile de donner le change. Si je m'étais retourné devant le Président de l'Égypte, j'aurais pu au moins me présenter correctement en bredouillant mon prénom et mon nom, mais j'avoue avoir ici été quelque peu décontenancé, ne sachant trop que dire. Si on m'en avait laissé le temps, je ne me serais en effet pas présenté devant le descendant d'un dieu, au milieu du boulevard, en teeshirt baskets, un kilo de bananes à la main, dans un sac de plastique rose...

Je ne sus que répondre :

— *Enchanté Hehou !*

Mais je compris la seconde suivante que ce n'était peut-être pas tout à fait suffisant au regard de l'hôte que j'avais en face de moi et j'ajoutai donc :

— *Je suis consultant, diplômé d'un doctorat en physique quantique.*

Bien sûr, avec le recul, c'était totalement inapproprié et je ris de moi-même intérieurement devant le ridicule de ma situation. J'avais pourtant mis en avant le maximum des titres et des médailles que je pouvais promouvoir, et d'habitude cela fonctionnait plutôt bien, mais là, de toute évidence, je ne pouvais rivaliser.

Hehou écarta les mains, les paumes orientées vers moi dans un geste humble, cherchant à me rassurer, en se mettant à mon niveau de simple mortel.

— *Je ne suis qu'un descendant, je ne suis pas moi-même vraiment un dieu, mais comme vous êtes manifestement un scientifique, j'ai une histoire intéressante à vous conter. Je vous propose de me retrouver ce soir sur mon bateau pour dîner, en compagnie de quelques amis.*

J'acceptai avec joie de pouvoir discuter en français avec cet homme qui de toute évidence semblait être un érudit et qui plus est, disposait d'une lignée généalogique des plus intéressantes. Il me griffonna sur un bout de papier l'adresse où je pourrais le retrouver le soir-même et nous nous quittâmes ainsi.

*

Un peu plus tard dans cette même journée, je ne pus m'empêcher de retourner au temple de Louxor que j'avais pourtant déjà visité la veille. Après avoir traversé une immense allée, gardée de sphinx criocéphales - à corps de lion et tête de bélier - puis de sphinx tels que nous les connaissons mieux avec leur faciès de pharaon, l'entrée du temple se faisait entre deux pylônes en pierre d'environ trente mètres de haut, soixante mètres de large et peut-être huit mètres d'épaisseur. Cette entrée principale était encadrée de part et d'autre par deux immenses statues de Ramsès II, dans une position assise, semblant veiller la porte. Plus loin, sur les côtés, le long des pylônes, se dressaient au moins quatre autres statues du même Ramsès II, représenté cette fois debout. Sur la gauche avait été érigé un magnifique obélisque en granite rose. Malheureusement, son frère jumeau avait quant à lui été soustrait sur la droite de l'entrée.

Ce dernier se trouve en effet aujourd'hui - comme nous le savons tous - au centre de la place de la Concorde, en lieu et place de l'ancienne guillotine élevée sous la Révolution Française à Paris, à quelque trois mille six cent soixante-dix kilomètres de là. Pour l'anecdote, les deux obélisques avaient été initialement offerts à la France par le vice-roi d'Égypte Méhémet Ali en mille huit cent trente. Mais l'égyptologue Champollion, qui fut chargé de la transaction, n'en choisit finalement qu'un, sans qu'on sache vraiment pourquoi. Le roi Louis-Philippe offrit à son tour à l'Égypte - dit-on en échange, quinze ans plus tard - une horloge en cuivre de style arabe, que l'on peut aujourd'hui observer au Caire, depuis la fontaine des ablutions de la mosquée de la citadelle de Saladin. Cette horloge dite du « pain d'épice », sans doute très mal conçue et qui par ailleurs a probablement été endommagée durant son transport, est malheureusement restée figée durant de nombreuses années, avant d'avoir fait l'objet de trois tentatives de réparation en près de deux cents ans, sans aucun résultat probant.

Je ne sais trop ce qu'aurait bien pu penser le grand Ramsès II, du troc de son obélisque contre cette horloge. Seul son bon fonctionnement lui aurait sans doute révélé une représentation circulaire et itérative de la course du Soleil - le Dieu Amon-Ré. Cependant, comme elle ne fonctionna jamais, et se trouva qui plus est apposée à un temple d'un nouveau genre, dédié à un dieu unique, elle lui aurait sans doute rappelé l'effroyable période amarnienne d'Akhenaton, que tous les pharaons qui ont succédé à ce dernier, se sont empressés d'effacer de la mémoire égyptienne.

Mais revenons en deux mille dix-huit, au temple de Louxor. Le vide laissé par l'absence du deuxième obélisque déséquilibrait totalement l'énorme ensemble architectural. Cela me donnait l'impression que le Temple, posé sur une balance, allait brusquement basculer sur la gauche. Je ne pus m'empêcher, trop acculturé sans doute par les jardins à la française de Le Nôtre, de penser qu'il aurait mieux valu conserver une certaine symétrie. J'aurais préféré repositionner l'obélisque restant, tel un cyclope, au centre de l'entrée, plutôt que d'afficher ce tableau qui apparaissait à mes yeux comme une amputation désagréable. C'était un peu comme si le Dieu Horus, le fils d'Isis et d'Osiris et dieu d'Héracléopolis Magna, après un voyage touristique à Paris dans une pyramide volante... n'était revenu qu'avec son seul œil gauche, parce qu'il avait offert son œil droit à la France, en le déposant au centre de la place de la Concorde...

A cette pensée, et sans crier gare, un malaise s'empara de moi, un mal de mer sur la terre ferme qui désorienta ma raison. Mes yeux se brouillèrent d'étoiles scintillantes, une envie de vomir surgit de nulle part, puis un flash blanc illumina tout, avant que je ne retrouve progressivement l'image du Temple. Ce dernier immuable, réapparaissait doucement devant moi, avec son même déséquilibre, mais qui finalement semblait bien plus solide que je ne l'étais. La chaleur, qui devait être proche des quarante degrés à l'ombre, ou les bananes dévorées à la hâte quelques heures plus tôt, ambitionnaient de me jouer un mauvais tour et je m'assis donc quelques minutes, pour m'abreuver et remettre mon esprit en ordre de marche.

Cela me laissa le temps d'observer de plus près le piédestal de l'obélisque restant. A mon grand étonnement, j'y observai une série de babouins, dans une représentation plutôt incongrue que j'imaginai être celle du dieu de la connaissance, le Dieu Thot, les mains bien apparentes, en signe de dévotion. Je n'avais jusqu'ici pas fait le rapprochement entre ces mêmes babouins que j'avais pourtant pu contempler au musée du Louvre. Ils étaient bien là, à Louxor, sous le deuxième obélisque, dans une posture de vénération du symbole lumineux du Soleil. Et alors que l'obélisque devait représenter l'apport énergétique indispensable et nourricier à la vie - engendré par le Dieu Amon-Ré, identifié au Soleil - les babouins s'efforçaient d'en étudier le sens, faisant preuve de piété et d'adoration. Du moins c'était mon interprétation sur le moment...

Ce rayon lumineux envoyé par Ré me donna sans doute l'énergie nécessaire pour me relever et reprendre mon cheminement au sein du Temple. La première porte passée, je me retrouvai dans la grande cour de Ramsès II. Il s'agissait d'un rectangle architectural d'environ cinquante mètres sur soixante, où des rangées de colonnes surplombées de chapiteaux papyriformes et de statues de Ramsès II s'entrecroisaient. Si l'ensemble était très abîmé par le temps, on pouvait tout de même facilement imaginer la grandeur et l'aspect imposant de cette cour.

En avançant un peu plus loin, on s'enfonçait au milieu de dizaines de colonnes surplombées de chapiteaux impressionnants. Il s'agissait cette fois de la colonnade d'Aménophis III qui débouchait sur une cour non moins impressionnante, faite d'une double rangée de soixante-quatre colonnes fasciculées et cannelées. Nous étions maintenant des nains déambulant dans une forêt d'arbres faits de pierre. Les plus petites statues nous contemplaient d'au moins trois fois notre hauteur. Elles ne semblaient pas nous avoir remarqués et étaient imperturbables à nos commentaires qu'elles jugeaient inutiles de relever. Elles auraient perdu sans doute trop de temps à nous expliquer les raisons de leur présence et nous ne saurions de toute façon les comprendre. Elles étaient des dieux et nous n'étions pour elles qu'une matière sans intérêt, dont la dynamique au mieux les agaçait quelque peu et qu'elles balayaient d'un simple mouvement du pied.

L'ensemble donnait une impression de sécurité, de plénitude et de grande sérénité. Il n'existait pas d'image plus romanesque de l'Égypte antique. Tout apparaissait ici gigantesque et grandiose, donnant à l'être humain le sentiment de sa petitesse et de son insignifiance, devant la majesté et la beauté écrasante qui s'imposaient. Il eût fallu être un colosse en pierre de plus de quarante mètres pour trouver l'endroit suffisamment normal pour venir y faire sécher son linge, en tendant une corde entre les colonnes de la salle hypostyle. Les dimensions étaient toutes disproportionnées. Nous étions des fourmis entrant dans un Versailles construit à l'image des Dieux, comportant des iconographies auxquelles elles pouvaient rapidement s'identifier, mais sans pour autant en comprendre réellement ni la nature, ni le sens.

Quand les historiens grecs, Hérodote vers moins quatre cent cinquante, puis Platon en trois cent quatre-vingt-dix avant notre ère, ou même quatre siècles plus tard Diodore de Sicile, contemporain de Jules César, ont découvert ce fabuleux ensemble architectural, n'ont-ils pas pensé, comme moi-même, plus de deux mille ans plus tard, que le principal avait déjà été réfléchi, conçu et construit par nos ancêtres de l'Égypte antique ?

En modifiant plusieurs fois ma direction, tournant notamment tout autour des colonnes pour en admirer les hiéroglyphes et les représentations des différents pharaons qui se sont succédé - réalisant principalement des offrandes aux dieux en échange de leur protection, ou dans le but d'un passage programmé vers l'au-delà - mes divagations au sein du temple de Louxor avaient eu raison de moi, et m'avaient finalement fait perdre toute notion du temps.

Brusquement, dans un éclair de lucidité, je repris conscience et me dirigeai cette fois à grandes enjambées vers une sortie précipitée. Je devais maintenant trouver un moyen de rejoindre l'adresse que m'avait indiquée Hehou.

Chapitre 2 : Horus

Le bateau sur lequel je me trouvais, était amarré à la berge est du Nil. Il s'agissait d'une ancienne dahabeya transformée en restaurant-bar. Je n'aurais su dire si cette embarcation aurait encore pu naviguer, mais de toute évidence elle était positionnée ici depuis au moins plusieurs mois, peut-être même plusieurs années. Le personnel était en nombre et particulièrement soigné. Très attentif au moindre geste des clients, mais sans pour autant prendre plus d'espace que nécessaire, il gardait avant tout une distance raisonnable pour intervenir rapidement, sans jamais être oppressant.

La très grande majorité des clients était constituée, pour l'essentiel, d'une population égyptienne locale, manifestement aisée et richement vêtue. Il s'agissait d'un lieu où les dîners d'affaires semblaient nombreux. Un petit groupe de six touristes occidentaux se trouvait toutefois attablé au fond, proche de la poupe du navire. Un peu plus proche, mais à l'écart, un couple d'amoureux asiatiques écoutait sans doute le clapotis des flots du Nil s'écraser lentement, selon une fréquence régulière sur la coque de la dahabeya. Celle-ci était très stable. En prêtant attention, on pouvait certes discerner un très léger tangage berçant la clientèle. Mais, rapidement, au gré de la conversation et des Gymnopédies d'Erik Satie, interprétées au piano par un musicien en habit, on oubliait facilement ce ressenti.

Aucun détail n'avait été laissé au hasard, sans réflexion. Le ponton en bois huilé était abrité d'une structure, elle aussi en bois - mais différent, plus foncé - soutenant de lourdes tentures de coton blanc égyptien qui glissaient le long des mâts pour venir s'évaser jusqu'au pont. À ce niveau, l'espace était entièrement ouvert, surplombant la ville de Louxor qui s'étalait devant nous, avec son temple magnifiquement éclairé à mesure que le crépuscule gagnait. Il devait être environ vingt heures et à cette heure-là, à la mi-mai, l'air chaud devenait davantage respirable. C'était le moment de bien-être par excellence, que chacun attendait avec impatience.

Une vingtaine de grandes tables rectangulaires avaient été dressées selon deux rangées, laissant un espace central qui permettait au personnel d'aller et venir. À chaque place étaient disposées sur une nappe de coton, d'un blanc immaculé, deux assiettes de porcelaine légèrement rosée, faisant face à une batterie de trois verres en cristal fin : un verre à eau et un verre à vin, tous deux très hauts et suffisamment larges pour contenir la moitié d'une bouteille, ainsi qu'un verre plus petit, dont je n'ai pas compris l'utilité, puisque l'apéritif nous était servi par ailleurs au sein d'un quatrième verre, dont on ne savait déjà plus que faire.

Par table, deux fauteuils confortables faisaient face à une banquette où trois personnes auraient pu facilement s'assoir si besoin. Ces larges assises avaient été réalisées dans un même bois précieux très foncé, presque noir comme de l'ébène, elles aussi recouvertes d'un coton matelassé très blanc qui ne déparait nullement avec l'ensemble.

Chaque table était éclairée par une petite lampe comportant un abat-jour et diffusant une couleur là encore presque rose, en parfaite harmonie avec les assiettes. Des fleurs de jasmin venaient compléter cet ensemble déjà très raffiné, embaumant délicieusement le Nil d'une ambiance enivrante. C'était de toute évidence un emplacement idéal pour passer un moment très agréable, dans une atmosphère feutrée et un parfum capiteux. Il eût fallu être un rustre des plus barbares, pour décrier ou médire ce cadre idyllique.

Je n'étais toutefois pas du tout là pour ça. J'étais invité tel un VIP à la table d'Hehou, qui n'était autre que le propriétaire de la dahabeya. Nous nous tenions à l'avant du bateau, dans un espace privé, plus large encore et plus dégagé, séparé du reste du restaurant par un simple cordon rouge. Ce dernier formait comme une barrière que devait retirer un marin préposé uniquement à ce travail, à chaque fois qu'un serveur entrait ou sortait de notre emplacement. J'imaginais que pour les clients du restaurant, nous devions être une scène de théâtre qu'ils pouvaient contempler à loisir. Je ne m'en préoccupais toutefois, que durant les premières minutes de mon arrivée, car très rapidement tout s'enchaîna, sans me laisser le temps d'y faire plus grandement attention.

Nous étions six à notre table, encore plus large que les autres et surtout disposée différemment puisqu'il s'agissait de la seule table ronde du restaurant. A la proue, trônait notre hôte, Hehou, dans un costume traditionnel égyptien que je considérais être une djellaba de soirée, bleue brodée de noir et d'or. À sa gauche se trouvait une première femme âgée d'un peu moins de soixante ans, prénommée Neith que je supposais être une compagne d'Hehou, d'après leur attitude, car tout en eux traduisait un attachement plus que certain. Elle portait un voile bleu cachant partiellement sa chevelure noire déjà grisonnante. Elle semblait cependant assez moderne, bien maquillée, les lèvres soulignées, les yeux lourdement fardés. Elle portait quantité de bijoux : des bracelets épais en argent, très travaillés, de grandes boucles d'oreilles orientales en forme d'anneau et - ce qui surtout attirait le regard - un important collier en or, d'un style clairement d'Égypte ancienne. On pouvait y apprécier une représentation des Déesses Isis et Nephtys, agenouillées de part et d'autre d'un disque solaire central, formé par une pierre de couleur rouge grenat.

À ses côtés, se trouvait un homme égyptien, très grand et très impressionnant, dont je parlerai plus en détail ultérieurement, puis une autre femme, la quarantaine, une occidentale très blonde, d'un type suédois ou d'Europe du Nord, les cheveux au carré coupés au niveau des épaules, avec des yeux d'un bleu très clair, presque gris, légèrement maquillés. Au contraire de Neith, elle paraissait plutôt naturelle, une simple bague posée sur des mains très fines. Anita, détonnait complètement dans ce paysage égyptien. Elle m'avait tout de suite attirée par son élégance générale, mais aussi sans doute par ses très longues jambes, que sa robe blanche fendue laissait parfois entrevoir. Il faut ajouter à cela qu'elle dispensait avec largesse, un ravissant sourire gracile. Elle était réellement charmante et paraissait pleine de vie, avec cependant une certaine pudeur, comme si le fait de contraster dans ce paysage oriental, la gênait quelque peu. J'étais moi-même à ses côtés, puis à ma gauche se tenait une autre femme, Tal, clairement égyptienne celle-ci, la peau très mate, les lèvres à peine épaisses, les pommettes hautes, le visage un peu allongé. Elle était un mélange du buste de Néfertiti du musée de Berlin et de ce que je pouvais imaginer être Cléopâtre, avec un caractère bien marqué. Un peu plus jeune qu'Anita, à peine plus de la trentaine sans doute, elle était également très belle, avec une longue chevelure brune découverte et de grands yeux noirs, tout à l'opposé d'Anita. Elle semblait un peu plus petite, mais très dynamique et charismatique, avec un leadership certain.

Chacun se présenta et je compris rapidement que je devais être le seul à ne pas connaître les autres convives. Anita que j'avais beaucoup de mal à regarder dans les yeux, sans fondre comme une banquise au soleil en plein réchauffement climatique, était une archéologue travaillant sur le site de Karnak. Neith était actuellement à la retraite, sans doute rentière et de toute manière sous la protection d'Hehou, mais elle avait travaillé auparavant avec lui au déchiffrement de hiéroglyphes. Tal se présenta comme une artiste faisant des installations d'art contemporain, mais elle travaillait aussi dans une banque, en tant que conseillère en marketing et s'occupait par ailleurs de la promotion du restaurant-bar d'Hehou. Je ne sus comment elle pouvait cumuler autant d'activités en même temps, mais n'en fis pas mention. Et alors qu'Anita semblait de prime abord assez réservée, Tal était tout au contraire, très loquace. Elle animait la conversation avec une aisance indéniable, mais possédait parfois un ton un peu hautain ou arrogant. Elle jouait continuellement avec notre groupe, avec un charme néanmoins certain, repoussant régulièrement ses longs cheveux noirs derrière elle. Elle devait être très forte en communication et relation-client et c'était sans doute la raison pour laquelle Hehou l'avait choisie pour la promotion de son restaurant. Neith était beaucoup plus calme. Mais il ressortait d'elle une assurance évidente. Elle n'avait plus rien à prouver à qui que ce soit. Elle était simplement là pour passer une bonne soirée auprès d'Hehou, sans chercher ni à plaire ni à déplaire.

L'homme égyptien à la stature impressionnante était étonnamment habillé pour cette latitude. Il portait un costume occidental gris sombre, une chemise blanche sans cravate, légèrement ouverte, avec des boutons de manchette argentés ou chromés. Il était réellement très grand, il devait presque avoisiner les deux mètres. Mais il possédait surtout une musculature démesurée. Il me faisait penser à ces nageurs olympiques qui travaillent leur corps huit heures par jour dans une piscine et rentrent chez eux pour manger un steak tartare, avec une purée de carottes cuites à l'eau. Il avait le type égyptien, rasé de près, la mâchoire assez carrée, un nez légèrement épaté, les cheveux et les yeux très foncés. Il observait comme moi-même la scène, avec un certain recul, mais sans expression particulière. Son regard froid perçait chacun de nos gestes et semblait tout mémoriser afin d'analyser la situation. Je ne pouvais pas dire qu'il m'était a priori sympathique. Je ne l'aurais abordé dans la rue pour lui demander mon chemin, sans une certaine appréhension. Mais cela était sans doute plus dû à son impressionnante physionomie qu'à autre chose. Il se présenta en dernier, avec une voix très basse :

— Je suis Horus, le Dieu faucon hiéracocéphale, fils posthume d'Osiris, né des œuvres magiques d'Isis.

Même si bien sûr je souris à cette annonce, je ne fus cette fois ni décontenancé ni désarçonné. Je restais parfaitement impassible comme si cette proclamation était des plus normales. En réalité je m'attendais un peu à quelque chose dans ce genre et je ne fus donc effectivement pas trop surpris. J'étais même là pour ça, pour rencontrer et échanger avec des personnes qui sortaient de l'ordinaire et qui se disaient être des dieux égyptiens. Je fus même plutôt content que les choses se présentent aussi bien. Jamais je n'aurais espéré jusqu'ici discuter avec un tel personnage. Et comme il se devait, afin de provoquer une réaction permettant de lancer le débat, je l'attaquai directement avec espièglerie :

— Enchanté Horus ! N'avez-vous pas des souvenirs quelque peu douloureux de votre bataille contre Seth ?

Car si la mythologie égyptienne dit vrai, c'est bien lui qui vous a arraché votre œil gauche, non ?

Horus grimaça d'une façon très expressive que je n'avais jamais vue auparavant. Tous les traits de son visage se plissèrent et je compris immédiatement qu'il ne fallait pas le provoquer davantage si je souhaitais que la soirée se passe agréablement. J'avais fait une erreur, je m'étais trompé dès le départ et tous les convives le comprirent à l'unisson, en se reculant imperceptiblement en arrière pour s'enfoncer dans leur fauteuil. En une fraction de seconde, Anita posa sa main gauche sur la mienne, sous la table, en serrant d'un petit coup sec, me faisant comprendre que je ne devais plus le provoquer ainsi trop directement. Et sans même laisser le temps à Horus de répondre, j'enchaînai en adoucissant quelque peu ma question.

— Bien sûr je ne voudrais pas remuer un souvenir trop pénible, veuillez m'excuser pour cette question inopportune et sans doute trop directe.

Horus me fixant d'un regard perçant et appuyé, mais sans aucune méchanceté toutefois, me répondit avec calme et une certaine discipline dans le raisonnement.

— Tu sembles être un sceptique, je ne t'en veux pas, c'est tout à fait normal, tu es un scientifique après tout, si j'ai bien compris. C'est donc dans ta nature. Mais oui, pour ta gouverne, sache qu'il n'a pas été simple pour moi d'affronter mon oncle Seth. Toutefois, c'est lors de ce

combat que nous avons engendré ensemble Thot, le Dieu de la connaissance. Et toujours pour ton information, c'est ce même Thot qui guérit mon œil par la suite. Tout-cela est parfaitement vrai et bien connu de tous je pense. Par ailleurs lors de cette bataille, Seth a été immobilisé pour l'éternité et cela m'a permis de replacer mon père, Osiris, dans sa fonction actuelle auprès des âmes des morts. Ainsi, bien qu'il s'agisse d'un souvenir douloureux - comme tu viens de me le rappeler - c'est aussi un événement fastueux à l'origine d'une longue période de progrès.

Sa réponse avait permis de faire baisser la tension et je lui en étais reconnaissant pour cela. Tal enchaîna, fidèle à elle-même, se lançant dans une nouvelle discussion sans importance avec Hehou, ce qui me permit de reprendre mon observation et mon analyse de la situation.

Je devais tout d'abord me remettre du geste d'Anita, qui en me touchant la main avait maintenant déclenché en moi plus qu'une attirance. Elle me souriait toujours et il m'était de plus en plus difficile de ne pas sombrer dans un coma sans fin. Je devais me reprendre, sortir de ma torpeur. Alors qu'elle m'avait lâché la main depuis maintenant bien longtemps et que cela n'avait finalement duré qu'une fraction de seconde, j'avais toujours ce ressenti de sa peau chaude contre la mienne. C'était à la fois très enivrant et particulièrement pénible, car je n'arrivais plus à me concentrer sur la conversation. J'étais obnubilé par ses yeux gris-bleu que je ne pouvais regarder sans que ma fréquence cardiaque ne s'accélère subrepticement, dégageant dans mon ventre une chaleur venant de nulle part. Tout cela n'avait absolument aucun sens, j'avais déjà presque cinquante ans, connu beaucoup de femmes dans ma vie, j'avais même été longtemps marié avant de divorcer et d'une manière générale les femmes ne m'avaient jamais particulièrement bien réussi jusqu'ici. Il n'y avait donc aucune raison pour qu'Anita aboutisse à une histoire plus bénéfique ou favorable que les autres.

Je pris le parti de cesser dans un premier temps, moi aussi, de lui sourire bêtement et prétextai le désir de m'absenter un moment pour m'échapper quelques minutes de cette torpeur qui annihilait toute réflexion de mon cerveau. Après m'être passé un peu d'eau sur le visage, et de retour à table en évitant soigneusement le regard d'Anita, je repris là où je voulais en venir.

Étant donné qu'Horus, m'avait directement tutoyé lors de notre premier échange, je décidai de me mettre à son niveau, en faisant de même. J'avais travaillé plusieurs années en Polynésie Française, où le tutoiement est de rigueur en presque toute circonstance et cela ne m'avait donc pas du tout choqué, quand Horus s'était adressé à moi de cette façon. J'appliquais ici simplement une certaine réciprocité, afin qu'il n'y ait pas d'ambiguïté dans nos échanges.

— Horus, comme tu le sais maintenant, j'ai été physicien un temps dans ma carrière et je suis resté avant

tout un scientifique, très intéressé par tout ce qui touche à la physique de l'univers ou du moins de notre Univers. J'ai donc tout naturellement de nombreuses questions pour toi : De quoi sont faits les Dieux ? De quelle matière ? Combien êtes-vous ? Comment êtes-vous organisé ? Avez-vous encore des relations les uns avec autres ? Avez-vous créé ce monde ? Et si oui, pourquoi ? Quelle est la théorie physique unifiée qui me permettra de comprendre l'Univers dans son ensemble ? Que sont pour vous les êtres-humains ? A quoi servons-nous ? ...

Il m'arrêta d'un simple geste de la main. J'avais évidemment déjà posé beaucoup trop de questions auxquelles il eut fallu sans doute plusieurs dîners comme celui-ci pour prononcer des réponses concrètes. Mais Horus semblait impassible et tout à fait prêt à prendre sur lui pour formuler certaines explications. Par ailleurs mes questions avaient attiré l'intérêt de tous les autres participants du dîner, qui avaient cessé leurs apartés et même Tal s'était tue, attendant la réplique suivante de celui qui se disait être un Dieu.

— Je vais répondre à tes questions, commença-t-il, et pour tout dire, je suis même là pour ça !

Il s'arrêta sur cette première phrase, afin de bien marquer son propos, prenant le temps de s'allumer un cigare qu'il tripotait depuis déjà un moment.

Il venait pour moi...

Pourquoi ? Pourquoi moi ? Je n'étais absolument personne. Avais-je fait quelque chose de particulier qui aurait intéressé un dieu ? Et si un dieu avait un message à faire passer à la population, ne vaudrait-il pas mieux qu'il le fasse auprès de chefs d'État, avec un certain pouvoir et surtout une capacité à agir pour changer les choses, à l'ONU, ou mieux encore auprès d'un panel de prix Nobel ultra intelligents et compétents qui sauraient sans doute bien mieux que moi comprendre toutes les conséquences de ses révélations...

Par ailleurs, en imaginant qu'un dieu existât bien, quelle était la probabilité pour qu'il s'adresse à moi plutôt qu'à un autre ? Était-ce un pur hasard ? Une chance sur huit milliards - le nombre d'êtres-humains sur la Terre ? Si tel était le cas, je me mis subitement à penser que j'eus mieux fait de jouer au loto le vendredi précédent, avant de réaliser que ma probabilité pour gagner était dès lors devenue encore plus faible, car si gagner une fois était déjà très improbable, gagner deux fois de suite était évidemment sans espoir. Résigné et un peu désespéré, j'écoutai donc la suite.

— Sache tout d'abord que par ma seule voix, il ne te sera pas possible de tout comprendre aujourd'hui.

Là, j'avais déjà compris que je ne comprendrais sans doute rien de ce qui allait suivre, mais Richard Feynman, physicien quantique du vingtième siècle, à la fin des cours qu'il enseignait à ses étudiants ne disait-il pas « *si vous m'avez compris, c'est que je n'ai pas été suffisamment clair* » ? Du coup, je restais attentif et concentré sur les paroles d'Horus, d'autant que je redoutais encore bien davantage de tourner la tête un peu plus à ma droite et de croiser les yeux gris-bleu d'Anita qui m'auraient de toute évidence foudroyé et rendu définitivement aveugle.

— Comme tu l'auras sans doute déjà compris, reprit Horus, nous ne sommes pas faits de matière telle que tu l'entends. Nous n'appartenons pas à votre Univers, pour la simple et bonne raison que nous avons créé cet Univers et qu'on ne peut pas à la fois créer et être créé dans une même causalité. Ou, dit encore autrement, il n'existe pas de système auto-créé, car une cause ne peut être sa propre conséquence.

Ton Univers est structuré par ce que vous appelez un « espace-temps ». Je soupçonne d'ailleurs fortement mon ami Thot d'avoir mis sur la voie votre Einstein dans ses théories de la relativité restreinte et générale. C'est typique de la façon de faire de Thot… Il faut toujours qu'il se mêle de tout…

Mais en réalité, pour t'illustrer plus avant mon propos, il me faut également ajouter aux notions d'espace et de temps, celle de l'énergie que tu connais bien. Comme vous le savez tous je pense, il existe de très nombreuses formes d'énergie : à titre d'exemple je pourrais citer l'énergie cinétique due à la vitesse de déplacement d'un objet, l'énergie potentielle d'un corps soumis à un champ de forces, l'énergie électromagnétique ou de rayonnement due au déplacement d'un champ électrique ou magnétique, l'énergie thermodynamique associée à l'excitation de molécules dans un gaz, et bien d'autres encore, mais sans doute as-tu toi aussi de ton côté d'autres exemples, me lança-t-il comme pour m'inviter à contribuer à sa réflexion.

— Oui bien sûr Horus, lui répondis-je. Les formes de l'énergie me semblent en effet vraiment multiples et variées. Je pense de mon côté à l'énergie de masse liée d'une part à la cohésion des forces nucléaires et d'autre part au déplacement de particules dans un champ de Higgs, à l'énergie de pesanteur d'un corps soumis à un champ gravitationnel - c'est-à-dire à une certaine courbure de l'espace-temps - ou à l'énergie noire qui est à l'origine de l'accélération de l'expansion de l'Univers, et même, rajoutais-je après un temps de réflexion, à l'énergie du vide, puisque le vide quantique dispose toujours d'une certaine énergie qui permet de créer ou d'annihiler des particules.

— En effet, reprit Horus. Tout ce que contient votre Univers peut se traduire d'une façon ou d'une autre par une forme d'énergie. Et pour tout te dire, il n'en va pas autrement de la structure même de ce que vous appelez l'espace-temps. Cette construction a sa propre énergie de structure. L'accélération de l'Univers est d'ailleurs due à cette énergie de structure que vous nommez « énergie noire ». L'Univers s'étend maintenant depuis cinq milliards d'années environ de façon accélérée, parce qu'il s'est suffisamment dilaté pour que cette énergie de structure domine toutes les autres formes d'énergie. Et quand on précise que l'Univers s'étend, on entend par là que c'est bien la structure de l'espace-temps qui s'accroît et donc que la quantité d'énergie liée à cette structure augmente dans la même proportion. Mais si tu observes bien, tu remarqueras aussi que la densité de cette énergie reste constante, ce qui devrait te mettre sur la voie de l'égalité entre ce que tu appelles l'énergie noire, qui provoque l'accélération de l'expansion de l'Univers et l'énergie de structure que l'espace-temps doit posséder pour « être » tout simplement.

Pour résumer, tout, par conséquent, dans votre Univers a été conçu grâce à ces trois composants principaux que sont l'espace, le temps et l'énergie. Et tu noteras d'ailleurs qu'en étant au sein de cet Univers, en en faisant intrinsèquement partie, ces trois différents composants ne te sont accessibles que par leur concept.

— Que veux-tu dire par là, l'interrogeai-je ?

— Tu sais je suppose, que tu ne peux pas mesurer directement le temps, mais seulement des durées entre deux événements d'une horloge par exemple. Mais si tu réfléchis bien, tu ne mesures pas plus l'espace, mais bien des distances entre deux points de l'espace, jamais l'espace lui-même. Et il en va de même pour l'énergie. Toutes les mesures que tu peux réaliser sont des artefacts externes tels que la température, le travail ou la masse. Ainsi, même si tu peux en comprendre le sens, tu ne peux jamais mesurer directement ces trois composants, car ils font partie de l'essence même de l'Univers et ne te sont donc pas accessibles à toi, un composant propre de ce même Univers.

— Merci Horus, je pense avoir bien assimilé tout ça, même si je n'associe pas forcément l'énergie noire à l'énergie de structure constitutive de l'espace-temps. Mais je vais continuer d'y réfléchir.

— Oui, je sais... D'ailleurs tu noteras également que les représentations newtoniennes ou même einsteiniennes de l'Univers sont toutes fausses, car il leur manque toujours une dimension. Représenter l'Univers avec seulement l'espace et le temps n'a pas plus de sens que de le représenter avec l'espace et l'énergie, par exemple.

Dans le premier cas, tu peux en tirer des conclusions sur le mouvement d'une particule qui suit une trajectoire dans le temps et l'espace, mais tu pourrais tout autant choisir de remplacer par exemple l'axe du temps, par celui du mouvement porté par la vitesse et donc l'énergie de déplacement. Or les trois composants sont intimement liés. Je vous rappelle à tous que la vitesse - qui traduit le mouvement - n'est autre que la dérivée de l'espace par rapport au temps. Newton a fait ici un choix totalement arbitraire et conceptuel, en proposant une organisation mathématique du monde, définie selon l'espace et le temps. Et étant donné les résultats plus qu'intéressants qui pouvaient être déduits de son formalisme, ses travaux se sont propagés et imposés à tous les physiciens qui ont suivi, sans qu'ils n'aient jamais remis en cause sa façon de voir.

Mais rien ne t'empêche maintenant de renverser cette vision du monde, en choisissant de représenter le cours du temps dans un espace-énergie par exemple. Tu verras alors que tu y comprendras d'autres notions de la physique, notamment quand tu extrapoles ce principe à la physique quantique ou à la relativité. La relativité de l'énergie-temps peut par exemple être formalisée au même titre que celle de l'espace-temps. Mais si tu pousses encore plus loin l'abstraction du monde, il te faudra nécessairement prendre en compte un modèle mathématique comportant les trois composants que sont l'espace, le temps et l'énergie.

Horus venait simplement de remettre en question plusieurs principes essentiels de la physique du vingtième siècle. Il me fallut faire une pause pour réfléchir à tout ce qu'il venait de m'expliquer. J'avais besoin d'assimiler ces concepts et de me faire des projections mentales de la façon dont on pouvait voir le monde autrement que par l'univers bloc d'Einstein. Horus le comprit facilement et me laissa un temps, ce qui me permit de commander un nouveau cocktail.

La consommation d'alcool n'est pas autorisée en Égypte du fait de la prévalence de la région musulmane, mais il existe des exceptions dans beaucoup d'hôtels et de lieux autorisés par le Ministère du Tourisme. Le restaurant-bar d'Hehou en faisait manifestement partie.

J'étais réellement intrigué par les paroles d'Horus, car qu'il fut un dieu ou non, il connaissait manifestement bien la cosmologie, tout comme les théories physiques que les hommes avaient pu élaborer et les pistes qu'il me lançait sans être précises, n'étaient pas dénuées de sens, ni de logique. Cependant Hehou interrompit mes réflexions :

— Je ne t'ai pas fait venir sur mon bateau pour que tu discutes toute la soirée avec Horus de théories physiques, dit-il. Laisse-moi plutôt te conter une histoire vraie de l'Égypte antique, qui elle-aussi devrait t'inspirer une nouvelle perception du monde.

Anita, Neith et moi-même avons longuement travaillé sur ce sujet dans les années passées. Lors de fouilles archéologiques effectuées il y a cinq ans de cela, nous avons retrouvé des papyrus très intéressants, au sein même du Temple de Karnak, cachés entre deux murs de pierre.

J'étais maintenant propulsé dans une toute nouvelle direction. C'était d'ailleurs davantage celle que j'avais imaginée avant de me rendre sur le bateau, mais l'intérêt qu'avaient suscité en moi les explications d'Horus, était tel que j'avais maintenant du mal à prendre cette nouvelle bifurcation. J'espérais secrètement que l'un dans l'autre, les deux sujets finiraient par converger et m'offriraient ainsi une nouvelle image de la façon dont le monde est et se comporte.

Je dois avouer que j'étais également très impatient d'en savoir plus sur les travaux qu'avait bien pu mener Anita. J'observais Horus qui avait déjà repris son attitude distante d'analyste et d'observateur du dîner. Tal de son côté, faisait part de sa folle joie d'écouter enfin une histoire vraie. Neith égale à elle-même, semblait se délecter par avance à l'idée d'écouter son mentor. Quant à Anita je ne saurais dire dans quel état d'esprit elle pouvait se trouver, car je me gardais bien de la regarder et d'étudier ses faits et gestes.

Chapitre 3 : Mery

— *Mon histoire, précisa Hehou, commence ici, à Thèbes, au centre de l'Égypte, en mille trois cent quinze avant Jésus Christ. Horemheb est le Pharaon en place de la Haute et la Basse Égypte, dont le règne intervient peu après celui désormais bien connu de tous, du jeune Toutankhamon. Cette histoire est celle de la vie oubliée du prêtre Mery qui officia un temps, au Temple de Karnak, sous les ordres d'Ounnefer - le premier grand prêtre d'Amon (Hem netjer Tepi en amon) qui avait quant à lui été - comme il se doit - nommé à ce poste, par Pharaon lui-même.*

De toutes les civilisations humaines, l'Égypte antique, sans être chronologiquement la première, ni la plus féconde en apports scientifiques, technologiques, philosophiques, ou même théologiques, a pourtant été la plus étudiée et surtout la plus copiée. Au travers de son architecture des pyramides bien sûr, mais aussi des temples, villes, tombeaux et même des papyrus, l'Égypte antique foisonne de supports et de canaux de communication, affichant les messages hiéroglyphiques promotionnels d'une certaine vision de ce que les Grecs appelleront plus tard le « cosmos ». Et c'est de ce cosmos, cette vision du monde et plus globalement de tout l'Univers qui nous entoure, que nous devons maintenant évoquer, au travers de l'histoire de Mery.

Au cœur du Moyen-Orient, l'Égypte antique est le berceau des civilisations gréco-romaines et arabes qui ont succédé et qui ont elles-mêmes façonné la civilisation occidentale. En l'an mille trois cent quinze avant Jésus-Christ, à une époque que l'on nomme aujourd'hui la dix-huitième dynastie du nouvel empire, près de mille sept cents ans nous séparent déjà de la période prédynastique et du Pharaon Narmer qui a sans doute initié le processus d'unification de l'Égypte, sans avoir pour autant réussi à l'achever totalement. Et près de mille deux cent cinquante ans nous séparent encore de la construction des grandes pyramides de Saqqarah et du royaume de Memphis de l'ancien empire.

A cette époque, le climat apparaît déjà très proche de celui actuel. Dans le delta du Nil et sur la côte de ce qui sera plus tard Alexandrie, les retours des vents méditerranéens dominent. Mais très rapidement en allant vers le sud, le climat devient particulièrement chaud, semi-désertique et seul le Nil apporte alors une certaine fraîcheur en son centre, à la hauteur de Thèbes. L'aridification et le déclin des précipitations associés au changement climatique de la période prédynastique ont d'ailleurs sans doute grandement contribué au regroupement des populations est-sahariennes, autour de la vallée du Nil. Ces faits sont donc très probablement l'une des causes principales de l'essor de la civilisation égyptienne.

En moins mille trois cent quinze, la prospérité de l'Égypte est presque encore entièrement fondée sur les bénéfices de la crue annuelle du Nil. Elle permet, en apportant un précieux limon noir nutritif, d'irriguer et de fertiliser la faible bande de terres cultivables, qui s'étend de part et d'autre des berges du fleuve. La très grande majorité de la population est constituée d'agriculteurs. Ils cultivent pour l'essentiel des céréales telles que du blé et de l'orge, mais aussi des plantes : lin, roseaux et papyrus ; des légumes : lentilles et fèves principalement, ou des fruits tels que des dattes ou des figues. La technique de l'irrigation est désormais bien maîtrisée. Les « chadoufs » ont été introduits de Mésopotamie et servent à puiser l'eau des affluents du Nil, des puits, ou même des simples points d'eau. L'élevage est usuellement pratiqué : on trouve des troupeaux de moutons et de chèvres, on élève des porcs, des bœufs, ou des ânes, mais on pratique également beaucoup la pêche et la chasse aux canards ou aux autres oiseaux. Le travail des paysans est harassant, car l'outillage reste très sommaire. L'araire, en bois ou en pierre, permet de fendre la terre, ce qui l'ameublit et facilite son travail. La houe, formée de deux parties distinctes de bois, retenues par une simple corde, permet ensuite de labourer la terre avant les semailles, puis de recouvrir les graines après le passage des semeurs. Les récoltes se font entièrement à la main, à l'aide de simples faucilles en bois, munies d'une lame en bronze, ou même en silex.

Les techniques d'extraction minière sont plutôt bien développées. La métallurgie est connue : l'or, l'argent, le cuivre, l'étain et le plomb sont utilisés dans l'artisanat et *des alliages de bronze sont façonnés pour réaliser des sculptures ou élaborer des outils et des armes. Le fer est connu des Égyptiens de cette époque, mais sans doute très peu travaillé et utilisé, par manque de fours adaptés à la température de fusion du minerai.*

Les temples sont alimentés avec de l'or de Basse Nubie, des turquoises et du cuivre du Sinaï, ainsi que des biens précieux du pays de Pount comme l'ivoire, des peaux d'animaux, de l'encens ou de la myrrhe, qui sont quotidiennement offerts aux dieux.

Enfin l'une des grandes forces de l'Égypte antique réside dans sa capacité à transporter des matériaux imposants et lourds, sur de très longues distances, en utilisant en premier lieu la voie navigable du Nil - artère essentielle d'un transport nord-sud - mais aussi des voies complémentaires, terrestres ou maritimes.

Durant cette dix-huitième dynastie, le royaume a étendu son influence jusqu'en Haute-Nubie et pour partie en Asie mineure, aux portes de l'empire Hittite. Le Pharaon Horemheb, ancien chef militaire d'Akhenaton, est très rapidement devenu l'homme fort du pouvoir sous le règne du jeune Toutankhamon. Il fut couronné lui-même Pharaon il y a maintenant six ans de cela à Thèbes, en évinçant par là même Nakhtmin, le fils d'Aÿ, qui avait succédé quatre ans durant à Toutankhamon.

Après la parenthèse amarnienne d'Akhenaton, la royauté, sa cour et l'administration se sont réinstallées au nord, en Basse Égypte, dans la ville historique de Memphis. De son côté, la ville de Thèbes, en Haute

Égypte, a retrouvé son statut de capitale religieuse de l'empire. Cette dernière est ainsi redevenue le siège de la nécropole dynastique que l'on dénomme aujourd'hui la Vallée des rois et des reines. Depuis la mort de Toutankhamon, Horemheb a dû repousser les velléités guerrières des Hittites, qui profitant de la désorganisation temporaire de l'Égypte, violaient impunément la frontière et le traité de paix liant les deux empires.

A cette époque, l'Égypte est cependant en paix et Horemheb appuie désormais son pouvoir sur un découpage du royaume en trois grandes régions. La première est gouvernée depuis Memphis par Pa-Ramessou - futur Ramsès I - qui a été nommé vizir de Basse Égypte. La seconde a vu l'intronisation du propre fils de Pa-Ramessou à Thèbes, le général Séthi, vizir de Haute Égypte - qui sera lui aussi proclamé Pharaon par la suite en tant que Séthi Ier. Enfin celui que l'on nomme le « fils royal de Koush » contrôle les territoires colonisés de Nubie jusqu'à Napata, au pied du promontoire rocheux du Gebel Barkal. Chacun maintient l'ordre et garantit les routes commerciales de l'empire avec le reste du monde.

Pour un Égyptien, le monde n'est rien d'autre que l'Égypte en elle-même, centre de la modernité, baignant sous la protection des dieux et comme nous le verrons plus tard, miroir du ciel nocturne constellé d'étoiles éternelles. L'Égypte est entourée d'ennemis barbares dont les mondes regorgent de richesses, mais qui s'évanouissent peu-à-peu à mesure que l'on s'éloigne du *centre du royaume. Et c'est bien la garantie de l'équilibre de ce monde, qui représente avant tout la mission de Pharaon.*

Mery était un jeune homme de vingt-et-un ans à peine. Pour nous, il viendrait tout juste de sortir de l'adolescence, mais dans l'Égypte antique, on était déjà considéré comme un homme bien avant ça. Il était plutôt grand pour un Égyptien de son époque - un peu plus d'un mètre soixante-quinze - mince, les yeux marron-vert très foncés et les cheveux noirs. Mery n'avait pas été élevé comme un enfant ordinaire, dans le sens où plus de quatre-vingt-dix pour cent de la population était constituée d'agriculteurs travaillant dans les champs et dont les enfants étaient eux-mêmes destinés à suivre la même voie que celle de leurs parents, à savoir devenir un nouvel agriculteur. Je ne saurais trop vous dire si ce que vous nommez « l'ascenseur social » en Occident est particulièrement développé aujourd'hui en Égypte, mais il est certain qu'à cette époque-là, il était à peu près inexistant. Les deux seules et uniques façons de progresser socialement étaient soit de passer par la prêtrise - mais comme nous allons le découvrir, cette voie était plutôt fermée pour quiconque n'y était pas préparé - soit de faire preuve d'une bravoure incroyable au combat face à l'ennemi. Mais comme dans toute armée, bien rares étaient les héros qui survivaient par leur intelligence du combat, alors qu'ils étaient livrés en « chair à flèche ».

— *Et oui, l'interrompit Neith devant notre regard perplexe, les canons n'existaient pas à cette époque…*

Il y eut un sourire général avant qu'Hehou ne reprenne son exposé.

— *Mery était le fils unique d'un scribe dont nous n'avons pas retrouvé le nom. Sa mère nous est inconnue, mais sa famille faisait clairement partie de l'aristocratie égyptienne. Bien que très éloignée de la cour d'Horemheb qui se trouvait dans le nord du pays à Memphis, elle était tout à fait respectée des paysans, tout comme des quatre-vingt mille habitants de la ville de Thèbes. Mery avait donc grandi dans une ambiance très privilégiée. Son père travaillait lui-même à Karnak. Il disposait pour cela d'un logement de fonction à l'extérieur du Temple. Il ne faut pas s'imaginer un bâtiment grandiose. C'était sans doute un simple habitat de deux ou trois pièces tout au plus, construit en briques crues, mais comportant tous les avantages que le Temple pouvait offrir. La nourriture, comme les tissus, vêtements et même l'artisanat étaient notamment prélevés sur les offrandes des fidèles faites au Dieu Amon-Ré, à la Déesse Mount ou à leur fils Khonsou, auxquels le Temple était dédié.*

Il existe des incertitudes sur la fonction exacte du père de Mery, mais il était sans doute en charge de ce que nous pourrions appeler aujourd'hui, la comptabilité des offrandes et/ou peut-être de leur répartition au sein du Temple. Bien qu'il devait inévitablement rendre des comptes au premier grand prêtre Ounnefer, il était en position de pouvoir facilement s'approprier ce qu'il souhaitait. Tout en faisant preuve de piété auprès du culte d'Amon-Ré, et de respect auprès des prêtres, il ne devait donc manquer de rien.

Mery avait appris à lire et à écrire très tôt dans sa jeunesse. Il avait bien entendu, bénéficié pour cela, de l'enseignement particulier de son père. Bien qu'il existait indéniablement des écoles officielles, assurant un certain apprentissage, elles n'étaient pas destinées à tout un chacun et l'art des scribes se transmettait souvent ainsi, enseigné de père en fils, ou du moins au sein d'une communauté aristocratique très restreinte.

Le Temple de Karnak avait constamment besoin de renouveler ses très nombreux prêtres et tout naturellement de par la position qu'occupait son père, Mery fut assigné à la prêtrise. On ne sait bien sûr pas, s'il s'agissait ou non de son propre choix. Il est fort probable que cette décision lui ait été imposée par l'Administration du Temple. Mais quoi qu'il en soit, advenir prêtre, même de troisième ou quatrième rang, au sein du Temple de Karnak, était une position très enviée et très privilégiée dans la population égyptienne. La carrière de Mery était donc toute tracée et son avenir s'annonçait radieux.

Ce jour-là, le jeune homme qui jusqu'ici allait et venait relativement librement au sein du Temple, faisait pour la première fois son entrée dans la partie réservée aux seuls prêtres. Bien sûr, il connaissait déjà bon nombre des prières, incantations et types d'offrandes aux dieux que représenterait sa charge, mais il n'avait jamais participé officiellement - en tant que prêtre - aux cérémonies quotidiennes. *Et avant de pouvoir y contribuer réellement, il devait encore suivre l'enseignement particulier du grand prêtre Ounnefer.*

Il n'était pas seul, car deux autres protagonistes l'accompagnaient. Nous avons perdu le nom de l'un d'entre eux, mais nous savons qu'une jeune femme nommée Satis, sans doute encore un peu plus jeune que Mery - dix-huit ou dix-neuf ans tout au plus - était également destinée à devenir prêtresse. Particulièrement belle d'après tous les écrits et les représentations que nous en avons, elle était cependant soumise au même enseignement, nonobstant le fait que les tâches des prêtres et prêtresses étaient in fine sensiblement différents. Les prêtresses, qui portaient le titre de « divine adoratrice d'Amon », étaient avant tout employées pour leurs qualités de chanteuse, de musicienne ou de joueuse de sistre. Mais certaines d'entre-elles étaient aussi « épouse du dieu » et à ce titre devaient régulièrement réveiller l'appétit sexuel du Dieu, tandis que d'autres encore étaient qualifiées, dans le même registre, de « main de Dieu », ce qui laisse présager leur fonction, que la décence ne me permet pas de vous décrire.

Je ne pus cette fois m'empêcher de jeter un très rapide coup d'œil à la réaction d'Anita qui connaissait ces dires très bien, puisqu'elle avait travaillé sur le sujet avec Hehou. Mal m'en a pris cependant, car elle le remarqua aussitôt.

Elle se décala très lentement vers moi, en tournant délicatement sa tête et en approchant sa bouche de mon oreille, tout en la cachant quelque peu de sa main aux autres convives. Elle continuait de fixer des yeux Hehou et souhaitait manifestement me faire une confidence.

Je pris une grande respiration, avant de plonger dans un abîme dont je savais pertinemment qu'il me serait très difficile de revenir. Qu'avais-je encore déclenché ? Saurai-je faire preuve d'un minimum d'intelligence après cette confidence, ou resterai-je paralysé à tout jamais, statufié comme Ramsès II devant le temple de Louxor ? Avec le recul, n'était-ce d'ailleurs pas la raison pour laquelle on pouvait observer aujourd'hui tant de statues du grand pharaon ? N'avait-il pas, lui-aussi, succombé imprudemment en parcourant les allées de son harem ? À cette idée je repris un certain courage, attendant durant une fraction de seconde l'aparté d'Anita, car si je pouvais comparer ma propre existence insignifiante à celle de Ramsès II, cela constituait déjà quelque chose d'important.

— *Ne trouves-tu pas, me susurra-t-elle, qu'Horus dégage un charme certain ?*

A cette annonce, mon esprit descendit directement voir ce qui pouvait bien se passer au niveau de mes pieds. Il resta là quelques nanosecondes à observer mes orteils engoncés dans des chaussettes de couleur noire, prisonnières de mes chaussures de ville. Puis il revint finalement se loger dans mon cerveau, déclenchant par là-même une douleur éprouvante et embarrassante. Pourquoi, mais pourquoi donc m'avait-elle fait cette confidence ! Même si je n'en laissais rien paraître, j'étais totalement anéanti. Certes je ne souhaitais pas spécialement me lancer dans une romance d'envergure avec Anita, mais malgré tout j'avais un minimum d'amour-propre et de dignité. Savoir maintenant que cette splendide jeune femme qui me lançait depuis le début du dîner tant de sourires dévastateurs, avait finalement une tout autre idée de la situation que moi, me minait et m'affectait plus que je ne l'aurais souhaité.

Par ailleurs, que pouvais-je bien lui répondre ! Avais-je ne serait-ce qu'une opinion sur la question de la beauté et du charme d'Horus ? J'étais foncièrement hétérosexuel depuis toujours et même si j'avais de nombreux amis gays que j'appréciais beaucoup, je n'avais aucune attirance pour les hommes et ne regardais absolument pas le charme qu'ils pouvaient bien dégager. Il fallait néanmoins me reprendre très rapidement et extraire une phrase de mon esprit paralysé. Dans un effort surhumain, et sans que je ne sache vraiment pourquoi, cet automatisme me vint :

— *Personnellement, je le trouve plus beau lorsqu'il se présente à nous avec sa tête de faucon...*

Elle rit de bon cœur et acquiesça même à ma bêtise. Le dieu de l'humour était venu à mon secours. Je pensai qu'il me faudrait sans doute le remercier pour cette pirouette, en lui déposant une offrande significative. Alors que j'étais il y a peu encore au trente-sixième dessous, j'avais en un coup de maître redressé la situation en démystifiant cet adversaire divin, tout en m'étant assuré maintenant les bonnes grâces d'Anita. Finalement très fier de moi de ce coup d'échec, je pus me concentrer à nouveau sur les paroles d'Hehou.

— Vous devez comprendre, dit-il, que le Temple de Karnak, même s'il était un temple majeur depuis plus de mille ans déjà, connu de l'Égypte entière et même au-delà, n'avait toutefois pas à cette époque-là, la même ampleur que celle que nous lui connaissons aujourd'hui. Horemheb comme tous les pharaons avant lui, avait entrepris des travaux importants de réfection qui étaient en cours. Mais surtout tous les ajouts et modifications majeurs que Séthi Ier, Ramsès II, Ramsès III et leurs successeurs de la basse époque et de l'époque ptolémaïque ajoutèrent au Temple, ne furent réalisés que bien après. Ainsi la construction du deuxième pylône venait à peine d'être lancée, et c'est en traversant l'espace démesuré de ce qui allait être plus tard l'emplacement de la grande salle hypostyle aux cent trente-quatre colonnes, que Mery, Satis et leur troisième acolyte, accompagnés d'un prêtre de second ordre, se rendaient au-devant de la partie réservée aux seuls prêtres et à Pharaon.

Ils entrèrent ensemble par la grande porte du Temple de Karnak qui leur avait été interdite jusqu'ici, doublement gardée par l'armée d'Horemheb et par des prêtres qui se relayaient jour et nuit.
Le père de Mery avait eu accès à cette partie construite sous Amenhotep III. Il lui avait secrètement décrit

l'endroit, mais Mery fut tout de même très impressionné par les dimensions des deux obélisques des pharaons Thoutmosis I et III qui se dressaient en ce lieu. Ils durent passer un nouveau barrage de gardes armés au niveau du pylône de Thoutmosis II, où ils retirèrent leurs sandales, avant de se retrouver de nouveau devant deux autres obélisques, sur lesquels cette fois, Mery pouvait lire sans peine les cartouches de la reine Hatchepsout. Ces deux rayons lumineux étaient gigantesques, recouverts pour partie d'or et incrustés à certains endroits de pierres précieuses venues du pays de Pount. On marchait maintenant pieds nus sur des peaux de girafes et de lions, ainsi que d'autres animaux exotiques que Mery ne connaissait pas. En passant sur la droite entre les colonnes décorées de hiéroglyphes, on pouvait contempler des représentations peintes de couleurs vives. Elles incarnaient Thoutmosis I, conduisant diverses offrandes auprès du Dieu Amon-Ré. Des nuages d'encens flottaient dans un air déjà lourdement chargé. De nombreux prêtres s'affairaient ici, en venant déposer sur des meubles en bois aujourd'hui disparus, les tissus, amulettes, pots et assiettes remplis de mets tous plus raffinés les uns que les autres. Il y avait de tout : du vin et de la bière à profusion, des fruits frais, des légumes, des salades, beaucoup de pains de différentes formes, des céréales, mais aussi des mets cuisinés que les Égyptiens laissaient aux prêtres à l'entrée du Temple, en échange d'une simple bénédiction ou d'une prière.

*

Avec le recul, je me dis aujoûrd'hui, en pleine pandémie de Covid-19, que le « clic and collect » n'avait qu'à bien se tenir et que les Égyptiens de l'antiquité avaient déjà tout inventé bien avant nous. Mais il ne s'agit là que d'une simple digression toute personnelle, que je me permets d'adresser à mes concitoyens, trois ans après les faits du dîner que je m'attache à vous relater. Aussi, vaut-il mieux oublier ce fait sans importance notoire pour la suite de la lecture.

*

— Mery et ses compagnons contournèrent sur la droite, la partie centrale du Temple, au travers un couloir exigu, contrastant avec le reste des dimensions de l'ensemble architectural. Ils entrèrent enfin dans une immense salle d'environ cinquante mètres de long, totalement transformée plus tard par Séthi Ier, entièrement close et par conséquent très sombre, éclairée seulement par quelques torches disposées de façon irrégulière. Elle comportait une dizaine de colonnes qui semblaient elles-aussi aléatoirement réparties dans la pièce, décorées avec des représentations de presque tous les dieux. Mais le plus extraordinaire était son plafond légèrement bombé, représentant la Déesse du ciel, Nout, décorée de centaines d'étoiles dorées sur un fond bleu nuit. On pouvait y lire les constellations du ciel. Un astrophysicien aurait facilement pu y retrouver les cinq planètes connues de l'époque (Mercure, Venus, Mars, Jupiter et Saturne) ainsi bien sûr qu'une double représentation du Soleil au travers d'Amon-Ré dont la

course dans le ciel avait été imagée. La Lune y était également représentée sous l'apparence de Khonsou, le fils d'Amon-Ré. L'ensemble de la voûte céleste s'étendait ainsi sur les cinquante mètres de longueur de la pièce et chacun se retrouvait totalement prisonnier du corps bleu-nuit de la Déesse Nout, dont les jambes et les bras descendaient le long des quatre murs, jusqu'à la base du sol, encapsulant entièrement de son corps celui qui s'aventurait en ce lieu, un peu comme on pourrait l'être aujourd'hui dans un planétarium.

On entrait dans cette immense pièce, telle des enfants accouchés du sexe de Nout, avant de rejoindre cinquante mètres plus loin, la somptueuse Déesse avalant le Dieu Amon-Ré, l'astre lumineux - notre Soleil.

Mais plus singulièrement encore, l'entièreté du sol de cette salle cyclopéenne, était recouvert d'électrum - un alliage naturel d'or et d'argent - sur lequel reposait une fine pellicule d'eau de cinq centimètres environ. L'effet des flammes des torches apparaissait alors saisissant, ce lac agissant comme un miroir sur lequel venait se réfléchir le ciel étoilé de la Déesse.

Aucun Égyptien, autre que Pharaon lui-même, le grand prêtre du Temple Ounnefer et quelques prêtres triés sur le volet, ne pouvait entrer en ce lieu particulièrement préservé et totalement secret. Le père de Mery lui-même n'y avait jamais eu accès. Les trois disciples restèrent cois durant un long moment. Se retournant dans tous les sens, ils contemplèrent la grande salle, immobiles, époustouflés par la beauté du lieu, admirant les détails et couleurs de l'immense fresque dont les étoiles d'or scintillaient à la lueur des torches. Pour de jeunes hommes et femmes de vingt-et-un ans tout au plus, qui certes connaissaient déjà beaucoup du monde en comparaison de leurs semblables, cette vision subite et totalement inédite resterait à jamais gravée dans leur mémoire.

Au fond de la grande salle, à environ cinq mètres en amont de la figure de la Déesse, se tenait sur une estrade en granite rose, le grand prêtre Ounnefer. Il était assis sur un trône royal mirifique, lui aussi tout en or, entièrement sculpté, d'où semblaient sortir deux aureus de part et d'autre des accoudoirs - serpents portant les coiffes symboles des royaumes de Basse et de Haute Égypte. Ounnefer était ici la représentation même du Pharaon auprès des dieux et pouvait ainsi s'octroyer le privilège de monter sur le trône royal d'Horemheb.

Chapitre 4 : Ounnefer

« Approchez, approchez ! dit Ounnefer. Ne restez pas au milieu de la galerie, venez jusqu'à moi, que je vous voie un peu. »

— Les trois stagiaires à la prêtrise s'exécutèrent très lentement, avec une certaine prudence et surtout une grande déférence, tant envers l'iconographie de la Déesse Nout que du grand prêtre Ounnefer lui-même.

« Vous êtes les élus destinés à comprendre le monde. Et c'est grâce à cette compréhension que vous pourrez honorer comme il se doit les dieux, pour le compte de Pharaon. Thot vous a choisi et moi, Ounnefer, grand prêtre du Temple d'Amon-Ré, nommé à cette fonction par Pharaon, je dois maintenant par ma parole, vous enseigner ce qu'est le monde et sa raison d'être. A la fin de cet enseignement qui durera trois fois trois cent soixante-cinq jours, vous serez proclamés prêtre et prêtresse de second ordre et pourrez alors entrer dans la partie centrale du Temple jusqu'à son cœur le Naos, pour accomplir votre dévotion auprès d'Amon-Ré.

Avant cela, nous étudierons ensemble, dans ce même lieu, de nombreuses matières, telles que la cosmogonie, l'astrologie, certaines magies, l'astrochimie, les prières et incantations dévotiques, l'architecture des pyramides, temples et tombeaux. Nous réaliserons également des travaux pratiques tels que l'agriculture sacrée, la momification des corps, des calculs de datation, des expériences de transe et de voyance du monde des dieux, des rituels dansants et chantants, ainsi que des pratiques sexuelles divines. Vous serez par ailleurs initiés à la lecture des codex hiéroglyphiques les plus anciens, que nous conservons secrètement ici, au sein du Temple et dont certains, gravés dans la pierre, ont semble-t-il près de cinq mille ans. Vous serez enfin initiés aux arts divinatoires, tels que certaines musiques sacrées, ou la symbolique de la représentation des dieux.

Vos attributions en tant que prêtre seront de plusieurs natures, parmi lesquelles on peut citer : servir en priorité toutes les requêtes et demandes de Pharaon, mais aussi accueillir les fidèles, réceptionner, comptabiliser et restituer aux dieux les offrandes, entretenir et nettoyer les lieux, restaurer et copier les anciens textes, conduire les prières quotidiennes, réaliser les fumigations, préparer les fêtes religieuses, pratiquer la méditation, effectuer les prévisions astrologiques, réaliser l'enseignement de la théologie au plus grand nombre, etc.

Mais avant d'entamer votre enseignement proprement dit, il me faut très rapidement vous rappeler en introduction, ce que sont les bases de notre théologie et de notre cosmogonie :

Avant même la création du monde était Noun, l'océan primordial qui fait la vie et la mort, sans autre besoin que lui-même. La pierre Benben émergea de Noun et caché en son sein était Amon. Sa caractéristique principale était qu'il pouvait prendre la forme qu'il souhaitait. Il apparut donc comme « le caché », sans réelle représentation possible. Mais il décida un jour d'apparaître sous la forme de Ré, celle de notre Soleil bien aimé. Ainsi devint-il Amon-Ré. Il est le dieu à l'origine de la création du monde, et c'est encore lui qui le fertilisa par sa semence. De la sorte put naître Mout, qui est devenue à la fois sa femme et la mère du monde. Elle veille sur les hommes et sait leur redonner la vie. On la représente sous la forme d'un vautour, car comme toutes les mères, elle peut être dangereuse lorsqu'elle protège ses enfants. Elle possède des griffes acérées et peut aussi apparaître sous la forme de Sekhmet la Déesse lionne. Elle engendra un fils le Dieu lunaire Khonsou, le voyageur. C'est un dieu de la fertilité, mais aussi un dieu guérisseur.

En créant le monde, Amon-Ré créa aussi les premiers dieux que sont Shou, le Dieu du souffle et Tefnout, la Déesse de l'humidité. Shou sépara le ciel de la terre et alors naquirent Nout, la Déesse du ciel et Geb, le Dieu de la Terre. De l'union de Nout et Geb naquirent encore deux frères Osiris et Seth, deux sœurs Isis et Nephtys et peut-être Horus l'ancien ou Anubis, le Dieu psychopompe, protecteur des nécropoles et des embaumeurs.

Geb offrit à Osiris son pouvoir. Ainsi Osiris et Isis furent les premiers à régner sur la Terre. Cela rendit Seth fou de jalousie. Ce dernier complota contre son frère lors d'un *grand banquet. Il l'enferma dans un coffre qu'il jeta dans les eaux du Nil. Mais à l'aide de sa sœur Nephtys, Isis réussit à retrouver le corps d'Osiris et à le cacher dans les marais. Malheureusement Seth l'apprenant, récupéra lui-aussi le corps de son frère et le découpa cette fois en quatorze morceaux, qu'il éparpilla aux quatre coins du monde. Isis dut utiliser sa magie pour rassembler à nouveau les morceaux et reconstituer le corps d'Osiris, afin qu'il puisse renaître. Ensemble ils eurent un fils, Horus, qui après plusieurs combats acharnés finit par vaincre Seth. Horus fut durant un temps le premier Pharaon de l'Égypte, alors même que son père Osiris devint le gardien du royaume des morts.*

Ainsi furent créés par Amon-Ré tous les composants du monde que sont l'eau, la terre, le feu, l'air, les êtres-humains, tous les animaux et les plantes. »

*

À mon grand étonnement et alors que je mourrais d'envie d'intervenir depuis déjà un moment, c'est Neith qui interrompit Hehou dans son monologue pour interroger Horus.

— *Puisque nous avons la chance de t'avoir en notre compagnie Horus, peux-tu nous en dire davantage sur la façon dont tu considères la création du monde ?*

Alors qu'elle n'avait pas spécialement dit grand-chose jusqu'ici, je remerciais maintenant tous les dieux que Neith fusse présente à notre soirée. J'étais subitement très excité par la tournure qu'allait bien prendre notre conversation. C'était évidemment pour moi la question essentielle qu'il convenait de poser à Horus.

— La première chose à comprendre, dit Horus, est la différence entre l'immortalité et l'éternité. Les Égyptiens de l'antiquité avaient bien compris ces notions, mais vous semblez les avoir quelque peu oubliées. Les dieux ne sont pas immortels, la preuve est que je suis bien le fils d'Osiris alors que celui-ci était effectivement mort au moment de ma conception avec ma mère Isis. Aujourd'hui, il est encore et toujours le gardien des morts et en ce sens et comme pour tous les dieux d'ailleurs, s'il est bien mortel, il est également éternel. Ne faisant pas partie structurellement de votre Univers, il est tout comme moi-même, indépendant de votre espace-temps-énergie. Les dieux ne dépendent pas du temps et nous sommes donc bien éternels. Mais par extension, ce qui est vrai du point de vue du temps, l'est tout autant de l'espace et de l'énergie. Il faut comprendre le concept d'éternité comme une généralisation de celui du temps à l'ensemble des trois composants de l'Univers tel que nous l'avons déjà évoqué précédemment. Les dieux sont donc aussi immatériels et a-spatiaux, dans le sens de « en dehors de l'espace ».

Les hommes, comme tous les animaux et plus encore, comme tous les objets vivants ou non de cet Univers font quant à eux intrinsèquement partie de ce monde. Non seulement ils sont donc - comme vous l'aurez déjà remarqué - mortels, mais à la différence des dieux, ils ne sont surtout pas éternels. Le temps, l'espace et l'énergie dont vous avez besoin pour « être » ...

Horus marqua un temps long sur ce dernier terme.

... n'ont plus de sens ni de raison d'être lorsque vous mourez. Beaucoup de vos nouvelles religions vous laissent croire que vous allez demeurer dans je ne sais quel paradis, ou enfer, mais si je peux me permettre sans trop vous choquer, tout cela est faux, car encore une fois, vous faites partie de cet Univers et il n'est simplement pas conçu comme cela. Ainsi vous mourez et disparaissez simplement. Mais ne craignez rien, ce n'est somme toute pas si désagréable que cela et de toute façon, ça ne dure pas, puisque c'est justement le propre du processus de la mort que de mettre fin à votre être.

Tal, apparut livide, inquiète et manifestement quelque peu perturbée par cette annonce.

— Ce n'est pas très réjouissant, dit-elle. Nous allons donc mourir, sans aucun espoir de quoi que ce soit, et sans aucune conséquence de nos actes passés ? Cela me donne des frissons, je suis musulmane pratiquante et je crois fermement que l'homme est responsable de ses actes sur la Terre, en vertu du libre arbitre qu'Allah lui a conféré et qu'il est finalement jugé sur ces mêmes actes *pour entrer au Paradis - le Jannah. Si ce n'est pas le cas, nous pourrions faire tout et n'importe quoi sur cette Terre et ce serait alors horrible, il n'y aurait plus de raison de ne pas tuer son voisin parce qu'il a mal rangé sa poubelle ou qu'il vous bloque le passage avec sa voiture.*

— Non… cela n'a rien à voir, lui rétorqua Horus. Si vous étiez un peu plus évolués, vous ne devriez pas avoir besoin de cet objectif d'un paradis ou même de la crainte d'un enfer, pour vous comporter correctement vis-à-vis de vos semblables et de tout ce qui vous entoure.

Tal commençait à s'agacer du ton supérieur qu'affichait Horus et le fit savoir sans ménagement.

— Désolé Horus, mais je pense tout d'abord être tout aussi évoluée que toi-même. Par ailleurs, permets-moi de te dire que je ne crois aucunement en tes fariboles. Il n'existe qu'un seul Dieu, il est unique et n'a aucune raison de se trouver attablé en face de nous ce soir dans ce restaurant. Hehou m'a déjà parlé de toi et de tes propos offensants. Je respecte profondément Hehou, mais je considère ta présence ici plus comme une fumisterie qu'autre chose.

— On ne peut pas plaire à tout le monde, répondit Horus calmement, en lui souriant. Il m'importe peu que tu sois ou non convaincu par ma divinité. J'ai été confronté à ce type de réactions à de très nombreuses reprises et pour tout te dire, elles m'intéressent peu.

— Je vous propose, dit Anita en cherchant à tort à s'immiscer dans ce début de polémique, de faire baisser la tension que je perçois. Je ne sais pas ce qu'est réellement Horus, mais nous avons toute soirée pour le découvrir après tout. Alors Tal, il ne sert à rien de l'agresser ainsi.

— Cela m'aurait étonné, lui répondit Tal encore plus énervée, que tu ne viennes pas mettre ton grain de sel dans ce débat. Je ne crois pas d'ailleurs m'être adressée à toi, mais je constate qu'Horus n'est pas venu seul, puisqu'il dispose maintenant du soutien d'une grande blonde nordique pour défendre ses profanations et ses offenses injurieuses.

— Je ne défends personne Tal, et je te demande un minimum de respect lorsque tu t'adresses à moi, sinon la grande blonde pourrait bien s'énerver et devenir agressive ou grossière. Je ne crois pas t'avoir insulté, je t'ai simplement demandé de laisser s'exprimer Horus comme il convient à chacun d'entre nous autour de cette table et ce quelles que soient ses opinions. Maintenant Horus, peut-être pourrais-tu s'il te plaît poursuivre, si Tal daigne accepter qu'une sensibilité différente de la sienne puisse être prononcée...

Tal haussa les épaules et fit une grimace méprisante à l'égard d'Anita, mais elle ne renchérit toutefois pas, invitant même d'un geste de la main Horus à poursuivre ses allégations.

— *Le bien et le mal, reprit Horus, sont des concepts se rapportant à une morale qui est bien sûr nécessaire pour que chacun puisse vivre dans ce monde aussi bien que possible. Le fait de mettre en place une morale et même une gouvernance avec des lois pour la maintenir et s'y raccrocher est une pratique très importante, car elle permet d'organiser le monde au sein d'une certaine harmonie. C'est ce que les Égyptiens de l'antiquité appelaient le Maât. C'était d'ailleurs l'objectif principal que nous avions assigné aux pharaons, celui de maintenir, voire d'augmenter le niveau de l'harmonie du monde. La plupart ont malheureusement échoué à atteindre cet objectif qu'ils n'ont, je crois, même pas compris, mais certains ont cependant réussi et je dois vous préciser à ce propos que ce ne sont pas forcément les pharaons les plus charismatiques ni les plus connus qui ont le mieux réussi...*

Concernant le reste, et comme vient de vous le signaler Hehou, je ne suis pas à l'origine de la création de ce monde et je ne saurais donc vous expliquer ni comment ni pourquoi le Dieu Amon a créé cet Univers. Je parle d'Amon seul, car Amon-Ré est une vision cosmologique de l'Égypte antique où le Dieu créateur était associé à votre étoile le Soleil symbolisé par Ré. Mais comme vous l'avez bien compris je pense, votre étoile n'est qu'une figurante parmi des centaines de milliards d'autres et Amon n'est pas plus lié à Ré - votre Soleil - qu'à une autre étoile.

Pour en revenir cependant à la création du monde, je n'étais pas présent, je n'existais pas. Il m'est donc difficile d'en parler. Mais je ne suis pas certain qu'Amon ait eu une quelconque raison pour faire cela, ni qu'il faille d'ailleurs en chercher une pour suivre son destin. Si toute conséquence a bien une cause, le principe de causalité en lui-même, qui s'applique à nous tous, n'a pas forcément pour autant une cause primordiale. Vous devez considérer l'Univers comme infini, le fait même de le considérer comme tel supprime ce problème de causalité originelle. Il n'existe pas de cause initiale, tout simplement parce qu'il n'existe pas dans un univers infini un événement d'espace-temps-énergie initial. Il est en effet toujours possible dans un univers infini d'en trouver un autre à côté. Et non seulement c'est possible, mais qui plus est, il en existe nécessairement un nombre infini ! C'est donc une question qui n'a pas de sens. Vous raisonnez ainsi, car vous observez toujours autour de vous un univers avec un certain horizon fini. Mais il s'agit d'un leurre. D'ailleurs si vous analysez un tant soit peu l'histoire de cet horizon, vous observerez qu'il n'a eu de cesse d'être repoussé. Les Égyptiens de l'antiquité voyaient un horizon qui se limitait au ciel nocturne visible à partir d'un œil humain, avec son Soleil Ré, quelques planètes importantes et quelques milliers d'étoiles tout au plus, ce qui délivre un horizon déjà extrêmement lointain, même si à cette époque ils ne maîtrisaient pas aussi bien la notion de distance que cela pouvait représenter. Mais depuis que vous avez poussé plus avant votre technologie, vous avez peu à peu pu observer de nouvelles limites. Celle de la Voie lactée d'abord, dont le centre est déjà à vingt-cinq mille années lumière, puis celle des galaxies proches, avant de découvrir des milliards de milliards d'autres galaxies plus lointaines. Vous avez même pu observer le fond diffus cosmologique qui n'est autre que la lumière primordiale qui s'est échappée du plasma du Big-bang, environ trois cent quatre-vingt mille ans après la grande inflation de cet univers. Votre horizon n'a donc eu de cesse d'être repoussé, mais la plupart d'entre vous raisonnent encore comme si cet horizon était toujours le même. Vous comprenez aujourd'hui mieux le monde tel qu'il est, mais ne tenez pas compte dans votre quotidien de ce que vous avez appris. Vous devez comprendre qu'il n'y a pas de limite à l'horizon et que ce n'est pas parce que vous ne pouvez pas aujourd'hui voir, avec de la lumière, plus loin que ce que les photons vous permettent d'observer, qu'il n'existe pas d'autres structures au-delà. Vous devez ouvrir votre esprit en considérant tout ce qui existe et que vous avez pu constater, mais également tout ce que vous pouvez rêver d'être et que vous n'avez pas encore pu concevoir ou tester.

Pour ce qui concerne les dieux, il faut toutefois adopter un raisonnement différent, car encore une fois nous ne faisons pas partie du même monde que vous. Cependant, il nous est possible d'interagir avec vous, comme je le fais actuellement aujourd'hui. Il suffit pour ce faire de nous placer dans ce qui ressemble à une sorte de synchronisation d'états, entre votre monde et celui des dieux. Pour tout vous dire, cela s'apparente plus qu'autre chose, à mettre en place une communication un peu *complexe, permettant d'entrer en relation et surtout d'interagir avec votre monde. Tous les dieux sont habitués à faire cela, sans que ça ne nous pose aucun problème particulier. Sachez encore qu'il existe dans cet Univers infini, une infinité de mondes tous très différents et que le vôtre n'est pas beaucoup plus intéressant que les autres. Toutefois, il est vrai que votre planète la Terre présente des singularités telles qu'une très forte biodiversité d'espèces, auxquelles vous ne semblez pas faire beaucoup attention d'ailleurs…*

Mais je t'en prie Hehou je t'ai interrompu trop longtemps.

Chapitre 5 : De quoi pensons-nous ?

— Merci Horus, mais je vais laisser Neith poursuivre un temps ce récit, car elle maîtrise bien mieux que moi la traduction des premiers papyrus que nous avons retrouvés.

Neith parut surprise, ouvrant très grand ses yeux. Elle semblait penser qu'elle serait dispensée de devoir travailler durant ce dîner. Mais elle se plia somme toute plutôt facilement à la sollicitation d'Hehou, qui embrassa sa main, comme pour l'encourager à prendre la parole.

— C'est comme tu veux Hehou, dit-elle en soupirant toutefois. Il est vrai que j'ai travaillé longuement sur un certain nombre de ces papyrus, je poursuis donc l'histoire de Mery.

Chaque jour - comme le disait Hehou - Ounnefer instruisait nos trois futurs prêtres, dans cette salle magnifique de la représentation de Nout. À notre grand malheur, nous n'avons pas retrouvé tous les enseignements du grand prêtre de Karnak, mais il en est certains que je vais maintenant vous relater plus spécifiquement, car ils ont fait l'objet de plusieurs papyrus très détaillés et relativement bien conservés. Y ont été notamment retranscrits d'importants échanges entre Ounnefer et Mery.

Je ne saurais vous dire à quel moment précisément de l'enseignement cela eut lieu. On sait simplement qu'il s'agit sans doute d'échanges pour la plupart postérieurs à la deuxième année d'étude. Mery devait donc avoir environ vingt-trois ans et était alors déjà très avancé dans son enseignement, ce qui explique - comme vous allez le constater - le niveau de réflexion qu'il pouvait avoir avec Ounnefer.

Mery était un homme très observateur de tout. Il écoutait avec attention les leçons qui lui étaient prodiguées. Il les apprenait, les analysait également et même dans une certaine mesure les testait, en les comparant avec ses propres observations et sa propre expérience. Il procédait souvent en faisant - comme bien d'autres après-lui - des expériences de pensée, lui permettant de simuler une action qu'il ne pouvait mener autrement. Mery était en quelque sorte l'archétype de ce que l'on pourrait appeler aujourd'hui un scientifique. Les paroles du premier grand prêtre faisaient donc systématiquement l'objet de questions et par défaut de remises en cause. Cela devait, comme il se doit, agacer fortement Ounnefer, mais il reconnaissait en Mery un talent indéniable dans ses analyses et son argumentation ainsi qu'un niveau de réflexion qu'il n'avait vu jusqu'ici chez aucun autre prêtre. Aussi devait-il s'accommoder de certains échanges interminables avec son jeune élève.

Pour Ounnefer, comme pour tous les Égyptiens de cette époque, le cœur était le siège de la personnalité, de la mémoire et de la conscience. C'est pour cette raison que le cœur était pesé devant le tribunal d'Osiris, en comparant son poids à celui de la plume de Maât qui comme je vous le rappelle n'est autre que le symbole de l'harmonie du monde. On retrouve de nombreuses scènes de ce tribunal d'Osiris dans les textes des pyramides gravés dès la cinquième dynastie, plus de mille ans avant l'époque de Mery, puis dans les livres des morts, qui ont été rédigés sur d'innombrables papyrus. Il n'existait donc pas vraiment de sujet quant au siège de la conscience. On pensait et on ressentait grâce à son cœur. C'était un fait bien établi.

Mery, qui participait depuis au moins un an déjà à la momification des morts, avait pu peser bon nombre de cœurs de défunts, avant de les replacer dans les dépouilles momifiées. Les autres organes majeurs étaient quant à eux déposés dans des vases canopes, destinés à cet effet. Tout comme les viscères, le cerveau était quant à lui simplement extrait et généralement détruit à partir d'un outil forçant la paroi nasale, afin de briser l'os ethmoïde. Une seconde solution consistait encore à laver l'intérieur de la tête à l'aide d'une craniectomie, puis rincée avec du vin de palme.

À ces paroles, tous les convives du dîner levèrent le nez de leur assiette. L'idée de voir son propre crâne vidé par le nez puis lavé avec du vin n'était plus compatible avec le repas. Anita, qui connaissait pourtant parfaitement les techniques d'embaumement, regardait maintenant avec dégoût son verre de vin. Tal et Hehou repoussèrent en même temps leur assiette. Quant à moi, je ne pus qu'avoir un reflux qui me stoppa net dans mon élan. Horus en revanche, dégustait toujours de bon cœur son hors-d'œuvre. Mais il dut sentir qu'il était maintenant le seul à se restaurer et s'arrêta donc, ne semblant pas vraiment comprendre les raisons de notre dégoût subit. Amusé, je me permis donc une remarque :

— Tu viens Horus de nous prouver sans le savoir que tu ne peux en effet pas être un humain...

Ensemble, nous nous mîmes à plaisanter et ironiser de la situation, avant que Neith ne reprenne plus sérieusement le cours de son récit.

— Mery connaissait beaucoup de ces hommes et femmes qui venaient tous régulièrement au Temple. Il savait très précisément ceux qui vivaient conformément aux préceptes religieux et ceux qui sans y être foncièrement réfractaires, prenaient toutefois quelques libertés avec le respect du culte ou du calendrier des fêtes et de la piété qui s'imposait à tous. Pourtant, il ne trouva aucune corrélation entre le poids des cœurs qu'il avait pesés et la ferveur religieuse des disciples d'Amon-Ré.

« Pourquoi ô grand prêtre Ounnefer, interrogea Mery, les cœurs des défunts dont la piété est la plus grande ne sont-ils pas plus légers que les autres ? Et quel est le poids d'une plume de Maât auquel il faudrait les comparer ?

— À mon grand regret, lui répondit Ounnefer, je constate que tu n'as rien compris Mery ! Lorsqu'il est dit

dans le livre des morts, qu'Anubis aidé de Thot comparent le poids du cœur du défunt avec la plume de Maât, il s'agit d'une allégorie dans laquelle le défunt est jugé devant Osiris à la lumière de la vérité des actions et de la manière dont le mort a vécu ici-bas en Égypte. Et c'est bien Maât, la Déesse de la vérité et de la justice qui effectivement réalise ce travail pour le compte d'Osiris. Ainsi, il n'est pas possible au défunt de mentir lors de cette cérémonie. Mais je ne pense pas qu'il faille prendre cette image au pied de la lettre. Peser toi-même - simple mortel - le cœur des défunts, ne te permettra pas de faire ce travail pour le compte d'Osiris. Tu dois voir dans le poids de la plume de Maât une vérité symbolique à associer au jugement de nos actions. »

*

Horus intervint de lui-même, un instant, sur ce sujet qui lui semblait important :

— Désolé Neith, mais j'invite tous les humains à ne pas prendre trop au pied de la lettre tous les écrits que leurs congénères ont précédemment produits, qu'il s'agisse des livres à caractère théologique, comme des philosophies du monde. Il ne faut pas oublier qu'il convient de replacer ces écrits dans leur contexte historique. Ainsi lire aujourd'hui l'ancien ou le nouveau testament, le Coran ou même les dialogues de Platon, demande nécessairement une certaine prise de recul. C'est ce que font normalement avec une grande

intelligence les archéologues et surtout les historiens, mais c'est aussi ce que l'on devrait apprendre à faire dans les écoles de pensée et les écoles religieuses. Tous les prêcheurs du monde entier ne devraient pas lire ces livres sans s'adonner à des interprétations contextuelles et historiques. Ainsi, la lecture faite reprendrait davantage son sens. Cela relativise l'écrit, sans le remettre en cause.

Après une courte pause durant laquelle les convives paraissaient méditer les paroles d'Horus, Neith reprit son récit.

— Avant d'aller plus loin, dit-elle, il me faut expliquer pour ceux - non avertis - ce que sont les quelques concepts suivants des Égyptiens de l'antiquité : le « Ka », « l'Ankh » et le « Ba ».

Le « Ka » est un « double spirituel » qui naît en même temps que l'être-humain sous la forme de sa matrice de conception. C'est ce qui se rapproche le plus de la notion « d'esprit » qui nous permet de penser. Mais pour les Égyptiens de l'antiquité, il survit après la mort grâce aux offrandes et au culte funéraire accordé au défunt. Le corps momifié peut donc toujours penser et ainsi passer les épreuves qui l'attendent dans l'au-delà.

« L'Ankh », est une clé, une combinaison entre le masculin et le féminin, Osiris et Isis, l'union du ciel et de la terre, etc. Il est représenté par une croix surmontée d'un nœud ou d'une boucle, comme une clé transportant le souffle de la vie qui symbolise non seulement l'existence mortelle de l'être-humain sur la Terre, mais aussi et surtout l'existence éternelle après la mort. L'Ankh

peut être restitué par les dieux après la mort et permet après une série d'épreuves d'insuffler la vie éternelle à un défunt, afin qu'il puisse accéder à une renaissance spirituelle. C'est en quelque sorte une clé pour la résurrection du défunt, afin qu'il puisse se rendre dans les champs paradisiaques ou auprès des dieux éternels.

Le « Ba » enfin, est l'énergie de déplacement, de dialogue et de transformation. Il offre au corps sa liberté de mouvement. Souvent représenté comme un oiseau, il s'envole au moment de la mort, privant ainsi le corps de tout mouvement. Mais dès lors que le défunt a passé avec succès les épreuves du tribunal d'Osiris, le Ba peut venir réintégrer le corps régénéré et emmener l'Ankh auprès des dieux. Il est donc également un moyen de transport pour l'âme régénérée, afin de lui permettre un accès à l'éternité.

Maintenant que ces trois concepts sont davantage familiers pour chacun, il m'est plus facile de vous conter la suite de la discussion :

« Je comprends mon erreur ô grand prêtre, répondit Mery, mais en quoi le cœur est-il alors le siège de la pensée et du Ka, cette énergie et double spirituel qui fait de nous des êtres vivants ? Par ailleurs pourquoi le Ba prend-il son envol à la mort du défunt alors que le Ka reste dans le corps ?

— Si tu y fais très attention, dit Ounnefer, tu peux entendre en toi le rythme de ton propre cœur qui bat. Et il est certain que lorsque ton cœur s'arrête, l'énergie utilisée pour travailler dans les champs, fabriquer une poterie, ou discourir avec moi-même aura alors disparu. C'est donc bien ici ton Ba qui aura pris son envol à ta mort. A contrario, si tu coupes le bras ou la jambe de Satis par exemple, et tant que son cœur ne se sera pas arrêté, il lui restera suffisamment d'énergie pour continuer à nous écouter et elle pourra même toujours bouger son bras ou sa jambe restante, car le Ba ne sort du corps que lorsque le cœur s'arrête. C'est bien la preuve que le Ba réside dans le cœur. »

— À l'annonce de cette perspective assez peu réjouissante, Satis grimaça fortement et se résolut à interrompre brièvement Ounnefer.

« Si je peux me permettre ô grand prêtre, je ne vois pas bien l'utilité de mener une telle expérience barbare sur une future divine adoratrice d'Amon-Ré. Vous perdriez le bénéfice et tout le temps que vous avez consacré jusqu'ici à prodiguer mon enseignement. Quant à toi Mery, je te défends formellement de tenter cette expérience sur moi !

— Ce n'est que pour mieux comprendre la marche du monde Satis, lui répondit Mery quelque peu railleur et malicieux. Tu devrais exprimer davantage d'enthousiasme pour cette expérimentation. Tu te dois, en tant que future prêtresse, de contribuer activement à la connaissance de la nature. N'est-il pas vrai ô grand prêtre ?

— *Rassure-toi Satis, dit Ounnefer, il n'est pas question que je laisse ton admirable corps se faire découper par qui que ce soit. Je perdrai en effet l'immense avantage de pouvoir le contempler chaque jour. Et il n'est par ailleurs aucunement dans mes intentions de sacrifier une prêtresse, sans qu'une raison d'ordre divin ne soit préalablement identifiée et énoncée. Lorsque j'évoquais à l'instant le massacre de ton anatomie, il ne fallait pas le comprendre autrement que comme une expérience de pensée.*

— *Néanmoins, ô grand prêtre, poursuivit Satis, je m'interroge aussi : existe-t-il une différence de nature entre le Ka des hommes et celui des femmes ?*

— *Concernant cette seconde interrogation, il est certain que la nature sexuelle influe sur celle du Ka. Il est d'ailleurs excessivement compliqué pour un homme tel que moi d'appréhender les Ka féminins. Ils m'apparaissent étrangement irrationnels et très souvent hystériques. Mais in fine, je ne serais toutefois pas étonné s'ils possédaient en eux un parfum ou une substance divine qui échappe à l'entendement masculin. C'est selon moi ce qui les rend si émotionnels et peu compréhensibles pour un homme. Ce que nous dénommons « la folie » prend souvent l'apparence d'une qualité divinatoire que notre Ka rationnel ne peut pas toujours interpréter et par là même apprécier. Cependant, nous constatons également que des Ka féminins se greffent parfois dans des corps masculins et inversement. Cela n'a rien de problématique en soi. On peut parfaitement vivre avec un Ka de genre opposé à celui de son organisme.*

Maintenant, si je reviens cependant à mon expérience de pensée originelle, pour ce qui concerne le Ka, et malgré l'envol du Ba à la mort du défunt, il faut bien qu'il demeure une énergie quelque part pour que le mort puisse justement se présenter devant le tribunal d'Osiris et y être jugé. Cette énergie est le Ka, celui-ci survit après la mort grâce à la momification et aux offrandes que nous réalisons pour le compte du défunt. Mais si ta question Mery, est pourquoi nous réfléchissons à l'aide du cœur plutôt qu'avec nos jambes. Il me semble à moi assez évident que les jambes sont plutôt faites pour marcher et le cœur pour réfléchir et créer.

— Oui ô grand prêtre, acquiesça Mery, mais si maintenant je coupe la tête de Satis, plutôt que de lui couper la jambe ? »

— Satis qui était assise, tout comme Mery, en tailleur à la manière d'un scribe, sur un simple support en grès déposé au sol pour l'enseignement, vacilla à cette annonce. Elle bascula en arrière et dut mettre précipitamment son bras gauche en opposition dans l'eau sacrée qui recouvrait le sol doré de la grande salle de la Déesse Nout. Ounnefer qui observait la scène avec amusement répondit à Mery, sans rien dire de cette culbute burlesque.

« Alors le cœur de Satis s'arrêtera très rapidement, car pour pouvoir réfléchir comme il convient, le cœur a besoin de nos sens et ce sont nos yeux, nos oreilles, notre bouche et notre nez qui se trouvent tous dans la tête et qui séparés du cœur ne fourniront plus alors les éléments nécessaires à sa survie. Ainsi son Ba s'envolera, mais elle pourra toujours passer devant le tribunal d'Osiris grâce à son Ka. Cependant n'oublie pas non plus Mery que pour comparaître devant le tribunal d'Osiris, il convient également de présenter son « Shout », qui n'est autre que l'ombre de son corps. Un défunt n'est complet que s'il dispose de son Shout, à l'instar de son Ka. »

— Les explications d'Ounnefer, conclut Neith, présentaient une logique indéniable que Mery n'était pas forcément en mesure de réfuter.

*

Tal qui soudainement sembla à nouveau s'énerver sans que l'on ne comprenne vraiment pourquoi, intervint pour défendre le raisonnement d'Ounnefer.

— Cette dernière réflexion me laisse sans voix Neith. Non, franchement, fit-elle en haussant le ton de sa voix ! Sans réaliser un électroencéphalogramme, je ne vois pas comment on peut savoir où se trouve le centre de la pensée ! Il faut se replonger dans le contexte de l'époque. Ils n'avaient même pas encore inventé la poulie,

comment voulais-tu qu'ils sachent ce qui se trouve dans le cerveau ?

— Ne t'énerve pas ainsi, lui répondit Neith. Ce n'était en rien une critique contre Mery. J'exprimais simplement un constat, rien de plus.

Pour ma part, si j'avais été un temps un scientifique, j'avouais ma totale méconnaissance de ce sujet purement anatomique et médical.

— Il est vrai, ajoutais-je, que l'imagerie médicale du cerveau et les neurosciences qui en découlent sont particulièrement récentes. Il faut pour cela maîtriser des technologies de rayonnement telles que les rayons X par scanner, ou le suivi de produits de contraste radioactifs par résonance magnétique avec des IRM, ou même effectivement mesurer l'activité électrique du cerveau à l'aide d'un EEG. Je dois dire que je ne sais pas du tout à partir de quand nos ancêtres ont localisé le centre de la pensée dans le cerveau, ni comment d'ailleurs ont-ils fait pour cela, mais je pense que cela était connu depuis au moins l'antiquité romaine, non ?

Anita semblait posséder une meilleure connaissance du sujet que nous autres. Si elle n'était pas médecin, en revanche en tant qu'archéologue, elle maîtrisait parfaitement bien l'histoire de l'antiquité.

— *La localisation du cerveau comme centre de la pensée, précisa-t-elle, a été proposée par les Grecs aux alentours de quatre cents avant notre ère. Platon en avait déjà sans doute le pressentiment, mais il a fallu réellement attendre Hippocrate qui avait probablement dû réaliser des craniectomies animales et humaines et qui s'était opposé en cela à Aristote sur ce sujet. Je sais aussi que Galien qui était grec lui-aussi, mais exerçait à Rome sous Marc Aurèle, plus de cinq cents ans après, avait mené des dissections et des vivisections et sans doute des expériences sur des crânes ouverts, concluant aux mêmes résultats qu'Hippocrate.*

Elle but une gorgée de vin... Et cette fois, c'était moi qui étais quelque peu choqué, car ma vision très édulcorée de physicien avait toujours été théorique. Je ne pouvais pas concevoir de découper le crâne de quelqu'un pour savoir où pouvait bien se trouver le siège de la pensée et de la conscience.

— *Quand je ne voyais pas comment localiser le centre de la pensée dans le cerveau, j'étais resté sur quelque chose d'un peu moins invasif... Je trouve les IRM beaucoup plus propres. Je n'avais en effet pas spécialement imaginé regarder dans le crâne ouvert de quelqu'un, d'en découper certaines parties et de faire des tests sur des patients (s'il faut encore parler ici de patients...) pour savoir s'ils répondent correctement à différents stimuli. Mais je vois Anita que cela ne semble pas t'émouvoir plus que ça, de faire de telles expériences...*

Elle se mit à rire, avant de me rétorquer :

— Être archéologue, c'est parfois faire fi de ses émotions et de ses certitudes, en se projetant dans une autre civilisation et une autre culture. Mais tu sais, les femmes comme moi n'hésitent pas non plus à découper le crâne des hommes tels que toi...

J'avais volontairement quelque peu provoqué Anita et je décidais maintenant de faire une prudente retraite en m'abstenant de relancer une machine implacable qui m'aurait très certainement détruit. De toute manière, j'étais à nouveau paralysé, bloqué par ses yeux gris-bleu qui comme deux lasers devaient traverser ma boîte crânienne pour venir stimuler mon lobe cérébral de la stupidité et ma glande de la béatitude.

Chapitre 6 : Où sommes-nous ? - partie 1

— *Lors d'un nouvel échange dont nous avons conservé la trace, dit Neith en reprenant son récit, Mery s'est interrogé sur l'organisation du monde. Ce jour-là, le grand prêtre Ounnefer demanda aux jeunes élèves de lever une fois encore leurs yeux vers le plafond de la grande salle qu'ils connaissaient désormais bien.*

« Cette représentation de la Déesse Nout, expliqua Ounnefer, est celle de notre monde. Tout est là ! Même celui qui ne ferait que contempler la fresque sans chercher à la comprendre, pourrait constater que toutes les étoiles du ciel y sont bien représentées.

Nout protège Geb - le seigneur de la Terre - et son corps est la voûte céleste du monde dans laquelle nous sommes tous entièrement immergés. Ses quatre membres rejoignent la Terre aux quatre points cardinaux que sont l'est où Amon-Ré renaît chaque jour, l'ouest derrière moi, où Amon-Ré entre dans le monde du crépuscule des morts, le sud à votre gauche où le Nil va chercher la source de la vie, et le nord où l'eau, immense, plonge le monde dans des abîmes inconnus. Ce sont les quatre piliers sur lesquels le ciel de Nout s'appuie.

Aidé d'Isis et de Seth, Amon-Ré navigue sur sa barque, chaque nuit, dans le corps de la Déesse Nout. Il y prend la forme de la Déesse Bastet - le chat d'Héliopolis - pour y combattre le serpent Apophis - force du chaos, du mal et de l'obscurité - avant de renaître de Nout sous la forme de son disque solaire. Au cours de ce cycle éternel, Nout transporte dans son ruban laiteux l'ensemble des dieux et c'est la raison pour laquelle on peut observer la nuit, les astres lumineux des dieux qui veillent sur nous.

Mais Nout est encore bien davantage que ce qui vient de vous être exposé et que vous devez très certainement déjà connaître. Elle est aussi, avant tout, la mère de la résurrection des défunts. Pour ce faire, elle offre à Osiris un « horizon » qui agit comme un miroir réfléchissant sa voûte céleste. Celui-ci garantit l'envol des Ba et des Ankhs des défunts qui ont passé la terrible épreuve du jugement d'Osiris, sans s'être faits dévorer par Ammout - cette créature hybride à tête de crocodile, à corps et pattes avants de lion et à l'arrière-train et pattes arrières d'hippopotame.

Chaque défunt en tant qu'élu d'Osiris, peut utiliser l'horizon de Nout pour s'envoler et rejoindre les astres divins. C'est la raison même du miroir sur lequel vous marchez actuellement. L'eau qui coule sur l'or du sol, reflète la voûte céleste et fournit ainsi un chemin dans les cieux pour permettre aux Ankh des défunts de s'envoler avec leur Ba vers les dieux étoilés.

— Je remarque ô grand prêtre, interrompit Mery, que chaque colonne maintenant le ciel de Nout, est dirigée vers une étoile ou un groupe d'étoiles particulier. S'agit-il des chemins à suivre que vous évoquez ?

— *En effet Mery, et comme tu le constateras, sur chaque colonne ont été peints un ou plusieurs dieux auxquels il convient de faire des offrandes et de réciter les incantations du livre des morts, pour pouvoir s'envoler. Ils sont les gardiens du chemin vers les astres divins. Sans l'accord de ces dieux, l'Ankh et le Ba du défunt ne peuvent s'envoler. Enfin, ils protègent par là-même la voûte céleste de Nout, du serpent Apophis - qui comme vous pouvez l'observer - est gravé sur le sol tout en or de la grande salle. Regardez comment Apophis cherche constamment à étendre le mal et l'obscurité, en s'enroulant tout autour des colonnes.*

Mais suivez-moi je vous prie et montons maintenant sur le toit du Temple pour percevoir de nos yeux la danse véritable de Nout ! »

*

Je ne pouvais laisser passer cette description de la résurrection post-mortem, sans interroger Horus sur sa signification et son point de vue.

— *Excuse-moi Neith, dis-je, mais peut-être qu'Horus en tant que seul dieu ici présent, pourrait nous donner son interprétation du sens de la résurrection des morts et de la façon dont cela se passe réellement, si tel est bien le cas du moins... Et de façon très pragmatique, peut-on d'ailleurs encore espérer aujourd'hui pouvoir bénéficier d'un tel avantage ?*

— *Pour répondre tout de suite à ta dernière question, répondit Horus, nous ne pratiquons plus actuellement ce rituel pour les êtres-humains, tout simplement parce qu'ils se sont détournés du processus que nous leur avions mis en place. Mais on ne s'interdit rien pour autant. Un être-humain qui se présenterait à nouveau devant le tribunal d'Osiris y serait accueilli comme il se doit. Et s'il passait avec succès l'ensemble des épreuves, bien sûr il serait accepté dans l'éternité. Nous ne mettons pas en œuvre tout ce processus qui est certes nécessaire, mais aussi très compliqué, pour dire au défunt que non, finalement, malgré le fait qu'il ait réussi, nous ne l'accepterions pas en tant qu'éternel.*

— *D'accord Horus, je comprends et cela me semble en effet assez logique, mais pourquoi donc avez-vous mis en place ce processus ?*

— *Comme je te l'ai dit, nous ne faisons pas partie de votre monde. Et il ne s'agit pas d'ailleurs à proprement parler d'une « résurrection » ni même d'une « renaissance », mais plutôt d'une transformation qui permet de sortir en quelque sorte de votre Univers pour en intégrer un autre. C'est en ce sens que oui, nous pouvons parler d'éternité, car en s'éloignant de votre monde, on sort de l'écoulement du temps. Mais pour être plus exact, et comme je l'ai déjà précisé tout à l'heure, on devrait aussi parler « d'a-spacialité » et d'immatérialité, même si la signification précise de ces terminologies sont plus complexes à appréhender pour la raison humaine.*

Hehou qui semblait comme tout le monde, très intéressé par ce sujet, rebondit avec une nouvelle question.

— *Tu as précisé, Horus, que les « êtres-humains se seraient détournés du processus », mais si certes les humains ne croient plus dans la religion polythéiste de l'Égypte antique, la très grande majorité d'entre eux croit encore en un dieu et pratique une religion. Que l'on soit musulman, chrétien, orthodoxe, hébraïque, bouddhiste, hindouiste, shintoïste ou taoïste, cela a-t-il vraiment une importance pour les dieux ? Tout cela n'est-il pas qu'une seule et même façon d'avoir foi justement en un monde meilleur et en un paradis possible ?*

— *Pour certains, oui, cela peut apparaître comme simplement des formes différentes d'une même foi en un monde meilleur. Mais moi Horus, je n'ai rien à voir avec toutes ces religions que vous avez élaborées, et ce, même si certaines d'entre-elles se sont fortement inspirées de ce que nous avions mis en place. Ce sont là des inventions, créations humaines qui vous ont été à un moment et à un endroit donnés, nécessaires, pour évoluer selon votre propre rythme et dont il ne nous appartient d'ailleurs pas, à nous les dieux, de juger de la pertinence. Nous ne faisons qu'observer leur éventuel intérêt et leur efficacité. Et si cela vous convient ainsi, vous êtes totalement libres de vos choix. Nous avons créé ce monde en le laissant évoluer à souhait le plus librement, en intervenant le moins possible. Vous observerez qu'il ne vous est imposé* que très peu de contraintes. Par ailleurs, nous ne blâmons personne pour ses croyances. Comment peux-tu penser que l'on s'intéresse à cela ! En revanche, vous ne pouvez pas nous reprocher de ne plus faire de passage vers l'éternité si vous ne vous présentez plus devant nous...

En outre, vous vous considérez toujours comme étant seuls dans ce monde, mais pour ceux qui réfléchissent un peu plus, ils découvriront très rapidement qu'ils ne sont qu'une toute petite minorité. En observant, rien que sur votre planète Terre, vous devriez tout de même pouvoir reconnaître que la vie n'est pas le seul apanage des êtres-humains.

Enfin pour ceux qui savent explorer un peu plus loin encore dans le ciel de Nout, il doit leur être aujourd'hui facile de comprendre qu'il y a plus de deux cents milliards de systèmes solaires, plus ou moins similaires au vôtre dans cette seule et unique galaxie... et qu'il existe plus de mille milliards de milliards de galaxies dans cette seule partie observable de votre monde... Cet Univers est immensément étendu dans l'espace. Votre étoile et même l'ensemble de votre système solaire ne représentent absolument rien pour nous. Ce ne sont qu'une infime partie du grand tout. Nous nous y sommes intéressés un temps, car comme nous sommes éternels, nous avons le temps de nous intéresser à tout. Mais comment pouvez-vous encore penser aujourd'hui qu'il sert à quelque chose d'effectuer une prière ou une offrande souvent misérable pour nous solliciter ? Votre galaxie ne représente rien dans votre Univers, votre système solaire est moins que rien dans votre galaxie, vous êtes sur une petite boule qui flotte au milieu de rien, *au sein de votre système solaire, et vous êtes un être-humain collé sur cette boule, parmi huit milliards de vos congénères et je ne parle même pas du reste de la biodiversité de cette simple petite boule…*

Donc si vous ne l'aviez pas encore compris, je peux vous assurer que oui vous n'êtes en effet pas grand-chose et surtout pas seuls dans ce monde immense…

Je profitai de cette occasion pour faire un nouvel aparté auprès d'Anita.

— Désolé de te décevoir Anita, mais je suis au regret de te dire qu'Horus ne semble pas s'intéresser plus que ça à toi, non pas que tu n'en sois pas digne bien sûr, mais simplement parce que tu n'es finalement qu'une femme perdue sur une petite boule qui flotte dans un espace vide au milieu de milliards de milliards de boules comme celle-ci…

Elle rit à nouveau et me confia, en me regardant de ses yeux toujours aveuglants :

— Merci pour ce recadrage de la situation. Il est vrai que je ne suis malheureusement qu'une simple terrienne…

C'était cette fois tellement facile que j'en ai un peu honte et bien sûr même si je n'avais aucun intérêt à lui dire cela, je ne pus pourtant m'en empêcher…

— Oui, mais pour moi, tu es clairement divine ô Anita !

Cela me valut un sourire encore plus appuyé que d'habitude, ce qui me ravit au plus haut point.

Je flottais maintenant au-dessus de la table comme notre bonne vieille Terre dans l'espace et me pris même à transporter mon esprit jusqu'au milieu du Nil en tournoyant lentement dans la noirceur du ciel, illuminé du seul scintillement des étoiles. La douceur du soir était tout simplement parfaite, je dégustais mon assiette… Et… heureusement Neith reprit le fil de son histoire, ce qui me ramena sur le bateau.

*

— Ounnefer et ses trois disciples prirent l'escalier qui offrait un accès au-dessus du toit du Temple de Karnak. A cette époque, très peu de torches étaient installées dans les allées du Temple et le ciel d'où la Lune était totalement absente ce soir-là, offrait toute la noirceur nécessaire, contrastant avec les étoiles.

« Le ciel de Nout, expliqua Ounnefer, tourne toute la nuit, autour de cette étoile brillante, qui nous indique, comme l'écoulement des eaux du Nil, la direction du nord. Toutes les étoiles dites septentrionales, qui lui sont proches, sont celles des dieux éternels qui veillent sur nous. Ce sont vers elles que nos grands Pharaons tentent de se rendre pour qu'à leur tour, ils puissent acquérir ce pouvoir de l'éternité. Celles qui sont plus en périphérie plongent parfois dans les abîmes de Geb - la Terre - et

doivent combattre durement Apophis avant de pouvoir revenir nous éclairer. Enfin, il existe encore d'autres étoiles que nous ne voyons pas aujourd'hui et qui combattent en ce moment même et parfois pendant de très longs mois, le grand serpent, avant de pouvoir réapparaître. Ainsi est le cycle immuable du ciel de Nout, qui tourne autour de nous, durant les trois cent soixante jours de notre calendrier et les cinq jours maléfiques, dédiés aux Dieux Osiris, Isis, Horus, Seth et Nephtys.

Regardez de vos yeux tous les dieux qui vous observent : Amon, bien sûr avec sa tête de bélier, la cuisse du Dieu Seth, la Déesse Isis grande magicienne sous l'apparence de l'hippopotame, sa sœur la Déesse Nephtys sous la forme d'un poisson parcourant la mer, la balance de la plume de Maât Déesse de la Justice et de la vérité, le Dieu Horus qui circule près du scarabée...

— Pourquoi ô grand prêtre, interrogea Mery, tournent-ils ainsi, et si lentement, tout autour de nous ?

— C'est sans aucun doute pour mieux nous surveiller et nous juger Mery. Si tu demeures fixe par rapport à Satis et qu'elle-même ne bouge pas, tu ne la verras jamais que sous une seule perspective très restreinte. Penses-tu alors que tu en auras cerné et compris tous les éléments et toutes les caractéristiques ? Non bien sûr, il te faut tourner autour d'elle pour en savoir davantage, pour comprendre ce qu'elle est exactement et ce qu'elle cache honteusement derrière elle, comme... ce morceau de pain... »

— Mery se mit à tourner tout autour de Satis, et il comprit qu'il devait adapter en permanence sa direction pour continuer de l'observer, ce qu'il trouva étrange. Par ailleurs il comprit également qu'en passant derrière elle, Satis ne pouvait alors plus le voir si elle-même restait immobile.

« Si les dieux tournaient ainsi autour de nous ô grand prêtre, nous ne les verrions alors plus lorsqu'ils passeraient derrière nous… par ailleurs pour continuer de nous observer, ils doivent réajuster en permanence leur direction, ce qui leur demande de tourner aussi sur eux-mêmes, afin de toujours conserver leurs yeux braqués vers nous. Je ne comprends pas non plus pourquoi les dieux qui sont plus bas sur l'horizon semblent devoir parcourir beaucoup plus de chemin que les autres pour nous observer, ni pourquoi d'autres encore disparaissent combattre Apophis sous la Terre alors que les premiers n'y sont jamais contraints.

Si je trouve cela magnifique, j'ai bien peur de ne pas avoir compris votre leçon ô grand prêtre. Je ne comprends pas comment le monde est et tourne autour de nous.

— Réfléchis-y Mery et reviens me questionner. Dans sept mois, nous en reparlerons si tu le souhaites.

Mais venons-en à une spécificité toute particulière des années qui s'annoncent. Le nouvel an de notre calendrier est comme il se doit, associé avec celui de la crue du Nil. Celle-ci a normalement lieu aux alentours du solstice *d'été, le vingt-et-un juin, ou peu après début juillet, lorsque les jours de l'année sont les plus longs, et qu'Amon-Ré, notre Soleil bien aimé, passe au plus haut dans le ciel de Nout.*

Mais dans moins de deux ans, la course du temps devrait normalement correspondre au renouvellement complet de notre calendrier. C'est un événement tout à fait exceptionnel, qui n'a lieu que tous les mille cinq cents ans environ ! La dernière fois que nous avons pu l'observer, c'était il y a bien longtemps, sous le plus long règne de toute l'Égypte, celui du Pharaon Ninetjer. Ce phénomène est donc considéré comme un heureux présage des dieux, particulièrement bénéfique pour toute l'Égypte. Il devrait se traduire, le jour du solstice d'été, le vingt-et-un juin, jour où notre Soleil Ré est à son zénith, aux premières lueurs de l'aube, par la réapparition après soixante-dix jours d'absence, de la plus brillante des étoiles, celle de Sirius que l'on associe aujourd'hui à la Déesse Sopdet.

Les anciens rapprochaient Sirius, à tort, de la Déesse Isis, car il est vrai que lorsqu'il fait très beau, elle peut parfois apparaître comme une étoile double et c'est pourquoi on l'avait associée à Isis et à sa sœur Nephtys. Mais aujourd'hui on la comprend davantage comme la Déesse Sopdet, qui représente le phare cosmique de la voûte céleste de Nout et qui se situe dans la constellation de la vache, suivant de près celle d'Osiris. Elle apparaît chaque année lors du lever héliaque, à l'aube des premiers rayons de Ré, à l'horizon, avec parfois une couleur de feu, qui annonce la période de canicule qui va suivre.

Si tout se passe comme nous le souhaitons, nous allons essayer de faire coïncider cet événement tout particulier avec votre intronisation en tant que prêtre de seconde classe du Temple de Karnak, ce qui marquera peut-être l'avènement d'un nouvel âge pour ce monde... »

*

— Excuse-moi encore Horus, dis-je, mais je ne crois pas finalement que tu aies répondu à toutes mes questions tout à l'heure.

— En effet mais, j'avais cru comprendre que tu étais plus intéressé par Anita que par mes réponses, c'est pourquoi je n'ai pas poursuivi...

J'avais été trop facilement découvert. Mon attirance envers Anita était évidente pour l'ensemble des convives, qui comme moi-même se mirent à rire cette fois franchement, en me laissant cependant dans un certain désarroi. Mais ni Anita, ni moi-même ne nous lançâmes dans une contre-offensive inutile et j'eus juste le temps de finir mon verre, avant qu'Horus n'enchaîne.

— Concernant le sens qu'il convient de donner à la résurrection des morts, et que j'appelle plutôt « passage vers l'éternité », l'objet est pour nous, les

dieux, d'agrandir notre communauté d'éternels. Plus nous sommes nombreux, et plus riche en est le monde. Les dieux ne se reproduisent généralement pas comme vous autres, ce qui ne nous empêche pas d'avoir des relations charnelles, mais c'est davantage du point de vue de la création qu'il faut entrevoir la chose. Or, la création est un processus très complexe. Aussi, ne sommes-nous pas aussi nombreux que cela. Ajouter de nouveaux membres à notre communauté, est donc un acte porteur de valeur, qui nous permet de bénéficier de nouvelles idées et de nouveaux concepts pour développer toujours plus la création du monde. C'est un enrichissement certain. Mais cela ne devient une réalité qu'à partir du moment où la personne que nous avons sélectionnée est bien dans cet état d'esprit. Aussi convient-il de s'en assurer préalablement, car une fois que vous êtes devenu un éternel, il n'y a plus de retour en arrière possible, car vous êtes maintenant hors du temps et de l'espace.

— Je comprends, mais les dieux, sont-ils tels que le présente Ounnefer à ses disciples, des étoiles de notre ciel ?

— Tu te moques de moi cette fois... Je suis moi-même personnellement intervenu sur ce sujet alors que j'étais le premier Pharaon de l'Égypte pour tenter d'inculquer aux hommes comment le monde est et ce que sont les dieux. Mais il est difficile de faire comprendre à une bactérie l'entièreté de son environnement... Les êtres-humains ont donc réalisé les interprétations qui leur étaient utiles pour progresser et se transformer. L'évolution est un très long *processus, qui pour les hominidés - comme vous l'a démontré Darwin - a mis plusieurs millions d'années. Or tout le monde comprend l'absolue nécessité du Soleil pour survivre sur Terre. De là à assimiler le Soleil - Ré - au dieu créateur de l'Univers, il n'y avait qu'un pas qui fut vite franchi. L'homme était naturellement enclin à associer l'acte originel de la création, avec l'astre lumineux qui permit et assura sa présence sur Terre. Il fallut donc se résigner à se satisfaire de cette étape, sans l'outrepasser pour évoluer plus avant. Néanmoins, avec le recul, je l'évalue non sans poésie - art trop souvent délaissé par les êtres-humains qu'ils feraient bien de se réapproprier.*

Concernant maintenant les différentes façons d'accéder à l'éternité, il vous faut encore savoir que les pyramides n'avaient initialement pas ce nom que vous leur avez donné, en cherchant à exprimer leur forme géométrique. Les anciens Égyptiens les appelaient « Akhet » que l'on peut traduire par « horizons », non pas pour leur forme géométrique - comme je le disais - mais pour leur symbolique.

Un horizon est en effet une frontière, une limite entre deux mondes. Et c'est tout l'objet des premières pyramides telles qu'Imhotep, le grand architecte les avait envisagées. Il avait souhaité faire de ces constructions des horizons, comme des éléments de passage entre le monde des vivants et le monde des dieux. Imhotep, après avoir réalisé la pyramide à degrés de Djoser avait en réalité déjà établi les plans de la grande pyramide. Et alors qu'Imhotep était mort depuis longtemps, Houni le père du Pharaon Snéfrou, a tenté une première construction allant dans ce sens, mais il lui manquait les plans précis. Ainsi la pyramide de Meïdoum qui a été démarrée par Houni, a finalement été achevée lors du règne de Snéfrou. Malheureusement, ça n'a pas été un très grand succès comparé à la pyramide de Djoser. Snéfrou s'est alors lui aussi lancé dans la construction d'une nouvelle pyramide, ce qui a débouché comme vous le savez sur l'échec retentissant de la pyramide rhomboïdale. Aussi Snéfrou a-t-il demandé cette fois à ses propres architectes de rechercher de nouveau les plans d'Imhotep. En retournant dans la tombe de ce dernier, ils ont retrouvé une partie de ces plans, ce qui a abouti à la construction de la pyramide rouge. Cette dernière possédait déjà presque tous les attributs qu'avait imaginés le grand architecte, mais ce n'est en effet que sous Kheops que l'on réussit à reproduire fidèlement ses plans. Je ne sais pas réellement s'ils ont été replacés ensuite dans la tombe d'Imhotep ou non. Une de mes connaissances m'a dit un jour que la momie d'Imhotep ainsi que ses plans avaient été placés dans la chambre souterraine de la grande pyramide et qu'ils avaient été récupérés par le calife Al-Mamoun en huit cent vingt de votre ère. Il n'est pas impossible que certains de ces éléments soient donc encore cachés quelque part en Irak ou en Iran je pense...

Toujours est-il qu'initialement, les pyramides avaient été conçues plus comme des « horizons » c'est-à-dire des portes - frontières vers le monde des dieux - plutôt que comme de simples tombeaux. Mais au fil du temps, cette connaissance s'est effectivement perdue. Vous avez progressivement fait de ces constructions de simples tombeaux, ce qui n'avait alors plus de sens, étant donné leur immense coût. Aussi furent-elles rapidement abandonnées au profit de tombes plus faciles à élaborer et davantage cachées des pillards.

Chapitre 7 : Qui sommes-nous ?

Hehou reprit le fil de l'histoire, car il semblait dès lors mieux connaître que Neith, cette partie de la traduction des papyrus retrouvés.

— *Mery aimait parcourir la ville de Thèbes. Jusqu'à la onzième dynastie, au tout début du moyen empire, il ne s'agissait encore que d'un tout petit village, mais géographiquement plutôt bien situé sur la rive est du Nil, au croisement de la Basse et de la Haute Égypte. C'est très certainement cette position centrale au sein d'une Égypte pharaonique réunifiée, qui a contribué à son essor. Mais à l'époque de Mery, la ville de Thèbes était déjà parvenue à son apogée. Elle s'étendait largement du nord au sud, le long du grand fleuve. Ses ruelles étaient très étroites, et il était difficile de s'y frayer un chemin. La plupart des maisons étaient en briques crues recouvertes d'une sorte de chaux blanche. Presque toutes étaient construites sur le même modèle, de plain-pied, avec un sol en terre battue. Selon le nombre d'habitants de la famille, elles pouvaient comporter jusqu'à quatre pièces. Les toits étaient généralement plats, mais beaucoup d'entre eux étaient aménagés comme des terrasses, ce qui permettait à chacun de passer la soirée sous la fraîcheur de la nuit. Faute de place, quelques rares maisons commençaient à se construire sur le dessus des* premières, comme si elles constituaient deux étages d'un même ensemble. Bien que nous n'en ayons pas de témoignages précis, il s'agissait sans doute d'extensions qu'une même famille organisait, afin de conserver la présence d'un fils ou d'une fille auprès de soi. L'urbanisation progressive s'était faite de manière plutôt anarchique, mais sans doute en bonne intelligence avec le voisinage. À certains endroits des puits avaient été creusés, ce qui permettait aux habitants d'un même quartier, en allant puiser de l'eau, de se retrouver et de discuter de leurs problèmes personnels, de la dernière fête religieuse, ou de la crue du Nil et de la prochaine récolte. Le problème principal de la ville était très certainement les commodités. Aucun système d'eau courante n'avait été mis en place et tous les déchets étaient par conséquent déversés par chacun à même les rues, ce qui avec la chaleur du Soleil devait les rendre très vite nauséabondes.

Certains artisans ouvraient leur propre maison pour mener leur activité et échanger leur production, mais pour des raisons de facilité du transport des marchandises, la plupart des commerces et des lieux de stockage étaient situés aux abords du fleuve. Pour rappel, il n'existait pas de système monétaire en Égypte antique. Tous les échanges commerciaux se faisaient par conséquent sous la forme de trocs. Mais coexistait également un système de coopératives où l'exploitation des terres agricoles par exemple, bénéficiait aux artisans, en échange de leurs produits. En outre, le Temple de Karnak était le plus grand propriétaire terrien de toute l'Égypte. De très nombreux agriculteurs y étaient *rattachés et bénéficiaient ainsi d'une partie de la récolte. Enfin bien sûr et comme partout, une taxe était de temps à autre prélevée par des collecteurs du vizir de Haute Égypte.*

Mery aimait parcourir les abords du Nil, il y avait là partout des marchandises entreposées, dans des ballots de lin, des poteries en tout genre, des jarres, des amphores, de la nourriture à profusion. Les uns échangeaient des outils en cuivre contre des céréales, les autres des ouchebtis, des amulettes ou des sculptures contre des poteries. Mery comme d'autres serviteurs du Temple, passait entre ces commerces, avec des fumigations d'encens pour tenter d'assainir les lieux et de recevoir par là-même de quelques-uns, des offrandes toujours intéressantes. Mais, ce jour-là, un mendiant qui était assis sur les marches d'une petite place, l'apostropha crûment.

« Pourquoi viens-tu m'importuner ainsi prêtre de malheur ! Tu incommodes ma place avec tes senteurs immondes. Retourne dans ton Temple avec tes bondieuseries, ou n'importe où, où il te plaira, mais loin d'ici. »

— Mery qui se devait de prêcher la bonne parole auprès des brebis égarées du troupeau d'Amon-Ré n'hésita aucunement. Il se dirigea droit vers l'homme, en agitant son encensoir pour purifier l'air vicié et expurger les micro-organismes qui ne devaient pas manquer de se développer auprès de ce personnage. L'homme qui semblait très âgé, portait une longue barbe ainsi que des

habits déchirés d'ancien soldat. Il était particulièrement sale et manifestement éméché.

« Pourquoi me parles-tu ainsi, sans vergogne, lui demanda Mery ? Je suis missionné par le premier grand prêtre Ounnefer pour assainir ces lieux. As-tu seulement fait une offrande à d'Amon-Ré ce mois-ci ? Étant donné ton état ravagé par la bière, permets-moi d'en douter.

— J'ai fait la grande guerre, prêtre de bas niveau ! J'ai servi la famille royale, celle du grand pharaon Akhenaton alors que tu n'étais même pas né... Comment oses-tu me parler ainsi ? Ton Temple d'Amon n'est qu'une piètre réplique de ce qu'était celui d'Aton dans la capitale d'Amarna. Sache que je n'ai aucunement l'intention de faire une quelconque offrande à ton dieu Amon, usurpateur du seul et unique dieu Aton.

— Je ne vais pas débattre avec toi, vieil homme, de ce sujet théologique, qui a trouvé sa conclusion sous le règne de Toutankhamon. Cela étant, comment puis-je t'aider ? Si tu te rends au Temple, je pourrais te faire prendre un bain par exemple et changer tes habits écorchés et décousus pour d'autres, qui sans être neufs, seront du moins propres.

— Jamais je n'échangerai mon uniforme flambant neuf de soldat de Pharaon pour de vulgaires vêtements de civil. Malgré tout, si tu parviens à m'apporter une cruche de bière je t'en serais effectivement éternellement reconnaissant...

— *Je ne crois pas que je te rendrais un grand service en abondant dans ton vice, vieil homme, néanmoins je vais aller te chercher une cruche pour que tu puisses au moins puiser de l'eau fraîche, dans le puits de cette place. Ne bouge pas d'ici, je n'en ai que pour quelques instants.*

— *Oh je n'ai pas bougé de cette place depuis presque dix ans, ce n'est pas maintenant que ça va changer. Tu me trouveras au même endroit, sauf si je suis passé du côté d'Osiris bien-entendu… »*

— *Mery poursuivit sa procession assainissant tout ce qu'il pouvait sur son passage, jusqu'à trouver non loin de là un petit atelier de poterie. Il observa alors avec un grand intérêt comment étaient façonnés, avec de l'argile, les pots, assiettes, plats et cruches en tout genre, lorsqu'une nouvelle réflexion sur ce que devaient être les choses germa dans son esprit. Il se promit d'en parler à Ounnerfer le jour même, avant toutefois de troquer au potier une prière à Amon contre une petite cruche.*

Il revint alors sur ses pas, jusqu'à la place où il avait précédemment discuté avec le vieil homme, mais à sa grande surprise, celui-ci avait disparu. Il interrogea les habitants du voisinage pour savoir où il avait bien pu aller, mais personne ne semblait reconnaître la description de ce vieil homme. Les propriétaires des maisons entourant la place affirmaient ne rien savoir d'un mendiant qui aurait pris racine depuis plusieurs années en ce lieu…

Mery se demanda si l'homme ne l'avait pas trompé ou s'il n'avait pas finalement rêvé toute cette histoire. Avant de rebrousser chemin, il déposa la cruche - comme pour conjurer un sort - sur les marches où il pensait avoir discuté avec l'ancien combattant. Puis dépité, il s'en retourna lentement vers le Temple.

Plus tard, dans l'après-midi, il interrogea le grand prêtre Ounnefer.

« J'ai de nouvelles questions ô grand prêtre, annonça Mery, pourquoi existons-nous ? Et en quoi sommes-nous différents de simples objets comme un pot en argile par exemple ? Enfin de quoi sommes-nous faits ?

— Je ne suis pas tout à fait certain de la réponse Mery. Je pense que les êtres-humains ont été créés comme le reste du monde par Amon-Ré lors de sa conception première. Mais je sais que d'autres voix plus au sud de l'Égypte clament que c'est Khnoum qui aurait façonné l'enveloppe corporelle et le Ka, l'énergie spirituelle des êtres vivants, à l'aide de son tour de potier, en utilisant pour ce faire le limon du Nil. Si tel est le cas, de toute manière, c'est bien Amon-Ré qui a créé préalablement Khnoum, dans le but qu'il fasse cela à sa place. Nous sommes donc faits pour l'essentiel d'eau et d'argile, tout comme peut l'être une amphore d'eau ou de vin, mais à la différence d'elle, nous disposons d'un Ka qui est l'énergie spirituelle du souffle de la vie que le Dieu Shou a légué aux premiers hommes et dont nous avons hérité.

— *Si je comprends bien ô grand prêtre, nous ne pourrions être sans notre Ka - notre esprit. Les formes de « l'être » sont-elles des formes du Ka ? L'esprit est-il nécessaire pour « être » ?*

— *C'est exact Mery.*

— *Pourtant d'un point de vue arbitraire, même en l'absence de Ka, un pot par exemple n'existe-t-il pas par lui-même ? Le pot dispose-t-il lui-aussi d'un Ka ? Assurément non, car il ne présente aucun signe d'un souffle de vie et d'une réflexion spirituelle. Je ne vois pas un pot se présenter devant le tribunal d'Osiris pour savoir s'il a bien rempli sa mission de pot durant sa vie. En quoi par conséquent est-il un pot ? Et plus précisément jusqu'où est-il un pot ?*

Si je brise en effet maintenant ce pot en plusieurs morceaux, il perd l'essence de ce qu'il était, il devient un tas de gravats, voire du sable, ou même de la simple poussière si je m'acharne suffisamment dessus. Donc si jamais il était avant un pot, la fonction qui était la sienne peut se transformer, et ce, alors même que la matière qui le constituait demeure. Pour moi, sa nature ontologique, ne lui vient que de ce que notre Ka nous informe de ce qu'il est. Sans notre Ka, le pot n'a pas de fonction et donc d'existence en soi. Le Ka n'est donc pas seulement ce qui nous définit en tant qu'être, mais aussi ce qui définit l'existence de tout ce qui nous entoure.

— *« Etre ou ne pas » est une question vieille comme le monde qu'Amon-Ré nous a léguée Mery… Ce qui est* certain, c'est qu'en effet le pot dont tu parles n'a pas de Ka. Mais poursuis ton raisonnement, je t'en prie.

— Prenons maintenant un animal, dit Mery. Les animaux sont-ils comme nous ? ont-ils un Ka, un esprit et une vie spirituelle ? Qu'est-ce qui différencie le plus mauvais des animaux comme le serpent d'un simple pot ? Le serpent bouge, il rampe et se faufile sous la pierre. On voit bien qu'il n'est pas comme un pot. Il possède a minima une énergie de mouvement et donc un Ba. Mais au-delà même de ce mouvement, le serpent est rusé. Il repère sa proie, puis il s'avance avec prudence pour ne pas l'effrayer. Pendant ce temps, il vérifie en permanence qu'aucun autre animal n'est un danger pour lui. Puis soudain il se précipite sur sa proie et lui enfonce ses crocs pour que son venin fasse son effet et paralyse lentement son adversaire. Alors, enfin, il peut le dévorer. Tout cela fait partie d'une tactique qu'il adapte différemment selon son environnement, selon la nature, la taille et la force de la proie, dont il espère se repaître. Le serpent n'est pas comme un pot, il possède un esprit, qui émet une pensée, une réflexion. Tout cela est la preuve pour moi qu'il possède un Ka, une vie spirituelle, tout comme nous.

— Jusque-là je te suis parfaitement Mery. Tous les animaux ont évidemment un Ka. Il nous arrive d'ailleurs de momifier certains d'entre eux. En procédant ainsi, nous espérons qu'ils pourront passer les épreuves dans leur monde de l'au-delà, qui s'il est sans doute assez différent du nôtre, existe probablement également. J'avoue toutefois ma méconnaissance du sujet. Je ne suis pas totalement certain de ces faits. Je ne connais notamment aucun texte précis corroborant mes présomptions. Mais nos ancêtres ont - très longtemps avant nous - momifié certains animaux et notamment tous ceux qui sont en lien avec des dieux. Je continue donc de penser comme eux sur ce sujet.

— Je vous propose maintenant ô grand prêtre de faire une première expérience de pensée. Qu'en est-il si tout comme pour le pot, je brise le corps du serpent, ou mieux encore celui de Satis en la réduisant peu à peu en poussière, à l'aide d'une pierre de dolérite ?

— Pourquoi est-ce encore moi que l'on prend comme exemple pour être toujours démembrée et désarticulée, fit savoir Satis ?

— Ce n'est qu'un exemple Satis, lui rétorqua Mery. Je t'en prie, ne soit pas si susceptible… Si donc c'est mon Ka qui définit ce qu'est Satis, et malgré son propre Ka, sera-t-elle encore Satis, ou ne serait-elle devenue, comme le pot avant elle, qu'un tas de poussière ? Et donc malgré notre Ka, notre énergie spirituelle, en quoi sommes-nous si différents d'un pot ? Le concept de Ka se rapporte à mon avis à tort à celui de la seule vie spirituelle, alors qu'il devrait dépasser largement celui-ci pour se tourner vers celui du lieu et du pouvoir de la création et de l'imaginaire. Pour moi, c'est la création qui fait être et non pas la seule pensée ou la vie spirituelle ! L'art en est un exemple typique. L'artiste par sa pensée, mais aussi l'artisan ou l'architecte par son travail, créent et font ainsi être leur œuvre tout comme Amon-Ré l'a fait lorsqu'il a créé le monde.

— Tu voudrais dire par là, interrogea Ounnefer, que le Ka n'est pas seulement notre énergie spirituelle, mais se rapporte davantage à l'acte de créer et/ou que ces deux aspects sont intimement liés ?

— Oui, je pense qu'une nouvelle chose « est » tout simplement parce qu'elle a été créée. Si la cause est la création, l'effet en est « l'être » et l'expérience montre très clairement que le concept de « l'être » est parfois totalement absent de celui du Ka et de la vie spirituelle associée, mais bien plus proche de celui de la création.

— Mery, dit Ounnefer, le Ka reste cependant pour l'homme la seule façon de comprendre « l'être ». Ta réflexion est plutôt osée, car en réfléchissant ainsi tu insinues que l'homme, parce qu'il dispose d'une capacité à créer un pot ou une statue, aurait les mêmes pouvoirs qu'Amon-Ré lui-même. Tout d'abord je te rappelle, comme tu l'as toi-même compris, que si l'artisan peut façonner un pot, il ne crée pas pour autant un Ka associé à ce pot. Je ne peux que condamner fermement cette idée qui tente de présenter l'homme comme l'égal d'Amon-Ré et je t'invite Mery à rapidement ne plus penser ainsi.

— C'est entendu ô grand prêtre, mais pour « être » faut-il nécessairement posséder un Ka ? Si aucun être-humain, ni aucun animal n'existaient dans ce monde, ce pot ne serait-il pas pour autant ?

Je doute fortement que les êtres-humains aient été créés en premiers, car pour exister, il leur fallait déjà certaines conditions indispensables comme de l'eau et de l'argile par exemple et même davantage encore, telles que des plantes pour se nourrir. Peut-on alors dire que ces éléments « étaient » déjà, avant l'être-humain, et ce, en dehors de tout Ka et de toute pensée ? Pour ce qui me concerne, je résous cette question en pensant là encore que si la cause est la création, l'effet en est l'être. »

*

Horus paraissait songeur. Je crois qu'il s'interrogeait sur cette formulation de « l'être » en lien avec la création.

— Au-delà de la notion de Ka, dit-il, qui comme le pensait Mery est réellement liée à l'aspect spirituel, mais aussi et surtout à la notion de créativité de l'être-humain ou des animaux, l'esprit peut être considéré comme la cause et parfois l'objet de la connaissance. Il est le principe de l'intelligence, auquel vous avez donné par la suite le nom d'âme. La pensée en est une conséquence, mais elle peut également en être la cause, selon la façon dont on voit les choses. Tout être incorporel est un substrat d'esprit pur et inversement tout être purement corporel n'est qu'un substrat d'absence d'esprit, mais encore faut-il que ces substrats soient pour que l'esprit et/ou la matière s'y logent et donc je rejoins finalement

Mery lorsqu'il associe « l'être » à la création. La cause est la création, et l'effet en est « l'être » !

Tal ne semblait pas du tout convaincue par cette conclusion. Elle orientait ses lèvres sur le côté gauche, affichant par là même son interrogation et même sa réprobation. Elle lança en arrière sa longue chevelure brune, avant de nous faire part de son opinion.

— Pour ma part, dit-elle, j'étais restée sur la définition de « l'être » exprimée trois siècles plus tôt, comme étant celle que nous concevons « l'être » du seul fait que nous réfléchissons. C'est-à-dire celle de Descartes « je pense donc je suis ». Notre esprit provoque notre conscience « d'être ». J'étais donc plutôt d'accord avec Ounnefer, que je traduirais comme étant « les formes de l'être sont des formes de la pensée ». Bien sûr, la question suivante qu'il faudrait toutefois se poser est la réciproque « si nous ne pensions pas, serions-nous toujours pour autant ? ». Mais je ne vois pas bien comment nous pourrions répondre avec objectivité à cette question, car notre esprit pollue ici nécessairement notre réflexion.

Pour une fois Tal n'avait agressé personne autour de la table et n'avait fait qu'exprimer son opinion. Il me fallut intervenir, car mon côté scientifique avait certaines références en tête à promouvoir dans ce débat. Cependant, je le fis dans la crainte qu'elle ne déclenche une nouvelle polémique dont je serais cette fois la cible.

— *Pour ma part, dis-je, la physique quantique et la relativité m'amènent à une vision sensiblement différente de l'existence des choses - que ne pouvait évidemment envisager Mery - mais qui vient plutôt la compléter à mon sens. Je vais donc tenter de vous l'expliquer, si vous le voulez bien.*

En physique newtonienne, « être » est à rapprocher d'un ensemble de propriétés de la matière : la position, la vitesse, l'énergie, la quantité de mouvement, la masse, la nature atomique, chimique, biologique, etc. toutes totalement déterminées, et répondant aux lois de la mécanique classique. Ainsi, un objet « est » de par sa forme dans l'espace, sa durée dans le temps, et ses caractéristiques, c'est-à-dire, la façon dont il réagit aux lois de la physique et qui conditionne ses possibilités matérielles, fonctionnelles, ou même spirituelles.

En mécanique quantique - qui je vous le rappelle est la physique du monde microscopique, que l'on associe plus généralement à la physique des particules subatomiques - la notion « d'être » est sensiblement plus complexe à appréhender, car les objets sont à la fois corpusculaires, comme peut l'être une bille ou une orange par exemple, mais aussi ondulatoires comme celui du déplacement d'une vague sur la surface des eaux du Nil. Or, cet aspect ondulatoire des objets induit une sorte d'indétermination de ce « qu'est » l'objet.

En mécanique quantique, « être » est à rapprocher de la notion de probabilité. Les propriétés des objets quantiques sont, par nature-même, indéterminées. Elles ne « sont » donc qu'à un pourcentage près d'existence. Ce n'est pas forcément simple à se représenter. C'est comme si je disais qu'Anita « est », avec une probabilité d'existence de quarante-cinq pour cent seulement par exemple.

Anita intervint brièvement :

— *Je suis à cent pour cent avec toi, tu sais…*

Je poursuivis sur ma lancée, sans me démonter.

— *Cette indétermination de l'existence des objets est en réalité liée au concept très particulier de la « superposition des états quantiques ». Ce que l'on nomme un « état quantique » est l'ensemble de toutes les propriétés qu'un objet possède et qui sont des variables dont la quantité peut être modifiée. Je pense ici à la position, la vitesse, ou la quantité de mouvement par exemple, mais pas à la charge électrique, la masse ou le spin d'une particule qui sont des propriétés ontologiques liées à l'essence même de l'objet quantique comme un électron ou un photon et qui sont quant à elles invariables. Les objets soumis aux lois de la physique quantique peuvent donc se trouver dans une superposition de plusieurs possibilités « d'être » dans le sens cette fois ontique du terme - c'est-à-dire de la mesure de leur existence. Je m'explique : dans un atome, les électrons n'ont jamais une position bien déterminée par rapport au noyau atomique, ils n'ont qu'une probabilité de présence de se trouver à un endroit donné.*

Ainsi, un électron ou toute autre particule peut « être » physiquement à plusieurs endroits à la fois, par exemple. Et il ne s'agit pas ici d'une simple vision de l'esprit du fait que la particule serait si petite et si rapide qu'on ne pourrait réellement la mesurer à un instant précis, avec une position bien déterminée. La particule se situe physiquement à plusieurs endroits en même temps, car elle se trouve dans une superposition d'état. Elle possède en quelque sorte un don d'ubiquité. C'est typiquement ce que l'on observe avec l'expérience dite des « fentes de Young ». Une même particule peut passer en même temps par deux endroits différents, pour venir construire une figure d'interférence, du fait de son caractère ondulatoire. C'est par conséquent une façon de penser « l'être » assez différente, qui entraîne une « perte de la localité », c'est-à-dire de la position où se trouve l'objet quantique. « L'être » d'un objet s'affranchit ainsi de sa localisation, et plus généralement même, de la détermination précise de toutes ses caractéristiques variables. Il devient « indéterminé » du point de vue de son existence, avec une seule probabilité « d'être » dans un état ou dans un autre. Au contraire de la physique classique, « être » doit donc maintenant apparaître comme une pluralité de potentialités selon une probabilité donnée.

Et plus étrangement encore, est la mesure que l'on fait de l'objet, qui lui détermine par exemple son positionnement dans l'espace. C'est le fait d'observer, ou plus précisément de mesurer l'objet quantique qui change en quelque sorte la nature de son « être ». C'est *un peu comme si dans le cadre d'une projection du monde quantique vers le monde classique, parce que je regarderais Anita, celle-ci se transformerait en une déesse à l'image d'Horus par exemple.*

Du fait de la mesure que j'en ferais (mon observation) elle prendrait une détermination particulière, alors qu'elle n'aurait jusqu'ici qu'une potentialité d'être une déesse. C'est comme si Anita n'était par défaut qu'un objet virtuel, avec seulement une probabilité « d'être » et qu'elle n'apparaîtrait réellement que lorsqu'on parle d'elle, ou qu'on tente de la regarder. C'est philosophiquement très important, car alors la physique ne décrit plus vraiment le réel, mais seulement ce que nous pouvons mesurer du réel par l'expérience.

Ainsi, prédire à l'avance ce qu'est la nature d'Anita m'est impossible. Ce n'est que sa « mesure, son observation » qui la détermine réellement. Et si on fait plusieurs mesures différentes, on observera sans doute Anita dans son état féminin avec une certaine probabilité, mais aussi parfois dans son état divin avec une autre probabilité. Et sa vraie nature est donc celle d'un « être » dans une superposition de deux états, à la fois féminin et divin.

Anita intervint à nouveau, feignant un air faussement mécontent :

— Me voilà maintenant passée de divine, à virtuelle… je ne sais pas trop comment prendre ça…

Je poursuivis mon raisonnement, sans chercher à lui répondre :

— *En mécanique quantique, l'objet Anita, serait donc dans une superposition d'états, à la fois une femme et une déesse. Et ce n'est qu'au hasard des mesures réalisées, qu'elle prend une forme bien déterminée de femme ou de déesse.*

Dans les années mille neuf cent trente, il y eut un débat très animé dans la communauté des physiciens pour comprendre le sens de cette physique nouvelle. Certains comme Einstein pensaient qu'Anita devait « être », avant même que je ne puisse la mesurer, dans un état prédéterminé de déesse, et dans un état prédéterminé de femme avant que ne la mesure Hehou. Ainsi le phénomène de l'indétermination de la nature d'Anita ne serait que celui de notre ignorance de son état, avant sa mesure. En réalité cet état physique serait bien prédéterminé, avant son observation. Anita ne serait donc jamais dans une superposition de deux états en même temps. Il s'agirait simplement d'un artefact mathématique, d'un leurre, qui nous serait nécessaire pour faire des prédictions physiques à partir de la théorie de la mécanique quantique, mais rien de réel.

— *Il n'était pas si bête Einstein finalement, lança Anita en se moquant de moi. Personnellement, je me sens mieux lorsque je suis bien déterminée avant la mesure !*

Je finissais par me demander si j'avais bien fait de prendre comme exemple le modèle conceptuel d'une « Anita quantique », car elle ne me facilitait pas la tâche avec ses interventions répétées. Mais dans le même temps, il est vrai que j'aimais jouer avec elle ce duo improvisé...

— Einstein proposa donc que la mécanique quantique soit simplement incomplète et qu'il devait exister des variables cachées, locales, dans la théorie quantique, permettant de préciser avant la mesure, la prédétermination des objets quantiques. Einstein énonça cette phrase bien connue « Dieu ne joue pas aux dés » !

— Eh bien alors Horus, admonesta Anita, ... tu joues aux dés avec moi maintenant ?

— Il est vrai, lui répondit-il, que j'aime bien jouer à toutes sortes de jeux de hasard. Cela me divertit passablement...

Si en plus Horus s'y mettait, lui aussi, cela deviendrait rapidement impossible pour moi d'aller au bout de mon raisonnement. Je tentais toutefois d'avancer sans me détourner de mon cheminement.

— Mais de son côté, repris-je, Niels Bohr et d'autres physiciens qui avaient contribué à l'élaboration de la mécanique quantique - comme Werner Heisenberg - pensaient tout au contraire qu'Anita est bien dans une

superposition d'états et que c'est la mesure que l'on fait d'elle qui lui détermine un état, plutôt qu'un autre. C'est ce que l'on nomme « l'interprétation de Copenhague » de la mécanique quantique.

Bref, la question était donc ici : « le monde existe-t-il réellement, indépendamment de l'observation que nous en faisons » ? Ainsi, tout comme Mery qui se posait la question de savoir si le pot de terre existe en dehors de l'esprit qui nous anime, Anita serait-elle encore là, si je ne la regardais plus par exemple ?

Cette fois Anita semblait réellement fâchée :

— Ça me semble pour le moins présomptueux de penser ainsi, dit-elle. J'ai d'un seul coup, comme l'impression que tu te donnes, mon cher, plus d'importance que tu n'en as réellement...

J'étais allé trop loin. Il me fallait rapidement rectifier le tir.

— Je ne dis pas que je pense cela de toi Anita. C'est simplement ce que penseraient certains physiciens d'une « Anita quantique ». Mais rassure-toi, je ne te considère pas ainsi.

Elle semblait rassurée, ce qui me donna l'occasion de poursuivre.

— La « mesure » qui en physique quantique correspond à ce que l'on appelle la « réduction du paquet d'ondes », est l'acte qui permet de déterminer l'état quantique d'un objet. C'est une forme d'action instantanée, mais locale, à l'endroit où l'on réalise cette mesure. Si Einstein était d'accord avec les résultats de la mécanique quantique, il ne l'était pas avec l'interprétation de Bohr, car ses théories de la relativité étaient basées sur le fait que la vitesse de la lumière était une constante, avec une valeur finie et que par conséquent rien ne pouvait être réellement instantané dans ce monde, sans qu'il n'y ait au moins une perte de la localité. Il ne pouvait notamment pas exister sur un objet donné, une force ou une influence totalement instantanée, réalisée à distance. Il a développé dans les années mille neuf cent trente pour cela, ce que l'on appelle « l'argument EPR » du nom des physiciens qui ont signé ensemble son article et qui dit à peu près la chose suivante : on sait créer expérimentalement des sources lumineuses, émettant des paires de photons, dont on est certain qu'ils se trouvent tous les deux dans le même état quantique. C'est ce que l'on nomme le phénomène de « l'intrication quantique ». La mesure que l'on peut faire sur l'une de ces particules, nous informe alors automatiquement et instantanément sur l'état quantique du second photon, sans qu'aucun échange entre les deux photons n'ait pu influencer l'autre. En effet, rien ne peut aller plus vite que la lumière et les photons peuvent être éloignés d'une distance trop importante, au *moment de la mesure, pour que des particules aient eu le temps de se déplacer entre les deux photons et interagir avec eux.*

Le fait de mesurer l'état dans lequel se trouve un seul de ces deux photons vient par conséquent déterminer non pas l'état quantique du seul photon sur lequel on fait une mesure de position par exemple, mais les états quantiques des deux photons en même temps. Pour Einstein, c'est donc qu'en réalité les deux photons étaient bien de façon prédéterminée, dans le même état quantique avant même la mesure, car la mesure faite sur l'un des photons ne peut venir informer l'autre sans qu'une interaction ne viole la limite de la vitesse de la lumière.

Mais Nils Bohr, ne fut pas convaincu par cet argument. Il continuait de penser quant-à-lui que la bonne interprétation était que la mesure aurait alors été appliquée au final sur un seul et même état quantique intriqué. Comme si l'état quantique des deux particules n'était finalement qu'un seul et même objet, s'étendant dans l'espace-temps à l'infini et que par conséquent la mesure faite sur une particule donnée, était en réalité également faite sur la deuxième particule.

John Bell dans les années mille neuf cent soixante a proposé une expérience pour trancher ce débat, mais il faudra finalement attendre les années mille neuf cent quatre-vingt et même plus récemment encore l'année deux mille quinze, pour que des expériences faites par Alain Aspect et ses équipes à Orsay concluent définitivement ce débat et tranchent en faveur de Bohr. Je ne vais pas vous détailler cette expérience assez compliquée, qui fait appel à un système de lasers, basé sur une cascade radiative d'atomes de calcium je crois, et surtout sur un système de polarisation de la lumière plus rapide que vingt nano secondes, mais bref peu importe...

Ce qu'il faut retenir ici, c'est que la nature même de notre existence, la façon dont nous « sommes » (notre état quantique) se comporte parfois de façon non locale. « Être » est ainsi indépendant de l'endroit et donc aussi du temps, dans lequel on se trouve. C'est comme si la matière pouvait s'affranchir de son support qu'est l'espace-temps. Seule, l'énergie semble pouvoir donc « être », en totale indépendance de la structure de l'espace-temps. Mais elle est dans ce cas, par nature même, totalement indéterminée, et ce tant qu'une mesure ne vient fixer son état, en la repositionnant dans l'espace et le temps.

Attention, cela ne signifie pas pour autant que lorsque les trois sont mélangés, l'espace, le temps et l'énergie, il n'existe pas de relations entre eux. Einstein a au contraire démontré dans le cadre de la théorie de la relativité générale, que la géométrie de l'espace-temps était par exemple directement liée à l'énergie que contenait celui-ci, et plus fondamentalement encore qu'il existait même une égalité entre les deux, ce qui signifie qu'il s'agit d'une seule et même chose.

Ainsi, dans ce débat sur ce que « sont » les corps - au sens de leur existence - la physique nous a montré que la matière, ou encore l'énergie (les deux étant là-aussi des formes distinctes d'une même réalité : $E=mc^2$) et plus encore - comme on vient de le voir - la géométrie de l'espace-temps, pouvait être indépendante de ce qu'est l'espace-temps lui-même.

L'une des principales propriétés de l'espace-temps, sa géométrie - c'est-à-dire sa courbure - est donc indépendante de ce qu'est l'espace-temps lui-même. Et j'en arrive par conséquent là où je souhaitais : l'état du système qui caractérise notre existence peut être indépendant de ce que nous « sommes » au sens cette fois ontologique - se rapportant à notre essence. Ou dit encore autrement, nous n'existons pas spécialement du fait de l'état du système qui pourtant nous caractérise. Nos propriétés établissent l'état quantique dans lequel on se trouve, mais « être » est un processus de superposition d'états quantiques, faisant de notre « être » par nature même, une indétermination. Et notez bien que ces formulations ne sont pas du tout incompatibles avec celle de Mery « la cause est la création, et l'effet en est l'être ». Elles viendraient plutôt la compléter à mon sens.

C'était maintenant au tour d'Horus de faire la moue. Il prit de nouveau la parole, afin de clôturer ce débat.

— Je vois plusieurs défauts dans ton raisonnement, dit-il. Tout d'abord tu ne tiens jamais compte de la pensée et de l'imaginaire. C'est un défaut classique des physiciens

d'aujourd'hui et ce depuis qu'ils se sont séparés des philosophes. Historiquement jusqu'au dix-huitième siècle la plupart de vos philosophes étaient également des scientifiques. Je me suis aperçu que cette séparation en deux catégories distinctes n'était apparue finalement qu'assez tardivement, dans un but de spécialisation et de concentration de chacune des deux approches. Mais il est vrai que chacune porte sur les mêmes objets : ceux de la définition des concepts permettant de décrire le monde. Dans les deux cas, il s'agit d'une abstraction qui consiste en l'étude de la différence. Pour l'une, il faut entendre la différence des quantités, et pour l'autre la différence des considérations, mais cela ne représente en définitive rien d'autre que deux méthodes différentes d'abstraction de la même connaissance du monde.

Vous devriez vous parler davantage pour revenir à des concepts plus unifiés, je pense...

Mais au-delà de ce seul problème, pour arriver à ta conclusion, tu mélanges ici deux théories physiques. L'une comme tu l'as dit toi-même, la mécanique quantique, qui décrit le monde des particules subatomiques et l'autre la relativité générale qui est certes tout aussi fondamentale, mais qui décrit à l'opposé, un monde cosmologique hyper macroscopique. Et in fine tu prends la conclusion quantique qui précise que la nature même de ce que vous êtes se comporte parfois de façon non locale, que tu réinjectes dans l'équation d'Einstein de la relativité générale précisant que la géométrie de l'espace-temps - c'est-à-dire une forme de la localité du contenant - est dépendante de ce qu'elle contient, son contenu - à savoir le tenseur Energie-Impulsion. Si je suis d'accord avec chaque étape de ton raisonnement, le problème est que tu ne vas pas au bout de ta pensée. Qu'est-ce qui fait que tu peux te servir de ces deux théories qui représentent presque deux mondes disjoints ?

Tu associes ici les conséquences de phénomènes quantiques, aux causes du monde relativiste. Je ne dis pas que tu as tort de le faire, mais tu ne garantis pas une démonstration en procédant ainsi...

Chapitre 8 : Combien sommes-nous ?

Hehou reprit le fil de son récit.

— L'activité et la vie courante au sein du Temple étaient très organisées, fortement séquencées, selon les différents rituels qui se déroulaient tout au long de la journée. Ceux-ci commençaient très tôt, environ une heure et demie avant le lever du soleil. Après s'être rapidement habillés, les prêtres prenaient la direction du réfectoire qui se trouvait au sein du Temple, tout au fond, derrière le Naos. Il fonctionnait presque sans discontinuer et même si certains prêtres, se trouvaient de par leur fonction, destinés et réservés aux fourneaux, tout le monde devait contribuer pour partie à son bon fonctionnement. Ce premier repas était le plus important. Il n'était donc pas question de le rater, même si on pouvait en prendre deux autres au cours de la journée. Durant tous les repas, des prières étaient récitées, mais c'était aussi un moment de repos très agréable, agrémenté par la musique et les chants de prêtresses.

Les équipes se divisaient alors en deux. Les prêtres hiérarchiquement les plus importants s'occupaient, du lever jusqu'au coucher du soleil, de la vie monacale située dans la partie strictement réservée du Temple, là où étaient entreposées les barques sacrées et les statues des trois divinités d'Amon-Ré, de Mout et de Khonsou. Mais ils n'étaient que quelques-uns à pouvoir accéder en ce lieu et à être habilités à y travailler. La plupart des autres prêtres étaient davantage occupés à accueillir les pèlerins, recueillir leurs offrandes et réaliser les prières que la population leur demandait de pratiquer pour leur compte. À tour de rôle, ces mêmes prêtres s'occupaient aussi de l'intendance et des corvées. Ainsi, un nettoyage complet du site était effectué deux fois par jour. Les prêtres les plus âgés et les plus expérimentés, s'occupaient quant à eux de l'enseignement de jeunes Égyptiens triés sur le volet, comme avaient pu l'être Mery et Satis. D'autres encore, peu nombreux toutefois, échappaient à tout cela. Il s'agissait principalement des scribes et des architectes du Temple, qui avaient la charge de recopier les textes sacrés, de comptabiliser les offrandes et de surveiller et contrôler la bonne exécution des représentations artistiques des tombes ou des décorations et rénovations. Les derniers enfin s'occupaient de soigner la population malade et chose plus importante encore de la momification des défunts, car la médecine de cette époque n'était pas très performante, et assez rapidement les malades passaient au processus de momification...

Bien sûr, le premier grand prêtre Ounnefer était totalement exempté de ces tâches. Il avait ses propres appartements situés juste derrière le Temple, à l'endroit que plus tard Ramsès II investit pour se faire construire un petit temple à son effigie. Ounnefer possédait des serviteurs, prêtres et prêtresses, qui lui étaient attachés et en qui il avait toute confiance. En revanche il était lui-

même redevable de toutes les demandes qui pouvaient émaner de Pharaon ou de son administration. Ainsi avait-il un scribe particulier, avec lequel il passait le plus clair de son temps, pour envoyer des missives cachetées de son sceau, dans toute l'Égypte, certaines étant directement adressées à Pharaon ou à ses deux vizirs.

Ce fonctionnement n'avait toutefois pas toujours été identique au cours de l'histoire du Temple. Plusieurs organisations différentes avaient en effet été testées, au gré des réformes mises en place par les grands prêtres d'Amon-Ré. À l'époque de Mery, se déroulait une activité continue au sein du Temple, qui fonctionnait vingt-quatre heures sur vingt-quatre. Les prêtres, selon leur charge et leur fonction étaient répartis dans des équipes de jour ou de nuit. Ils travaillaient douze heures par jour, en se relayant cependant pour faire leurs pauses déjeuners. Chaque équipe de prêtres tournaient pendant deux mois durant la journée, puis le troisième mois durant la nuit. L'activité de nuit était plus agréable et demandait moins de travail, car le nombre de pèlerins qu'il fallait accueillir, et pour qui il fallait récupérer les offrandes et mener des prières était tout de même beaucoup plus faible que durant la journée. Mais les équipes de nuit étaient aussi en nombre réduit, la moitié seulement de celles travaillant de jour. Tous les trois ans, était octroyé aux prêtres trois jours de totale liberté. C'était un peu comme des congés sans solde. Toutefois, chaque année, selon son grade, il convenait aussi de conduire certains pèlerinages auprès d'autres temples. Aussi, régulièrement des équipes d'une dizaine de prêtres étaient constituées pour se rendre dans un temple annexe d'Égypte. Cela permettait à chacun d'échanger avec d'autres prophètes et de mieux comprendre les rites et particularités des autres divinités que celles vénérées au sein du Temple. Tous les prêtres adoraient ces moments qui se déroulaient un peu comme des voyages organisés d'aujourd'hui. Tous les temples ne fonctionnaient pas ainsi, car ils n'avaient pas toujours les moyens d'organiser et de financer ces échanges, mais le Temple de Karnak était sans conteste le plus riche de tous. Cela participait à la bonne humeur de chacun, à la formation continue des prêtres et à la renommée du Temple, ce qui en définitive s'avérait un investissement tout à fait rentable. Outre les voyages en eux-mêmes, toujours très agréables, qui se faisaient la plupart du temps en utilisant des embarcations sur le Nil, les prêtres étaient très bien accueillis par les autres temples qui souhaitaient mettre en avant leurs particularités, les uns culinaires, les autres artistiques ou théologiques. Dans la très grande majorité des cas, ces échanges étaient très fructueux et intéressants, même si bien sûr certains tentaient de promouvoir à cette occasion plus que de raison le dieu qu'ils servaient. Des controverses naissaient pour défendre ou attaquer le comportement de tel ou tel dieu. Il arrivait parfois que certains extrémistes procèdent à des menaces ouvertes ou en viennent aux mains, mais chaque grand prêtre était aussi là pour remettre de l'ordre au sein de leur équipe, dans leur propre temple. Il n'était pas rare qu'ils doivent s'excuser par papyrus interposés auprès d'Ounnefer, du comportement au mieux maladroit, ou au pire incorrect de certains de leurs prêtres. Tout ceci faisait partie de la routine, de la vie monacale et des échanges entre sanctuaires.

Le Temple de Karnak accueillait bien sûr, en contrepartie, bon nombre de prêtres issus des autres temples. Ils étaient accueillis et pris en charge comme il se devait avec bienveillance par quelques-uns, dont la tâche était de faire comprendre à leurs invités, le fonctionnement du Temple et les éléments les plus importants et remarquables des trois dieux que Karnak vénérait.

Un an avant chaque grande fête Sed, qui marquait normalement le jubilé de trente ans de règne du Pharaon et symbolisait la renaissance de son pouvoir, une sorte de séminaire avec les grands prêtres de tous les temples de l'Égypte était organisée. Ces événements étaient réellement exceptionnels et demandaient une très longue préparation. Mery n'en avait d'ailleurs connu aucun. En revanche chaque année, avait également lieu la fête d'Opet, au mois d'août. À cette occasion, les trois statues des dieux étaient déposées avec un soin tout particulier dans leurs barques, puis étaient portées dans une lente procession fluviale - allant du Temple de Karnak jusqu'au temple de Louxor - avant de revenir en sens inverse par la voie terrestre. Lors de cette fête qui durait officiellement onze jours, mais s'étalait ensuite aussi longtemps que ses participants le souhaitaient, c'est toute la ville de Thèbes qui s'agitait, en priant, chantant, dansant et buvant beaucoup. Au-delà des membres de la ville, la fête attirait de nombreux citoyens de toute l'Égypte et notamment une bonne partie de l'aristocratie égyptienne des grandes villes du nord qui remontait le Nil sur leur barque à cette occasion. Lorsque Pharaon le pouvait, qu'il n'était pas en guerre contre un ennemi, ou qu'il n'était pas trop vieux ou malade, il n'était pas rare qu'il fasse ce même chemin pour se rendre à cette grande fête annuelle. Il était alors le seul, avec Ounnefer, à pouvoir se rendre au sein du temple de Louxor, auprès de la statue d'Amon-Ré qui se régénérait ici de celle d'Amon-Min, tout comme le Nil l'avait fait en apportant les limons fertilisant la terre d'Égypte.

Mais revenons-en à notre histoire. De par ses fonctions de scribe, il arrivait à Mery de rater un repas, du fait des différentes urgences à traiter. Il ne pouvait plus alors se rendre au réfectoire du Temple. Dans ce cas de figure, et plutôt que de rentrer chez lui, ce qui lui aurait pris trop de temps, il aimait se rendre à l'entrée du Temple, aux abords du Nil, où de très nombreux marchands installaient des échoppes temporaires, échangeant aux pèlerins fatigués, des repas et de la bière contre de l'or, des bijoux, des vêtements ou tout autre produit commercialement intéressant. Mery aimait bien s'y rendre, car l'ambiance y était toujours garantie. Par ailleurs les prêtres d'Amon-Ré ne venaient que rarement dans cet endroit plutôt malfamé et ceux qui s'y rendaient étaient par conséquent choyés comme il se devait. Mery contemplait la soupe de lentilles et de fèves qu'il avait commandée. Certaines flottaient sur le dessus comme des bateaux, tandis que d'autres avaient coulé au fond. Cela l'intrigua, mais sans plus... Il but sa soupe puis tenta de rassembler les dernières lentilles collées au fond du bol. Mais pourquoi donc une lentille était-elle différente *de celle se trouvant à son côté ? Qu'est-ce qui faisait d'elle une unité, une entité à part entière ? Pourquoi ne pouvait-il pas rassembler deux lentilles pour en faire une plus grosse, alors même qu'il s'agissait de la même matière ? Il se posait ces questions depuis quelques jours déjà, sans trouver de réponses appropriées...*

Plus tard dans la grande salle de Nout, où Ounnefer donnait ses formations, Mery expliquait sa pensée de la façon suivante :

« J'ai bien réfléchi ô grand prêtre quant à votre dernière leçon. La nuit dernière, il m'est apparu dans un songe, que la notion d'unité n'était pas que primaire, mais avant tout primordiale pour comprendre le monde.

— J'entends tes paroles Mery...

— En effet ne faut-il pas la rapprocher de la notion « d'être », dont nous avons déjà discuté précédemment ? L'unité peut être considérée comme une propriété inhérente à l'être même. Dès lors que l'on « est », on apparaît comme une quantité unitaire de quelque chose. L'unité est donc pour moi une autre façon de représenter « être ». Aussi « être », c'est donc quelque part devenir une quantité unitaire.

— Oui Mery, je te suis sur ce point. Je crois que l'on peut replacer le principe de « l'être » avec celui d'une certaine unité de la matière et/ou de la pensée, uniforme, homogène et isotrope, telle que la terre, l'eau, l'air et le

feu par exemple et dont les interactions et les multiples agencements, constituent une infinité d'êtres, et une multitude de phénomènes naturels.

— J'en conviens ô grand prêtre, mais on peut aussi considérer le principe de « l'être » au regard de la multiplicité des éléments qui le constitue. Si je découpe une fois de plus Satis en gros morceaux : la tête, le corps, les bras et les jambes, puis que je redécoupe chaque morceau en deux, et ainsi de suite, vais-je arriver un jour à trouver un morceau que je ne pourrais plus découper en deux ? C'est-à-dire un composant unitaire, une unité élémentaire de Satis ? Ou bien sera-t-il toujours possible à l'infini de découper tous les morceaux de Satis sans qu'il n'existe jamais de composants élémentaires ? Si tel était le cas, en quoi Satis serait-elle une unité à part entière, puisqu'il lui manquerait alors toujours immanquablement des bouts ? Et si elle était ainsi éparpillée, décomposée en morceaux infinis, il ne me serait jamais possible de reconstruire entièrement Satis, puisqu'il me faudrait toujours trouver d'autres bouts à rassembler. J'en conclus que si Satis « est » en tant qu'unité, elle doit être constituée d'un nombre seulement fini d'éléments, sinon elle ne pourrait jamais « être » Satis.

— Outre le fait qu'il semble que tu souhaites obsessionnellement m'occire et m'assassiner, s'insurgea Satis, je comprends de ton raisonnement que parce que je suis une unité, je ne suis composé que d'un nombre fini de structures élémentaires ?

— *C'est ma conviction Satis, j'en suis en effet persuadé. Mais pour confirmer plus avant ce fait, il faudrait évidemment que tu acceptes que je mène cette expérience sur toi.*

— *Ton raisonnement me semble cohérent Mery, répondit Ounnefer, et c'est en effet très intéressant. Tu sembles ici nous montrer que parce que Satis « est » et représente en tant que telle une « unité » féminine, elle est composée d'un nombre seulement fini d'éléments et qu'il existe par conséquent de tels « composants élémentaires » de Satis. Cela me donne subitement l'envie de faire cette expérience, nous pourrions en effet découper Satis de plus en plus finement pour trouver les fameux « composants unitaires » dont tu parles. »*

*

J'interrompis un instant Hehou :

— *Je crois que c'est Leibniz qui disait « Il faut bien qu'il y ait des substances simples pour qu'il y en ait des composés, car le composé n'est rien d'autre chose qu'un amas de simples ». Même si je comprends très bien ici le raisonnement de Mery, qui mille ans avant les atomistes grecs et trois mille ans avant Niels Bohr venait de découvrir par sa simple réflexion les particules élémentaires, j'espère qu'ils n'ont pas fait cette expérience sur cette pauvre Satis tout de même !*

— *Et bien l'histoire ne nous le dit pas, répondit Hehou avec un brin d'ironie. Je suppose que non, car sinon, les particules élémentaires auraient sans doute été découvertes plus tôt, même si je vois mal comment les Égyptiens de cette époque auraient fait pour découper Satis jusqu'au niveau atomique.*

— *Pour bien faire, rajoutais-je, il aurait fallu poursuivre ce démembrement jusqu'au niveau subatomique, celui des quarks.*

— *Peut-être aussi l'ont-ils finalement fait, précisa Hehou, mais que l'expérience a échoué…*
Mais je dois poursuivre, car la réflexion de Mery sur ce sujet était loin d'être terminée.

*

« L'unité, disait Mery, se définit aussi d'un point de vue géométrique, par la distinction d'une quantité de celles qui ne lui sont pas égales. On choisit une quantité telle que le doigt que l'on prend en tant qu'unité, et on indique combien la coudée royale que l'on veut mesurer est formée de cette unité. On parvient ainsi à la notion de nombre. Il faut un nombre de vingt-huit doigts pour former une coudée royale.
Il peut cependant arriver que plusieurs types d'unités différentes soient nécessaires pour désigner une même unité plus générale. Ainsi, par exemple si on considère

Satis comme une quantité de même espèce, c'est-à-dire une unité, ou encore un « être », combien d'unités de doigts me faut-il compter pour rassembler Satis en un seul et même « être » ? Je peux mesurer Satis sur toute sa hauteur en reportant ma coudée et je constate qu'il me faut un peu plus de trois coudées royales, ce qui me donne environ quatre-vingt-quatre doigts, mais si je remplis Satis avec seulement quatre-vingt-quatre doigts, je ne vais arriver qu'un peu plus haut que ses mollets, car Satis à d'autres dimensions que sa hauteur. Elle possède également une certaine largeur, ainsi qu'une profondeur. Il me faut donc penser Satis dans toutes ses dimensions, afin d'établir le nombre de doigts exacts permettant de la former.

Toutefois, même si je réalisais cela, je n'aurais pas pour autant rassemblé Satis, car je n'aurais toujours pas ajouté son Ka, son Ba, et son Shout. Il me faudrait donc lui ajouter des unités de type différent de celui du doigt d'argile, pour me permettre de reconstruire ses Ka, Ba et Shout.

— Jusqu'ici je te suis, dit Ounnefer. Mais où veux-tu en venir si ce n'est de me montrer que Satis est donc maintenant constituée d'un nombre fini d'unités élémentaires de natures différentes que l'on peut dénombrer ?

— Ô grand prêtre, encore une fois, qu'est-ce qui fait de Satis une « unité » féminine, un « être » féminin à part entière et jusqu'où est-elle Satis exactement ? Plus je me rapproche d'elle comme je le fais en ce moment, et moins

il existe de coudées entre Satis et moi. Si je me rapproche maintenant suffisamment, jusqu'à la toucher et même l'enlacer totalement, vous ne pourrez plus compter aucun doigt entre elle et moi.

— Oui Mery, je suis certes déjà très âgé, mais je ne suis pas encore totalement aveugle et je vois bien que tu lui pétris suffisamment les seins pour qu'elle ne puisse plus respirer normalement. Ne me pense pas totalement stupide, j'ai été moi aussi plus jeune et ai très certainement compris les raisons de tout cela....

— N'hésite pas à te rapprocher encore, lui demanda Satis.

— Avec tout mon plus grand respect ô grand prêtre, je ne crois pas. Même si Satis est en effet très belle et qu'il ne m'est pas désagréable de l'étreindre, mon but n'est pas vraiment là.

— C'est bien dommage lui signifia Satis avec un regard aguichant et langoureux.

— Ce qui m'inquiète un peu dans tes paroles, enchaina Ounnefer, c'est la notion de « vraiment » ... Bon, continue et viens en au fait maintenant, s'il te plait...

— Ma question demeure ô grand prêtre, même si je me place entièrement contre le corps de Satis, qu'est-ce qui fait d'elle un être différent de moi, alors que nous sommes tous les deux faits de la même matière ? Et notez bien ô grand prêtre, que je peux aller plus loin encore, en prenant dans ma bouche le sein de Satis. Ainsi, elle est en moi comme vous pouvez le constater. Mais nous restons toujours, elle comme moi, deux unités différentes.

— Oui, je vois bien tout cela Mery, tu peux maintenant retirer son sein de ta bouche et ne cherche pas s'il te plaît d'autres démonstrations plus éloquentes...

— Ce que je souhaite ici vous démontrer ô grand prêtre, c'est que je pourrais me rapprocher autant que je le veux, écraser même totalement Satis comme une feuille de papyrus, je ne serais pas pour autant fusionné avec elle dans une même unité. Et même si j'exerçais la pression de toute une pyramide sur Satis, il existerait toujours un espace vide entre elle et moi, une quantité de vide infinitésimal.

Ma question est donc toujours « jusqu'où Satis est » ? Il semble qu'on ne puisse jamais se rapprocher suffisamment d'elle pour devenir Satis. Elle est en quelque sorte un concept flou inatteignable, un peu comme la brume du matin sur le Nil. Elle apparaît très clairement comme une unité éclairée des rayons lumineux d'Amon-Ré qui représente un tout, mais on ne peut jamais l'atteindre réellement pour être fusionné avec elle. Elle est à la fois une unité finie, composée comme nous l'avons montré d'un ensemble d'éléments unitaires également finis, mais elle est aussi infinitésimalement définie du reste de ce qui l'entoure. Pour le dire autrement, Satis est indéniablement une unité féminine, mais aussi une grandeur déterminée, *dont une autre grandeur peut approcher indéfiniment sans pouvoir jamais l'égaler exactement en ce qu'elle « est » réellement. En ce sens elle apparaît comme une frontière de l'unité qu'elle représente, une limite entre son intérieur et son extérieur, sans que jamais les deux ne puissent se rejoindre. Et ce qui est vrai de Satis est vrai de tout et n'importe quelle autre unité dans ce monde.*

Toute entité, quelle que soit sa nature, est une unité que l'on peut dénombrer, composée d'un nombre fini de composants élémentaires, mais aussi en tant qu'unité, une limite infinitésimalement définie par rapport au reste du monde. Une unité est donc toujours une limite à autre chose et il n'est pas possible de définir exactement la frontière qui la représente. Plus on se rapproche d'elle et plus elle devient floue. En conséquence l'unité, « un », « un doigt », « une Satis », peu importe sa nature, est toujours une limite représentant un ensemble d'objets finis ou même peut-être infinis, mais qui dans tous les cas n'est déterminé que de façon infinitésimale.

— J'en conviens Mery, répondit Ounnefer, cette façon de voir les choses semble intéressante. Elle apporte une nouvelle connaissance de ce qu'est notre monde, qui est donc défini par la multiplicité de composants unitaires, mais dont les unités demeurent floues. L'unité est toujours une limite - une frontière artificiellement définie d'une quantité donnée. Il y a quelque chose de tout de même très étrange dans ce principe, car comme la frontière des unités est en effet mal définie, c'est

l'existence même des choses, à savoir leur « être » qui est maintenant flou...

— Je le pense aussi ô grand prêtre et si je peux me permettre, si ce qui est fini exprime l'idée d'une chose qui a des limites. Tout ce que perçoivent nos sens et notre conscience est conçu comme fini, alors que par extension, l'infini peut être défini comme justement l'absence d'une limite au fini. On peut toujours rajouter du fini dans l'infini, c'est ce qui le caractérise. Contrairement à l'unité qui est en soi une limite, l'infini n'a quant à lui jamais de limite. L'unité et l'infini sont donc inverses, alors que le fini et l'infini sont plutôt des concepts contraires. »

*

Hehou m'interrogea directement sur cette question de l'unité. Il semblait se demander quelle pouvait être la perception d'un physicien de ce sujet plutôt philosophique ou mathématique.

— Qu'inspire pour toi cette vision du monde de Mery ? Est-elle compatible avec celle d'un physicien ?

— Tout d'abord, lui dis-je, je te rappelle que je n'exerce plus en tant que physicien aujourd'hui. Cependant, je pense être resté un scientifique, je vais donc tenter de te répondre.

Concernant la conclusion d'Ounnefer, qui après réflexion semble admettre que les unités et l'existence même des corps sont des objets flous, ce concept se rapproche étrangement - comme je vous l'ai précédemment exposé - du principe d'indétermination quantique. De flou à indéterminé, il n'y a qu'un pas, je pense. Pourtant, le raisonnement me semble très différent. Mery arrive à cette conclusion en comprenant qu'une unité est un nombre réel qu'on ne peut approcher qu'infinitésimalement, alors que l'indétermination quantique est le fruit de la superposition d'états. Certes, elle représente une multiplicité mathématique, mais n'a pas besoin pour autant de passer par la notion d'infini...

Sinon, la question de l'unité de Satis m'a tout d'abord fait penser à la vision du monde que peut avoir un biologiste lorsqu'il examine un tissu de cellules vivantes. Quand il observe au microscope ses cellules, qu'est-ce qui font d'elles des unités à part entière ? Elles sont incontestablement des unités biologiques structurelles et fonctionnelles. Mais pourquoi chacune d'entre elles, est-elle une unité bien distincte de l'ensemble du tissu vivant et des autres cellules, alors qu'elles répondent toutes à une même fonctionnalité ? Le biologiste répondra sûrement qu'elles possèdent chacune un noyau différent, un cytoplasme différent contenant des protéines et des acides nucléiques, ainsi que de nombreuses molécules en tout genre et qu'elles sont toutes protégées par une membrane cytoplasmique qui les différencient encore. Mais alors pourquoi une même cellule ne peut-elle prendre la place de sa voisine en doublant simplement de volume ? Jusqu'où une cellule peut-elle être une unité ? J'imagine que c'est sans doute dû en grande partie à l'ADN qu'elle porte en elle. Cela doit probablement lui programmer une structure physique avec une taille maximale et fait qu'elle est et se comporte d'une certaine façon. Mais on peut aussi imaginer qu'il existe des raisons réellement physiques à cela. En effet, plus la cellule est grande et plus sans-doute est-elle fragile à son environnement ? Du point de vue d'un tissu vivant, s'il est pluricellulaire et que l'une de ses cellules meurt, c'est évidemment moins grave que s'il n'était composé que d'une seule cellule. On peut donc sans doute trouver plein d'avantages à être composé ainsi de briques élémentaires plutôt que d'un seul bloc. Mais en même temps, d'un point de vue physique, plus les temples et éléments architecturaux ont été construits avec des blocs de taille importante et plus ils semblent avoir bien résisté au temps. Si les pyramides avaient été construites en brique, elles ne seraient peut-être plus là aujourd'hui... Enfin quelle est la raison pour laquelle d'un côté on a une cellule de foie et de l'autre une cellule de veine hépatique par exemple ? Bref cela m'inspire plein de questions auxquelles je n'ai aucune réponse, car ce n'est tout simplement pas mon domaine...

— Pour ma part, déclara Anita, dans le même ordre d'idées, j'aimerais bien savoir pourquoi une fraise ne peut-elle devenir aussi grosse qu'un éléphant, car ce serait somme toute bien pratique pour résoudre les problèmes alimentaires du monde.

— *Ou plus égoïstement, poursuivit Tal, pour résoudre nos propres problèmes de gourmandise...*

— *J'aurais aimé vous fournir une réponse adéquate, concédais-je, car moi aussi Tal, j'aurais apprécié d'entrer dans une fraise comme dans une maison, mais je crains là-encore de n'avoir pas le bagage scientifique nécessaire. Je ne vois pas de raison particulière à la taille qu'ont les corps. Or pourtant, il y en existe bien une...*

Cependant, au-delà de ces problèmes, de ce que sont une limite et une unité, l'analyse faite par Mery a été poursuivie par beaucoup d'autres après lui et a abouti je pense au calcul infinitésimal, au calcul différentiel et intégral. Tenter d'approcher l'unité d'un objet par sa définition différentielle, en s'en approchant de plus en plus près, est une méthode développée par Fermat, Pascal, Newton ou Leibniz par exemple. C'est en effet sans conteste une excellente façon mathématique de voir le monde, en recherchant un sens aux limites desquelles on s'approche sans cesse, sans jamais pour autant pouvoir vraiment les égaler.

Maintenant en tant que physicien, je crois là-encore qu'il me faut parler à nouveau de la quantification des corps. Pendant les trente premières années du vingtième siècle - comme je l'ai déjà précisé - une poignée de scientifiques ont réfléchi à ce sujet et ont totalement transformé notre vision du monde. On ne peut plus aujourd'hui penser celui-ci comme il l'était encore au dix-neuvième siècle. Je ne comprends d'ailleurs pas pourquoi *on enseigne aux enfants de nos écoles, la seule vision newtonienne des choses. Celle-ci devrait être enseignée dans nos cours d'histoire, mais pas dans nos cours de science… Mais bon, passons sur ce sujet politique délicat…*

La question fondamentale qui s'est posée était : le monde est-il continu, ou « discret » - c'est-à-dire discontinu ? Ce débat a assez rapidement été tranché du fait des expériences faites et des modèles proposés pour l'atome d'hydrogène notamment, qui ont montré que l'énergie des électrons ne pouvait prendre que certaines valeurs bien précises et discontinues. Plus tard, la seconde quantification de Paul Dirac a conduit à l'électrodynamique quantique - combinant la théorie de l'électromagnétisme de Maxwell avec la mécanique quantique et la relativité d'Einstein. Cette théorie s'est alors attachée à décrire l'aspect - là encore discontinu - des champs électromagnétiques. Enfin plus récemment encore dans les années mille neuf cent soixante-dix, la chromodynamique quantique - qui utilise la théorie quantique des champs - a permis de descendre encore d'un niveau dans notre compréhension de la discontinuité du monde microscopique, en explicitant cette fois l'interaction forte entre les quarks et les gluons qui sont des particules élémentaires, sources de la cohésion des protons et neutrons constituant les noyaux atomiques.

Toute notre technologie actuelle repose sur ces découvertes essentielles, qu'il s'agisse du fonctionnement des transistors, de l'électronique, des lasers, de nos ordinateurs et de tout ce qui touche plus globalement au numérique et qui est absolument partout dans nos voitures, dans nos trains, dans nos avions, dans nos téléphones, ou dans nos maisons. Je ne sais d'ailleurs pas si c'est une bonne chose, mais c'est un fait. En l'espace de cent ans, nous avons utilisé les propriétés discontinues de la matière pour transformer complètement notre façon de vivre. Les philosophes et les enseignants devraient s'approprier ce constat et réfléchir à d'autres formes de la quantification. La pensée et l'imaginaire sont-ils dans ce monde, continus ou discontinus ? Dans ce monde physique discontinu, il serait je pense très étrange que la pensée soit le seul élément continu. De mon point de vue, il ne nous est pas possible de penser et donc de créer tout et n'importe quoi, car la pensée repose sur une physique matérielle discontinue. Et la conceptualisation des choses du monde, aussi abstraite soit-elle, ne doit, je pense, pouvoir prendre que certaines valeurs possibles. On ne peut donc pas tout penser. Il existe des trous qui ne nous seront jamais accessibles. Et d'ailleurs cela rejoint parfaitement le point de vue de Mery lorsqu'il dit que l'unité est toujours une frontière, une limite artificiellement définie d'une quantité donnée. Notre monde physique ou imaginaire est en effet, composé d'unités finies, qui par essence même, ne peuvent être que discontinues et granulaires. Car pour penser à l'unité qui se trouve juste après une première unité donnée, il faut penser que cette seconde unité ne peut être qu'infinitésimalement proche de la première unité. Il existera donc toujours un trou, un espace vide entre les deux.

Nous ne vivons pas dans un monde newtonien défini par un référentiel d'axes réels et infinis. Ces axes ne sont pas celui de l'ensemble mathématique des nombres improprement nommés « réels », car seules certaines valeurs nous sont accessibles. Et par ailleurs, ces axes ne peuvent être infinis pour ce qui concerne du moins notre propre Univers, mais j'imagine qu'il s'agit là d'un autre débat...

— *Comme toujours, dit Horus, je vois malheureusement que tu ne vas pas au bout de ton raisonnement. Tu nous as expliqué il y a peu de temps encore, la façon dont la mécanique quantique nous faisait percevoir un monde où les unités microscopiques, étaient indéterminées, un monde où « être » se comprenait, non pas comme une simple unité indépendante et différentiante, mais comme une superposition d'états, de caractéristiques, de propriétés, a priori incompatibles les unes avec les autres. Mais tu ne t'es jamais demandé d'où pouvait bien provenir cette indétermination ?*

— *Et bien, ce n'est pas que je n'y ai pas réfléchi Horus, mais je dois avouer, en effet, que je n'ai pas vraiment d'explication au phénomène de l'indétermination des objets quantiques. Chacun peut constater que cela se comporte ainsi et encore une fois une bonne partie de notre technologie actuelle fonctionne sur ce principe. Mais ce n'est déjà pas simple pour un humain de se représenter une particule comme un électron qui se trouvant dans une superposition d'états, peut* physiquement être à la fois à deux endroits différents. Je ne crois d'ailleurs pas qu'aucun physicien ait réellement formulé une explication qui tienne la route. Je crois que l'école de Copenhague l'a admis comme un fait, un constat, qui n'a jamais été mis en défaut jusqu'ici. Je sais aussi que le principe de « décohérence quantique » permet de comprendre comment un objet quantique, parce qu'il interagit nécessairement avec son environnement, perd progressivement ses propriétés quantiques pour devenir un objet classique mesurable, mais de là à expliquer les raisons de l'indétermination du monde...

— Et pourtant tu en es si proche ! Tout comme mon ami Thot, je vais t'aider un peu pour cette fois... Fais donc une nouvelle expérience de pensée : tu viens d'écarter la possibilité d'un monde newtonien continu et infini, au profit d'un monde discontinu et fini, mais que serait maintenant un monde discontinu et infini ?

— D'accord ! Imaginons que le monde ne peut prendre que certaines valeurs discontinues, mais que celui-ci serait maintenant infini ? Que serait alors un électron, par exemple, dans ce monde ? Pour tout te dire, je ne vois pas bien la différence que cela pourrait entraîner pour un électron, le fait que notre Univers soit fini ou infini... Pour cet électron, le reste de notre Univers est déjà tellement grand, que j'imagine que ça ne change rien pour lui, car ce « fini » est déjà une très bonne approximation de l'infini. Imaginons toutefois que l'électron soit dans une superposition d'états... et revenons à ta question *principale « quelle est la cause de l'indétermination du monde ». L'électron est indéterminé, car il se trouve dans une superposition d'états. Mais pourquoi est-il dans cette superposition d'état ? Là est ta question finalement ? Je me trompe ? J'ai l'impression de tourner en rond Horus...*

Bon, prenons maintenant le sujet à l'envers. On voit bien en mécanique classique newtonienne, qu'un objet comme un ballon ne peut pas se trouver à deux endroits à la fois, sinon le football serait un jeu impraticable... En marquant un but, on pourrait marquer dans les deux camps en même temps... Mais pourquoi le ballon ne peut justement pas être à deux endroits à la fois ? Là comme ça, je ne vois pas trop le rapport avec le fait que le ballon soit un objet continu ou discontinu. Qu'il ne puisse prendre que certaines valeurs de positionnement ou de vitesse peut sans doute l'empêcher de parcourir certaines trajectoires, mais pas d'être à la fois à deux endroits différents. En revanche, Oui ! Il ne peut être à deux endroits différents que parce que ce monde est fini. En effet, si le monde était infini, il y aurait toujours une probabilité non nulle pour que le ballon soit à la fois là et ailleurs, et même il devrait y avoir une infinité de façons pour qu'il soit là et ailleurs en même temps. Tu veux donc dire que si l'électron est dans une superposition d'états, c'est tout simplement parce qu'il existe une infinité de possibilités pour qu'il en soit ainsi ? Et que, par conséquent, il l'est nécessairement ? L'indétermination du monde quantique qui se traduit par le principe de superposition d'états, viendrait du fait de l'infinité des choix possibles ? L'indétermination serait la trace que le monde est infini, ou partiellement infini, au niveau quantique du moins ? Maintenant que j'y pense, il est vrai que le monde quantique est mathématisé à partir d'un espace vectoriel qui peut par définition posséder un nombre infini de dimensions. C'est donc en effet ce caractère infini qui conduit peut-être à l'indétermination. Et la mesure d'un objet quantique que l'on peut faire dans notre monde macroscopique lève cette indétermination, car cela revient à repasser d'un espace de dimension infinie, à un espace-temps à quatre dimensions. Mais pourquoi et comment peut-on faire coexister notre monde macroscopique fini, avec ce monde microscopique quantique qui semble infini ?

— Je vois par ailleurs une autre faille dans ton raisonnement, dit Horus. Tu suggères que la pensée pourrait être discontinue, mais dans le même temps, vos mathématiciens ont pourtant réussi à penser le monde des nombres réels qui ne semble pas physiquement devoir exister. Il apparaît donc que vous puissiez penser des concepts qui ne peuvent exister, ce qui tendrait à prouver au contraire que la pensée se construirait bien, sur l'axe des nombres réels et serait dès lors continue.

— Excuse-moi Horus, mais là je ne suis pas d'accord avec toi, cela prouve simplement que l'on peut penser des principes qui ne sont pas physiques, mais cela ne prouve pas que l'on puisse penser de façon continue.

— Bien, restons-en là si tu veux bien sur ce sujet pour ce soir, je crois que tu as déjà bien progressé dans ta manière de voir les choses...

143

Chapitre 9 : En quoi sommes-nous ?

Nous fîmes une pause dans notre discussion, le temps que la danse des serveurs autour de notre table prenne fin. Ensemble, ces derniers soulevèrent simultanément les couvercles en argent qui maintenaient cachés le contenu de nos assiettes. Nous y découvrîmes une perche du Nil, rôtie au four, agrémentée d'une purée de céleri. Elle était accompagnée d'un haché d'oignons cuits, tendres et légèrement dorés, de tomates brunies au feu et de légumes sautés restés croquants. Le dressage de l'assiette avait été réalisé avec un soin tout particulier, dévoilant le dessin d'un oiseau aux ailes déployées. Cela semblait réellement délicieux et je me rappelle encore du fumet de la vapeur qui s'en dégagea, mélange de cumin, de poivre et de coriandre.

Peu après avoir goûté le plat, qui laissait en bouche un arôme suave et grisant, Hehou reprit son récit.

— Mery qui n'était pas encore officiellement un prêtre, pouvait de temps en temps bénéficier de quelques rares jours de repos. Il appréciait particulièrement ce temps libre et lorsqu'il le pouvait, il aimait louer les services d'un pêcheur pour la journée, afin de naviguer tranquillement sur les eaux du grand fleuve. Il emmenait alors toute sa famille, Tayet sa femme et Meryamon son jeune fils de sept ans, ainsi que Satis - qui sans être de la famille, en

était très proche. En dehors de la période de crue, le Nil était un fleuve plutôt calme sur lequel il était très récréatif de naviguer. Ils participaient à l'activité de pêche et parfois de chasse aux oiseaux, mais emportaient aussi de la bière et de quoi pique-niquer. En contrepartie, Mery rendait service au pêcheur, en réalisant des prières auprès d'Amon-Ré ou en participant en tant que scribe à la préparation de sa tombe familiale.

Les barques de ces pêcheurs n'étaient clairement pas faites pour transporter des plaisanciers. Si leur forme était particulièrement bien conçue, elles étaient généralement vieillissantes et celle qu'avaient pris Mery et sa famille n'échappait pas à ce défaut. Le bois était très rare en Égypte, les palmiers, beaucoup trop fibreux, ne permettaient pas de façonner de solides coques de bateau. Les arbres devaient venir du nord et même des colonies cananéennes ou libanaises. Beaucoup de chantiers navals se trouvaient dans le delta du Nil et les pêcheurs remontaient alors le fleuve pour ramener leur barque - faite généralement en pin - jusqu'à Thèbes.

Celle-ci possédait un mât unique, ainsi qu'une voile trapézoïdale, assez similaire de celles que l'on peut encore apercevoir aujourd'hui sur certaines felouques. La charpente était assemblée, maintenue avec de simples cordes de lin tissées entre-elles, sans aucune attache métallique. La maintenance de ces embarcations et les réparations - lorsqu'elles n'étaient pas trop délicates - étaient réalisées sur place à Thèbes. Mais c'est davantage le papyrus qui était alors utilisé et tous ces navires prenaient donc régulièrement l'eau. Il fallait passer son temps à écoper pour être certain de ne pas être submergé, avant de couler pour de bon.

Satis jouait de la harpe. Le pêcheur était à la manœuvre avec son propre fils. Ils commençaient par remonter le Nil vers le sud en tirant des bords d'une rive à l'autre. Il était très agréable de se laisser ainsi porter, au fil de l'eau, sans autre bruit que le clapotis, le chant des oiseaux et le son de la harpe. Satis était particulièrement belle, petite, mais très fine, vêtue d'une tunique de lin quasi transparente qui venait rapidement se coller à sa peau du fait des éclaboussures des eaux du Nil. Tayet chantait avec elle et l'accompagnait d'une sorte de tambourin en peau de chèvre. Mery et son fils étaient ravis de ce tableau idyllique et je crois bien que le pêcheur n'était pas en reste. C'était aussi pour lui l'occasion de sortir de son quotidien.

Ils accostèrent à quelques kilomètres seulement, en amont du fleuve, sur un îlot qui leur permettait de pique-niquer. À cette époque, il fallait faire attention aux animaux sauvages qui étaient nombreux et dangereux. Mais en s'enfonçant un peu plus, à l'intérieur de l'îlot, on évitait généralement ces pièges et aléas. À l'ombre de quelques palmiers et toujours accompagné par la musique jouée par Satis, Mery pouvait réfléchir au sens de la nature. Il observait de loin le voilier tanguer sur l'eau. Ils l'avaient amarré à l'aide d'une longue corde à un simple pieu planté dans le sable. Mais pourquoi donc cette barque flottait-elle ainsi comme les lentilles dans son bol l'autre jour, alors que dans le même temps d'autres corps s'enfoncent à l'opposé dans l'eau ? Quelles étaient les lois physiques du monde qui décrétaient que certains éléments comme le bois flottaient, tandis que d'autres au contraire coulaient ? Mery resta longtemps sur cette question sans vraiment pouvoir trouver une réponse satisfaisante, lorsqu'un cri strident le sortit de sa rêverie. Il se leva précipitamment pour comprendre et évaluer la situation.

Satis qui avait décidé de se baigner dans les eaux du fleuve et souhaitait maintenant en sortir, se tenait nue comme un ver à trois mètres seulement d'un crocodile du Nil. Ce dernier d'une taille impressionnante, stationnait sur la rive, semblant observer avec le plus grand intérêt cette proie appétissante qui se dirigeait droit vers lui. Il avait sa gueule largement ouverte, laissant entrevoir ses dents acérées. Tayet s'empara de son fils qui n'était, lui aussi, qu'à une dizaine de mètres derrière la bête et se précipita en arrière dans les bosquets.

« Ne bouge surtout pas Satis, cria Mery, et ne rentre pas dans l'eau, il nagerait beaucoup plus vite que toi.

— Je sais, mais que dois-je faire maintenant hurla-t-elle ! »

Le pêcheur qui avait couru à la barque ramenait maintenant deux rames, dont une qu'il tendit à Mery.

« Nous allons provoquer une diversion, dit-il et l'attirer vers nous. Dès qu'il va s'orienter de notre côté, tu fonces vers la rive en sens inverse. As-tu bien compris, cria le pêcheur à Satis ?

— Oui je pense, répondit-elle plus doucement pour ne pas provoquer l'animal. »

— À partir de la rive, Mery et le pêcheur se rapprochèrent tous deux de la bête, en conservant toutefois une distance raisonnable de quatre mètres environ, prêts à faire volte-face au moindre de ses mouvements. Puis, à l'aide de leurs rames, ils commencèrent à frapper quelques coups sur le sol pour attirer le crocodile vers eux. L'animal sursauta et se retourna partiellement, leur faisant face de trois quarts seulement. Mery faisait des grands gestes et hurlait au crocodile de venir, mais il ne bougea pas davantage, les menaçant cependant ouvertement de toute sa dentition.

« Vas-y maintenant, cria Mery à Satis !

— Cours dans l'autre sens, ajouta le pêcheur, c'est le moment où jamais ! »

— Mais Satis semblait paralysée. Elle ne se déplaça que très faiblement sans doute quelque peu embourbée dans le sable, depuis qu'elle se tenait debout sans bouger. Mery qui sentait la catastrophe venir, avança brusquement vers la bête jusqu'à la frapper avec sa rame. Mal lui en prit, car l'animal cette fois apeuré et rugissant se précipita pour se réfugier dans l'eau dans la direction opposée, là même où se trouvait précisément Satis. Il y eut un grand fracas d'écume bouillonnante. Tous crièrent et hurlèrent d'effroi sans que Satis n'ose davantage bouger d'un centimètre. L'animal la bouscula avec toute sa force, ce qui la fit chanceler puis tomber dans l'eau. Mery et le pêcheur se précipitèrent pour la relever et la sortir du fleuve. Heureusement, elle n'avait été finalement que très légèrement blessée sur son mollet droit, qui présentait une toute petite entaille, peu profonde, d'environ deux centimètres de longueur seulement.

Chacun reprit ses esprits et se félicita de l'heureuse conclusion de l'événement. Mais la peur qu'ils avaient eue, les décida à rentrer plus tôt de prévu.

Le chemin du retour était beaucoup plus simple et plus rapide, car il suffisait de se laisser porter par le courant du fleuve, le long de sa rive est, en gouvernant toutefois la barque à l'aide des grandes rames. Le pêcheur et son fils étaient occupés à cette manœuvre, pendant que Mery rassuré sur le sort de Satis, s'était replongé dans ses réflexions, cherchant à comprendre comment cette embarcation pouvait non seulement se porter elle-même au-dessus de l'eau, mais aussi transporter des êtres qui auraient dû normalement sombrer au fond. De retour au Temple, il interrogea Ounnefer sur ce sujet.

« J'ai de nouvelles questions à vous soumettre ô grand prêtre.

— *Ne peux-tu Mery, accepter pour une fois l'Univers tel que les dieux l'ont conçu, sans toujours chercher à l'analyser plus avant ? N'est-il pas déjà suffisant de bénéficier de tout ce que les dieux nous ont offert, et de les remercier en cela pour leurs bienfaits ? Pourquoi donc te faut-il creuser tous les mystères du monde ? Penses-tu seulement réellement y arriver un jour ? Ta quête n'est-elle pas vaine ? Tu as depuis maintenant plusieurs années déjà, une femme qui t'a été offerte par Amon-Ré au sein de ce même Temple, ainsi qu'un très bel enfant je crois ; leur infliges-tu comme à moi-même chaque jour, tes innombrables questions stériles de tout sens pratique ? »*

— *Mery feignit l'incompréhension...*

« Mais ô grand prêtre, ce sont les dieux qui m'ont fait ainsi. Vous ne souhaiteriez pas les contrarier en dédaignant mes questions. De toute évidence, ils nous ont réunis, afin que nous puissions expliciter le monde qu'ils ont créé. »

— *Ounnefer soupira de lassitude, il avait tenté de résister, sans trop de conviction d'ailleurs, mais semblait résigné par la tâche qui était la sienne.*

« Oui bien sûr, dit Ounnefer, mais il m'est parfois bien difficile, même à moi - premier grand prêtre d'Amon-Ré - de comprendre les raisons et les desseins des dieux. Qu'il en soit ainsi... Je t'écoute Mery...

— Merci ô grand prêtre. Je voulais vous parler aujourd'hui des lois physiques auxquelles les dieux nous ont soumis, de la substance sous-jacente à notre monde et du vide qui nous entoure.

— De quelles lois parles-tu Mery ? Je ne me rappelle pas qu'il existe un texte mentionnant des lois physiques ?

— Et bien tout d'abord, en quoi sommes-nous ? Je sais… nous avons déjà évoqué le fait que nous étions comme des pots en terre, un mélange d'argile et d'eau, auquel il convient cependant d'ajouter un Ba, un Ka et un Shout. Mais je veux maintenant parler de notre vraie nature. Quel est le sujet qui persiste en nous, au-dessous des modes et des qualités ou des caractéristiques qui sont les nôtres ? Et plus encore que nous-mêmes, quelle est donc la substance du monde - ce qui se trouve sous les êtres, ce qui sous-tend l'existence des objets considérés ? Quels sont ses attributs ? Ceux sans lesquels le monde ne saurait exister réellement, ni même être l'objet d'une quelconque pensée ? Quelle est l'essence qui exprime la loi selon laquelle les attributs invariables du monde sont unis en un tout, et quelle est la substance qui exprime la réalité profonde où cette loi se réalise avec une disposition et une propension à réaliser le monde ?

— Ma réponse est très simple Mery. Il n'y a qu'une substance, c'est la volonté des dieux, dont les attributs, pensées et étendues, contiennent, à titre de propriétés, tous les esprits et tous les corps.

— Je ne vous suis pas ô grand prêtre, car pour moi la volonté des dieux n'est que la conséquence de la substance du monde. C'est ce dont je souhaitais vous parler par la suite, dans ce que j'exprimais comme les « lois physiques » du monde. Mais quelle en est la cause ? Les dieux ont-ils fait d'un grand vide sans rien, un monde dont il n'existerait même pas de sujet ? Si on considère l'ensemble de l'Univers, j'entends ici un grand « tout » de ce qui existe. De quoi celui-ci a-t-il été créé ? Il a nécessairement fallu à Amon-Ré et même avant lui à Noun - l'océan primordial - un événement déclencheur, un sujet, un objet, pour créer Amon-Ré, puis le monde tel qu'il nous apparaît aujourd'hui ?

— Tu poses ici Mery encore une fois la question du monde en termes de causes et de conséquences, comme si toute conséquence avait une cause. Il existe pour moi, deux façons de répondre à ta question. La première consiste à penser que s'il est vrai que rien ne nous indique qu'une cause peut être sa propre conséquence, ce n'est pas parce que nous n'en avons jamais fait l'expérience, que nous ne pouvons pas pour autant l'imaginer et qu'il n'en soit pas ainsi. Le monde serait alors sa propre cause. Je ne dis pas que cette réponse est totalement satisfaisante, mais elle a le mérite d'exister et ne peut être écartée de mon point de vue.

La deuxième, plus simple à mon avis, consiste à penser qu'il n'est pas possible de trouver une réponse à cette question, car s'il en existait une, tu pourrais alors toujours te demander quelle serait la cause de cette même réponse et ainsi de suite. Mais là encore, je ne vois pas bien ce que cela nous apporte en définitive…

— Je suis bien d'accord avec vous ô grand prêtre. Vous réfléchissez mieux et plus vite qu'un rayon lumineux d'Amon-Ré. Et c'est bien là où je voulais en venir, car cela nous prouve que notre monde ne peut pas être fini. Si tel était le cas, il existerait en effet toujours une cause, un sujet, une substance à cette unité. Or comme on vient de le voir, nous ne pouvons en trouver une, sans la considérer elle-même comme une conséquence d'une autre cause. C'est donc que la question n'a pas de sens, car on pense - à mon avis à tort - toujours le monde comme une unité. Et tout comme nous l'avons déjà montré ensemble précédemment, l'unité est un tout, mais aussi un concept flou, une limite à laquelle on ne peut jamais parvenir exactement. Pour un tel objet, s'il est unique, il ne peut exister de cause, sujet ou substance, car il sera toujours indéterminé, du fait de sa limite à quelque chose d'autre inexistant. Et la conséquence est donc que la seule autre option possible qu'il nous reste, est de considérer le monde comme infini - défini par son absence de limite. Notre Univers n'est pas une unité, mais un infini.

Alors oui, la volonté des dieux peut-être une conséquence de cette cause, de l'infinité du monde. Et je dirais même plus, qu'il doit alors exister une infinité de causes à cette conséquence qu'est la volonté des dieux.

Malheureusement ô grand prêtre cela nous indique également qu'il existe tout autant une infinité de causes qui ont pour conséquence notre monde, sans que pour autant les dieux n'y soient pour quoi que ce soit...

— Tu voudrais dire par-là Mery, que quoi qu'il arrive, comme notre monde est infini, si celui-ci a bien été façonné par les dieux, il existe également d'autres mondes qui ne l'ont pas été ? Cela me semble impossible, mais du moment que tu admets que notre monde est bien la conséquence de la volonté des dieux, c'est pour moi l'essentiel.

— Je suis pleinement d'accord dit Mery, mais revenons maintenant si vous me le permettez à la question des lois physiques du monde et faisons s'il vous plaît ensemble une première expérience de pensée.

— J'avais cru comprendre que nous en avions déjà faites quelques-unes Mery... mais je t'écoute... comme toujours...

— Imaginons, dit Mery, que Satis puisse maintenant voler comme un faucon dans le ciel étoilé de Nout. Imaginons qu'elle puisse passer à travers cet énorme bloc de granite en décomposant sa structure d'unités élémentaires, puis en la reconstruisant simplement de l'autre côté du bloc. Imaginons encore que Satis puisse entrer dans le feu sacré sans aucune douleur et en ressortir sans aucune brûlure, comme si le feu n'avait entraîné aucune conséquence sur elle. Tout cela vous paraîtrait impossible ou magique ô grand prêtre, car jamais aucun être-humain ne s'est vu accordé par les dieux de tels pouvoirs.

— En effet Mery, je constate que pour une fois, Satis n'a pas été pourfendue ou exécutée... poursuis donc, je t'en prie...

— Les raisons qui empêchent Satis de bénéficier de ces aptitudes divines ou surnaturelles est qu'il doit exister des lois physiques que les dieux ont fixées et ont imposées à ce monde et qu'il ne nous est pas possible de transgresser ces lois, invariables et immuables. Elles vont de pair avec la création du monde. Elles en sont les attributs et conséquences de la substance dont nous venons de parler. Reprenons Satis une fois encore, et demandons-lui de sauter simplement en l'air. Comme vous allez le constater ô grand prêtre elle retombera comme toujours quelques instants plus tard, au même endroit où elle se trouve. »

— Dans le prolongement des paroles de Mery, Satis tenta dans un premier temps de sauter aussi haut qu'elle pût, avant que la gravité ne la ramène immanquablement au sol. Elle entra dès lors dans une danse légère et aérienne, plongeant ici, bondissant là, tout en tournant avec volupté et jouissance sensuelle autour de Mery et du premier grand prêtre d'Amon-Ré.

« Quelle en est la raison, poursuivit Mery ? Quelle est la loi que les dieux ont formulée pour que nous ne puissions-nous envoler ?

— Et bien Mery, j'imagine en effet que les dieux ont édicté une « loi physique » comme tu le dis, qui précise que les hommes et les femmes vivant dans ce monde ne peuvent échapper à l'attraction de Geb, le Dieu de la Terre, alors que les oiseaux peuvent s'envoler à l'instar d'Isis ou d'Horus.

— Admettons cette loi qui semble en effet de bon sens ô grand prêtre, mais pourquoi concrètement celle-ci est-elle inviolable et s'applique constamment à nous et que même en sautant aussi fort que possible, Satis ne s'est jamais envolée et ne pourra jamais le faire ?

— Elle est peut-être trop lourde ? J'imagine que les dieux ont fixé un poids maximum à ne pas dépasser pour pouvoir s'envoler. Toutefois, remarqua le grand prêtre pour lui-même, si les aigles et vautours pèsent moins que Satis, ils pèsent davantage qu'un poisson qui ne risque pourtant pas de s'envoler lui non plus...

Ce n'est donc pas ça... En revanche, les poissons comme les hommes n'ont pas d'ailes et il semble bien pratique aux oiseaux comme à certains insectes de battre des ailes pour s'envoler. Je pense donc que la loi est plutôt « tous les êtres possédant des ailes sont les seuls à pouvoir s'envoler et échapper à Geb ». Néanmoins, poursuivit encore Ounnefer, même les oiseaux finissent toujours par revenir sur la terre de Geb... En fait la Terre semble attirer tous les objets du monde à elle, peut-être Geb applique-t-il une force pour ramener à lui tous les objets du monde, car ils sont de même nature que lui-même ? Je ne sais pas Mery… Cette loi est peut-être déjà très compliquée à explorer et si tu souhaites faire le catalogue de toutes les lois physiques, cela risque de te prendre toute ta vie…

— Bien ô grand prêtre, imaginons alors un monde dans lequel on fait maintenant disparaître Geb. Tous les êtres-humains, tous les temples d'Égypte, tous les oiseaux, poissons et autres animaux du monde sont toujours là, mais Geb, la Terre a disparu. Que serait alors ce monde sans Geb ?

— Je ne vois pas bien comment cela fonctionnerait Mery, car nous avons besoin de la Terre pour semer, récolter et nous nourrir. Par ailleurs où enterrerions-nous nos défunts ? Plus personne ne pourrait être momifié, car il n'y aurait plus de lin pour les bandelettes de momification. Ce serait une terrible catastrophe Mery !

— A n'en pas douter ô grand prêtre. Je pense que nous ne survivrions pas longtemps à une telle expérience. Mais sans même parler de la nourriture et de la momification, comment nous déplacerions nous les uns par rapport aux autres ? Sans le support de la Terre, nous flotterions tous dans l'espace, sans pouvoir bouger de là où nous sommes, car nous n'aurions plus de sol pour avancer ou nous raccrocher à quoi que ce soit. Nous serions un peu comme baignés dans les eaux du Nil, mais sans eau, sur laquelle nous appuyer en nageant pour avancer. Nous battrions donc tous désespérément nos bras et nos jambes dans l'espoir de nous déplacer les uns vers les *autres, pour tenter de nous raccrocher à quelque chose, mais sans aucun résultat probant puisque nous n'aurions aucun support pour nous mouvoir de façon effective.*

En revanche imaginons maintenant que Satis fût, avant la disparition de la Terre, déjà en mouvement, en train de marcher vers vous ô grand prêtre. Elle disposerait alors d'un certain élan et par conséquent d'une vitesse de déplacement, avant, comme après la disparition de la Terre. Et sans-même rien faire, sa trajectoire à elle dans l'espace n'aurait aucune raison de s'arrêter, puisqu'il n'y aurait rien pour la freiner. Elle parcourrait donc une trajectoire rectiligne et uniforme, dans le sens où sa vitesse par rapport à vous n'aurait aucune raison de changer. Sans même rien faire, elle disposerait maintenant d'une vitesse constante dans votre direction et ne pourrait éviter de rentrer en collision avec vous.

Mais changeons maintenant de paradigme et mettons-nous à la place de Satis. Alors qu'elle venait de faire un simple pas dans votre direction, lorsque la Terre était encore là, elle constaterait, comme nous tous, inopinément, l'absence de celle-ci. Cela l'effraierait très certainement, mais de son point de vue, et alors qu'elle ne ferait plus aucun mouvement, elle vous verrait vous déplacer dans sa direction avec une vitesse constante. Et notez bien que vous seriez toujours assis sur le trône d'Horemheb, sans rien faire de spécifique pour vous déplacer vers elle. Ce serait à l'évidence encore plus effrayant pour elle de vous voir ainsi flotter dans les airs, assis sur un trône qui se dirige tout droit vers elle à vitesse constante. Et même si elle pouvait se retourner - ce qui ne semble déjà pas possible - et tentait de courir en arrière ou d'esquiver le choc sur le côté pour échapper à la collision, cela ne changerait rien à vos mouvements respectifs, puisqu'il n'y aurait aucun appui pour réussir cela. La collision entre vous serait donc inéluctable, quelle que soit l'action que l'un ou l'autre pourrait bien entreprendre, car il n'y aurait aucun support pour échapper à cette destinée.

Mais prenons maintenant un troisième point de vue de cette situation, le mien. Dès lors que la Terre aurait disparu et alors que ni vous ni Satis ne feriez plus aucun mouvement, ou au mieux chercheriez en vous retournant à éviter la collision inéluctable, je vous verrais vous rapprocher puis vous percuter l'un l'autre avec une vitesse constante, telles deux perles se rejoignant, enfilées sur un même collier invisible.

Ce qui est le plus important je pense ô grand prêtre, ce n'est pas tant l'aspect incongru de cette hypothèse, que celui du point de vue à partir duquel on observe la situation. D'un côté, alors que vous êtes immobiles, assis sur votre trône, vous constatez que Satis se déplace vers vous, sans rien faire. De l'autre, alors que Satis ne fait plus rien, elle constate que c'est vous qui vous déplacez vers elle, sans rien faire non plus. Cela nous prouve que le mouvement des corps est relatif et qu'il convient de considérer l'ensemble des points de vue, pour se faire une opinion de ce qui se passe réellement. Pire encore, il existe finalement autant de points de vue différents de cette situation, que d'observateurs impliqués ou non. Par extension de cette démonstration, la vérité ou la réalité du monde n'est donc pas absolue, mais relative. Votre point de vue n'est pas forcément le mien, alors même que nos deux visions partagent pourtant exactement la même réalité.

— Ton argumentaire est certes impressionnant Mery, mais tu fais ici des hypothèses comme tu le dis toi-même « plus qu'incongrues ». Tu nous places dans un monde où Geb ne serait soudainement plus présent. En faisant cela, tu modifies sans doute les lois physiques du monde. Je ne suis pas certain que celui-ci soit aussi relatif que tu veuilles nous le faire comprendre. Je ne le ressens pas ainsi. Pour moi il faut s'en remettre au point de vue des dieux et après tout, comme c'est leur volonté d'avoir créé ce monde, si jamais il existe plusieurs points de vue équivalents, celui des dieux doit toutefois prédominer sur les autres. Et c'est la raison d'être de notre Temple. Promouvoir ou faire valoir le point de vue des dieux auprès de ceux qui ne le verraient pas ainsi.

— J'en conviens ô grand prêtre, mais pour porter au firmament la vision des dieux, non seulement il est nécessaire de l'apprendre et de la comprendre, mais il faut aussi envisager les autres visions possibles, pour mieux les combattre. Par ailleurs, je dois aussi vous faire remarquer que le point de vue d'Amon-Ré ne peut être le même que celui d'Isis ou de Seth et donc même au sein des dieux coexistent plusieurs points de vue nécessairement différents...

Une dernière chose toutefois ô grand prêtre Ounnefer, car nous n'avons pas encore évoqué la question du vide. Qu'est-ce que le vide exactement ?

Laissez-moi s'il vous plaît faire une nouvelle expérience de pensée. Prenons à nouveau Satis en tant qu'unité féminine et commençons par pratiquer sur elle sa momification. Il me faut tout d'abord la raser et l'épiler entièrement à l'aide d'une solution antiseptique au henné, pour redonner à son cadavre l'aspect de sa jeunesse perdue. Puis, je dois pratiquer une manucure et une pédicure post-mortem avant de purifier son corps avec de l'eau sacrée et une fumigation de résine de térébinthe. Enfin je dois procéder à l'aide d'un silex d'embaumement à une profonde incision le long du flanc, ou au niveau de son abdomen, pour laver abondamment l'intérieur de son corps avec de l'eau ou du vin de palme, additionné d'une infusion d'épices et d'aromates. Une fois son corps séché et peint comme il se doit en jaune, puisqu'il s'agit d'une femme, je procède à l'extraction de son cerveau en passant par le nez. En tournant longuement mon crochet dans sa boîte crânienne, je réduis peu à peu en bouillie l'encéphale que je laisse s'écouler par le nez.

— Jusque-là tout va bien Mery, je constate que tu maîtrises parfaitement les techniques d'embaumement. Néanmoins, si jamais tu es un peu pressé par le temps, tu peux encore laver le crâne avec une résine de conifères, complétée de cire d'abeilles et d'huiles végétales parfumées, par exemple.

— Bien sûr ! Merci pour vos conseils ô grand prêtre. Une fois le corps abondamment lavé, je sors tous les organes de l'abdomen : le foie, les intestins, les poumons. Mais admettons maintenant pour faire davantage de place dans le corps que je continue à en extraire tout ce qu'il contient : je découpe ainsi les reins, les organes génitaux, les principales veines et artères et même le cœur.

— Ce ne serait pas acceptable Mery, car pour passer devant le tribunal d'Osiris, Satis aurait besoin de certains de ces organes essentiels...

— Au point où j'en suis, exprima Satis avec lassitude, je ne suis pas certaine que cela change grand-chose... Je constate qu'après m'avoir découpé en morceaux à de multiples reprises, puis plus ou moins reconstitué, je suis maintenant momifiée. Au moins il s'agit d'un rite funéraire conforme à la religion et qui participe à l'élévation de mon Ka.

— Je sais ô grand prêtre, reprit Mery sans répondre à Satis, mais admettons tout de même la chose. Il me faut encore laver la cavité abdominale de Satis avec de l'huile de cèdre pour la rendre belle et bien lisse, avant de recoudre l'incision, de saupoudrer son corps abondamment de parfums broyés et de plonger entièrement celui-ci dans un bain de natron pendant soixante-dix jours, non sans l'avoir préalablement rempli *avec de la myrrhe concassée, de la cannelle ou d'autres parfums délicats.*

J'obtiendrais ainsi dans le corps de Satis un certain vide physique, car une fois les soixante-dix jours passés, le corps est comme il se doit entièrement desséché. Et il ne reste somme toute que les os constitutifs de sa structure et la peau qui entoure cette même structure. Mais quelle est alors la nature du vide que j'ai ainsi constitué au cœur de Satis ? J'ai tout retiré et pourtant il reste encore du vide...

— Pour moi, il n'y a tout simplement rien Mery. Le vide est rien. Il ne faut pas forcément chercher quelque chose, là où il n'y a rien.

— J'entends vos paroles, dit Mery, mais premièrement, ai-je réellement créé du vide ? Je n'en suis pas certain, car comme nous l'avons argué précédemment, Satis est une unité composée d'un nombre certes fini de composants élémentaires, mais qui semblent si petits que je ne crois pas que nous pourrions les voir de nos yeux. Aussi, même si je pense avoir fait le vide en elle - mes yeux ne discernant rien - il est tout à fait possible qu'un faucon à la vue perçante, ou plus encore un dieu pourrait y distinguer des composés élémentaires.

— Il est vrai Mery que mon âge déjà très avancé vers le sommeil éternel, ne me permet pas de voir autant de détails que lorsque j'étais jeune... J'ai d'ailleurs de plus en plus de mal à lire mes papyrus. Oui, je peux facilement

imaginer que toi-même qui n'est presque qu'un éphèbe, tu ne disposes pas pour autant d'un œil aussi puissant que celui d'Horus. Il est donc tout à fait envisageable que le vide que tu pensais avoir créé ici n'est en effet pas du tout vide du point de vue d'Horus.

— C'est aussi mon impression, précisa Mery, mais cela étant, si j'étais effectivement Horus par exemple, je pourrais alors observer entre deux composés élémentaires de Satis un « vrai » vide. Par conséquent, et même si je ne le vois pas réellement, je peux estimer avoir créé du vide.

Mais si le vide n'est rien, c'est-à-dire l'absence de toute chose, cela a-t-il du sens de créer du rien ? J'ai du mal à comprendre ô grand prêtre comment pourrait-on créer quelque chose qui par essence même, n'existe pas ? Nous avions démontré, il y a déjà un moment, que si la cause est la création, alors l'effet en est l'être. Mais créer du vide, c'est au contraire affirmer que si la cause est la création, alors l'effet en est l'inexistence. Nous avons là deux propositions totalement contradictoires...

Mais puisque nous avons montré aujourd'hui même que la réalité du monde n'est pas absolue, mais relative, tentons maintenant de renverser comme il se doit notre point de vue.

— Tous ces renversements me donnent quelque peu le tournis Mery... et j'ai parfois bien du mal à te suivre...

— Prenons maintenant le point de vue du vide, dit Mery. Pour lui, il n'y a rien, et c'est sans doute très bien comme ça ! Lorsque subitement, on vient lui ajouter de la matière. Dès lors le vide n'est plus vide et il n'existe donc plus, il disparaît tout simplement. En ce sens, on peut dire que la matière est une conséquence nécessaire d'une loi physique de la destruction du vide. À partir du moment où on choisit de créer quelque chose, c'est-à-dire de développer ou mettre en œuvre une existence, il faut appliquer une loi de destruction du vide et c'est là tout l'objet de la matière.

Toutefois, même avec cette nouvelle relation entre le vide et la matière, je ne suis pas totalement satisfait ô grand prêtre, car nous avons considéré jusqu'ici que le vide était créé dès lors qu'on obtenait une absence de matière dans un volume d'espace donné, tel que l'abdomen de la momie de Satis. Mais même en absence totale de matière, avons-nous pour autant créé du vide, au sens du rien ? L'espace notamment demeure-t-il avec le vide, ou disparaît-il avec lui ? On peut facilement imaginer un espace plein de rien, c'est-à-dire de vide. Mais cela signifierait que le vide n'est pas réellement rien, puisqu'il resterait toujours l'espace en lui.

Allons plus loin encore et imaginons maintenant que nous ayons réussi à supprimer de Satis toute la matière de son abdomen, mais aussi l'espace qui soutient structurellement cette matière. Ne reste-t-il pas encore et toujours - même dans ce vide le plus absolu - le temps qui s'écoule ? Si le vide n'est vraiment rien, alors le temps ne doit plus s'y écouler. Le vide s'exprime comme l'absence de matière dans l'espace, mais que signifie l'absence de matière dans le temps ? Tout comme pour l'espace, est-ce que le temps demeure avec le vide, ou disparaît-il avec lui ? Qu'est-ce que le vide temporel ? Est-ce l'absence de l'écoulement du temps, l'absence du temps lui-même ? Comment alors faire un vide temporel ? Le temps s'arrête-t-il de lui-même, dès lors que le vide de l'espace est réalisé ?

Je n'ai pas vraiment de réponse à toutes ces questions, mais si on considère que le vide n'est rien, alors il faut également retirer en plus de la matière, l'espace et le temps. Le vide n'est totalement réalisé que lorsque ces trois composants ont été supprimés. Ce qui peut encore s'exprimer en reprenant une fois de plus le point de vue du vide, que la matière, associée à l'espace et au temps est une conséquence nécessaire de la loi physique de la destruction du vide.

Ainsi Amon-Ré a créé le monde en détruisant le vide absolu, ce qui lui a demandé d'associer les trois composants que sont la matière, l'espace et le temps.

— C'est en effet une façon de voir les choses Mery, dit Ounnefer. Mais si tu souhaites réellement faire du vide dans la cavité abdominale de Satis, il te faudra encore lui retirer son Ba, son Ka et même son Shout... »

*

J'avais été particulièrement attentif à cet échange entre Mery et Ounnefer et étais très excité par la discussion qui n'allait pas manquer de suivre et que j'entrepris de lancer moi-même.

— Mery et Ounnefer vont extrêmement loin dans leur interprétation de ce qu'est le vide, commentai-je, puisque pour le caractériser, non seulement ils retirent la matière et la pensée, mais aussi la structure de l'espace-temps. Je pense donc que leur notion du vide se rapprochait davantage de ce que l'on nomme aujourd'hui le néant.

Pour un physicien de notre époque, le problème du vide peut là-encore être traité dans le cadre de la physique quantique. C'est alors ce que l'on nomme le « vide quantique ». Mais il s'agit d'un vide très relatif, car il est encore plein d'une énergie qu'il ne nous est pas possible de supprimer du fait du principe maladroitement dénommé « d'incertitude » d'Heizenberg.

Werner Heisenberg a en effet démontré à la fin des années vingt que l'une des conséquences de la dualité onde-corpuscule de la matière, est qu'il existe une limite fondamentale sur la précision avec laquelle il est possible de connaître simultanément deux propriétés physiques complémentaires d'un même objet. Ainsi par exemple, plus on mesure finement la position d'une particule et plus on observera une indétermination quant à sa vitesse. Ce même principe appliqué à l'énergie, montre qu'on ne peut mesurer une quantité d'énergie et donc de matière, avec une précision absolue dans un laps de temps donné. Ou dit encore autrement, il existe toujours pour une durée donnée, une indétermination sur la quantité d'énergie.

On ne peut jamais supprimer toute l'énergie et donc toute la matière pour faire du vide. Ainsi, l'énergie du vide ne peut jamais être nulle, tant qu'on ne supprime pas complètement le temps. Et personnellement je pense qu'il y a là quelque chose de plus fondamental encore, car cela nous enseigne en inversant cette proposition, que l'énergie n'a pas d'existence possible si on supprime entièrement le temps. Mais c'est encore un autre débat...

Cela nous démontre en tous les cas, la relation fondamentale qui existe entre le temps et la matière. Les deux sont comme intimement liés. Par conséquent - et pour aller dans le sens d'Horus qui a évoqué ce sujet lors du début du dîner - parler de la structure de l'espace-temps, c'est aussi parler de la structure de l'espace-énergie. En d'autres termes, il n'y a peut-être pas d'énergie sans temps et réciproquement. Et comme Einstein nous a montré que l'espace et le temps étaient également intimement liés, les trois composants que sont l'espace, le temps et l'énergie peuvent à mon avis être considérés comme des formes différentes d'une seule et même chose. Mais je vois que je m'égare complètement dans mes explications... Désolé.

Avant d'en revenir au vide quantique, il me faut faire une rapide digression sur la très célèbre formule d'Einstein $E=mc^2$. Il s'agit d'une équation très simple, mettant en évidence - à un facteur c^2 près - l'équivalence entre la masse et l'énergie mesurée d'une particule immobile dans un repère donné. Ainsi, toute matière de masse « m » contient une quantité d'énergie « E » *appelée « énergie de masse ». Et il s'agit alors de la quantité d'énergie minimale nécessaire pour permettre à cette particule d'exister.*

Par corollaire, du fait, d'une part que l'énergie du vide ne puisse jamais être nulle, et d'autre part qu'il existe cette équivalence entre la masse et l'énergie, il est toujours possible de créer pendant un temps donné, des particules à partir d'un certain vide. En effet, celui-ci contient dès lors un champ de particules dites « virtuelles » - ces dernières étant dénommées ainsi du fait qu'elles possèdent un niveau d'énergie simplement plus bas que celui de leur état d'énergie de masse que je viens d'évoquer. Le vide quantique fourmille par conséquent, en permanence, de particules virtuelles qui se créent et interagissent pour certaines avec les particules réelles, puis disparaissent dans de très courts laps de temps. C'est ce que l'on appelle les « fluctuations du vide quantique ».

Mais dans le cas du vide de Mery, l'espace et le temps eux-mêmes ont été supprimés. Dans ces conditions, l'énergie du vide quantique n'a en effet plus de raison d'être.

Plus fondamentalement encore, ce vide d'où l'Univers semble être né, pose la question de l'origine de notre monde, ce que l'on nomme aujourd'hui le principe du Big-bang. Lors de l'événement qui consista - comme le souligne Mery - à appliquer une loi de la destruction du vide, l'espace, le temps et l'énergie issus de cette loi, ont pris les formes qu'ils ont actuellement, et tout était déjà là ! Le vide quantique, l'écoulement du temps et un premier champ scalaire ont permis - en dix puissance moins trente-deux secondes - la grande inflation de l'espace. S'ensuivit un long cheminement. Pendant treize virgule huit milliards d'années, l'énergie s'est organisée progressivement vers la matière que nous connaissons aujourd'hui. Se développa en premier lieu la baryogénèse, au cours de laquelle, à partir d'un plasma de quarks et de gluons, ont été créés - en quelques microsecondes seulement - les protons et les neutrons, particules qui constitueront plus tard le noyau des atomes ainsi que les électrons et toutes leurs antiparticules associées. Ce processus fut suivi par la nucléosynthèse primordiale au cours de laquelle - en quelques minutes cette fois - s'est formé un nouveau plasma de futurs noyaux d'hydrogène, lesquels au bout de trois cent quatre-vingt mille ans environ, se sont combinés avec les électrons pour former les premiers atomes, en libérant par là même pour la première fois la lumière. Viendront enfin - du fait de la gravité - la formation des étoiles, des galaxies et des amas de galaxies que nous observons aujourd'hui, ainsi, que les différents éléments atomiques formés dans les étoiles ou les supernovæ dont nous sommes faits.

Horus qui ne semblait pas entièrement d'accord, prit une fois de plus la parole pour rectifier certains propos.

— Il est intéressant, dit-il, d'observer les êtres humains évoquer et même parfois utiliser des concepts qui les dépassent complètement. Même si certains Égyptiens

comme Mery ou les Babyloniens avant eux en utilisaient certains principes, ce sont historiquement les Indiens qui ont formalisé le concept et le nombre zéro, en tant qu'absence, en tant que rien. Puis il fut repris bien plus tard par les Arabes, les Chinois et on ne sait trop comment par les Mayas, avant d'être transmis au quinzième siècle de votre ère, à la civilisation européenne. Ce que tu appelles le néant et que Mery dénomme le vide, n'est rien d'autre que le concept associé à ce nombre zéro.

Or tout comme le précisait Mery il y a trois mille quatre cents ans, ou toi-même aujourd'hui au travers de ta vision de la cosmologie, l'absence totale n'est pas possible dans ce monde et Mery l'exprime à merveille en précisant justement qu'ils sont contradictoires, puisque l'absence disparaît de la loi qui a créé ce monde. Je pense que vous auriez été mieux inspirés de ne pas créer trop tôt ce nombre zéro, car dans votre monde, zéro n'existe pas ! Et utiliser des concepts de ce type conduit à faire des erreurs d'analyse. Notez bien que j'utilise la terminologie « votre monde » ce qui sous-entend - comme je l'ai déjà indiqué - qu'il existe d'autres mondes. Il faut donc bien distinguer de quoi nous parlons.

Quand Mery évoque « un monde infini, défini par son absence de limite », il pense en réalité à l'ensemble des mondes et je suis alors entièrement d'accord avec lui. Mais comme ta description du Big-bang le montre également, votre monde est certes très grand par rapport à vous, mais il est bien fini. En réalité, il ne faut pas y voir de contradiction entre ces deux propositions. La chronologie même du Big-bang vous démontre en effet parfaitement que votre monde est fini, car il a eu une *histoire dont on peut remonter le temps. Or zéro est le pendant de l'infini. Il est défini comme la division de n'importe quel nombre par l'infini. Mais l'infini n'existe pas dans votre monde macroscopique. Zéro, tout comme l'infini, le vide et les dieux sont des concepts externes à votre monde que vous ne cessez pourtant de tenter de formuler. De mon point de vue, vous feriez mieux d'introduire le nombre « Tout » comme une quantité correspondant à tout ce qui existe dans votre Univers (matériel ou immatériel) et de définir « Zifr » comme la division de l'unité sur « Tout ». La première conséquence que vous devriez rapidement comprendre, c'est que « Tout » est presque rien pour l'infini. Du point de vue de l'infini, « Tout » et « Zifr » se ressemblent comme deux gouttes d'eau...*

Anita paraissait quelque peu désorientée par cette discussion où zéro n'existait plus et où le vide était plein de particules quantiques virtuelles.

— *Si on revient cependant à des concepts un peu plus terre à terre, dit-elle, Mery s'interroge sur les lois physiques auxquelles les dieux nous ont soumis, mais il ne nous donne aucune piste de ce que sont ces lois, si ce n'est en nous précisant que les dieux ont créé ce monde à partir d'une loi de la destruction du vide.*

Je repris la parole, car il me semblait essentiel de répondre à cela.

— *Il y a deux façons de voir les choses Anita. La première consiste à penser qu'il n'est pas certain qu'il faille aller beaucoup plus loin. La question importante peut en effet être celle de la raison d'être des lois de la physique et non pas ce que sont ces lois. Si les lois que nous observons existent bien, c'est qu'elles sont à l'œuvre du fait des conditions initiales et particulières de notre Univers. Si les conditions primordiales de notre Univers avaient été sensiblement différentes, d'autres constantes physiques auraient été et d'autres lois auraient émergé, ce qui nous montre que « conditions initiales de l'Univers » et « lois de la physique » ne sont peut-être qu'une seule et même chose.*

Les lois de la physique ne sont qu'une traduction des conditions initiales de l'Univers. Certains physiciens se sont d'ailleurs amusés à modifier les constantes universelles, comme la vitesse de la lumière, la charge de l'électron ou la constante de Planck, afin de simuler un nouvel Univers.

— *Je vois, dit Anita, que vous vous-amusez, avec pas grand-chose, vous autres les physiciens...*

Je continuai sans me laisser distraire.

— *On s'aperçoit d'ailleurs très rapidement, qu'en ne modifiant que très peu, une seule de ces constantes, l'Univers qui est le nôtre n'aurait pu être et que nous ne serions pas là s'il avait été un tant soit peu différent.*

Toutefois, il existe aussi une autre possibilité. Celle qui consiste à penser que le modèle du Big-bang n'est valable que parce que nous considérons les lois de la physique comme immuables dans le temps et isotropes - valides partout dans l'espace. Mais rien ne nous garantit réellement que ce soit, que ce fût, ou même que ce sera toujours le cas. Certes nous pouvons observer grâce à nos télescopes la matière de notre Univers et même remonter le temps jusqu'au fond diffus cosmologique - cette lumière primordiale qui marque la recombinaison atomique trois cent quatre-vingt mille ans après le Big-bang. On peut même espérer observer les ondes gravitationnelles primordiales, pour aller plus loin encore, afin d'étudier les premiers instants du Big-bang. Mais si tout cela est aujourd'hui en partie explicable, avec les mêmes lois que celles que nous observons et mesurons actuellement à partir de la Terre, rien ne nous dit que c'est le cas partout dans l'Univers - à l'identique - ni que ces lois n'ont pas évolué avec le temps. Des observations récentes sur le fond diffus cosmologique semblent même nous faire plutôt penser le contraire. Tout change tout le temps dans l'Univers. Il serait bien étrange que seules les lois physiques n'aient jamais changé. Ce qui est certain, c'est que si les lois physiques et les conditions de l'Univers sont une seule et même chose, l'Univers a évolué depuis treize virgule huit milliards d'années. Peut-on alors encore dire que les conditions d'aujourd'hui sont les mêmes que celles du Big-bang ? L'Univers a été successivement dominé par les effets de l'inflation, d'une soupe de quarks et de gluons, des baryons, des atomes, du rayonnement, puis par celui de la gravitation de la *matière et de la matière noire, et semble aujourd'hui dominé par les effets de l'énergie noire. Durant tous ces changements, nous considérons peut-être à tort que les constantes fondamentales de notre monde n'ont jamais changé, que la vitesse de la lumière et la constante de Planck ont toujours eu les mêmes valeurs. Je ne sais si c'est ce qui s'est effectivement passé, mais si tel est le cas, c'est qu'elles sont réellement liées à quelque chose de plus fondamental encore que ne l'est l'espace-temps-énergie.*

Faisons un instant comme Mery et Einstein, une expérience de pensée. Imaginons deux galaxies suffisamment éloignées l'une de l'autre pour qu'un champ d'accélération de l'expansion de l'Univers - produit de l'énergie noire - les éloigne encore davantage. Aussi, à l'échelle cosmologique, la question qu'il convient de se poser est quel est le mouvement naturel d'une nouvelle galaxie plongée dans ce champ d'accélération de l'expansion de l'Univers ? De façon isotrope - égale dans toutes les directions - tous les points de l'espace-temps s'éloignent alors de la galaxie, et ce, d'autant plus vite qu'ils sont éloignés de celle-ci. Comme si l'Univers s'étirait de plus en plus dans toutes les directions de l'espace, sauf au niveau de chacune des galaxies qui maintiennent leur cohésion du fait de la gravitation. Imaginons que ce phénomène soit du même type que celui de la gravitation. Ici on ne peut plus à proprement parler de courbure de l'espace-temps (qui n'est autre que la gravitation), mais d'un phénomène d'étirement de l'espace-temps. On observe actuellement cette accélération qui semble étirer l'espace-temps comme un chewing-gum, lorsqu'il ne contient pas ou peu de matière. Admettons qu'il s'agisse d'une des propriétés intrinsèques de l'espace-temps, ou même que cela soit dû à une énergie noire mystérieuse. Rien ne nous indique toutefois que cette action n'est pas plutôt un phénomène d'élasticité et qu'à partir d'un certain moment, cette accélération ne va pas progressivement diminuer avant de s'inverser. L'espace-temps est-il simplement élastique en présence d'une faible densité de matière ? Je ne crois pas que l'on puisse aujourd'hui écarter cette hypothèse, même si elle semble plus qu'étrange puisque nous ne l'observons pas. Mais il nous faudrait peut-être plusieurs milliards d'années avant de pouvoir mesurer un phénomène de ralentissement de l'accélération de l'expansion de l'Univers, puis au contraire de contraction. Ainsi les lois physiques que l'on observe aujourd'hui, ne seront pas forcément les mêmes demain. Il faut envisager qu'elles puissent évoluer, voire qu'elles ont déjà évolué.

Attention, il ne faut toutefois pas confondre les lois et les phénomènes physiques. Je m'aperçois que mon exemple n'est pas forcément approprié. Il est facile d'imaginer des phénomènes physiques qui ne soient que temporaires. Nous en avons observé de nombreux, cela ne signifie en rien que les lois aient changé. Une impermanence des lois est plus profonde. Il lui faudrait une cause, ou bien endogène : on peut imaginer que les lois dépendent par exemple du temps et qu'à partir de demain elles s'inversent toutes... Le réveil de demain risque alors d'être compliqué... Ou bien exogène : notre

Univers pourrait par exemple se trouver demain envahi par la matière de l'univers d'à côté, qui n'aurait pas les mêmes propriétés que le nôtre, ce qui pourrait modifier foncièrement les lois des deux univers.

En outre, on peut aussi se poser la question dans cet Univers quantique fortement discontinu, de la continuité même des lois qui nous sont imposées. Le mouvement naturel des choses, n'est-il pas celui de la chute libre quantifiée, c'est-à-dire discontinue ? Ou pire encore, faut-il appliquer un principe d'indétermination aux lois de la physique, ce qui nous amènerait par exemple à considérer que les lois elles-mêmes pourraient-être dans une superposition d'états... Ce n'est bien sûr qu'une hypothèse, peut-être stupide, mais rien ne nous empêche de penser que la relativité générale et la physique quantique ne soient pas une seule et même théorie dans une superposition d'états. Cette théorie aurait simplement une probabilité proche de cent pour cent d'être dans un état de relativité générale aux grandes échelles, et là encore proche de cent pour cent dans un état de physique quantique aux échelles subatomiques.

Mais bref, pour en revenir à ta question Anita, il est vrai que Mery s'interroge sur les lois de la physique, sans nous dire ce qu'elles sont réellement. Néanmoins, même si nous avons depuis lors formulé de nombreuses théories - plus ou moins bien corrélées et vérifiées de façon empirique - il est aussi vrai que nous n'en savons pas forcément beaucoup plus. Ou pour être plus exact, malgré toutes les avancées qui ont été proposées depuis trois mille quatre cents ans, le niveau d'incertitude dans *lequel nous sommes actuellement me semble encore très important...*

Chapitre 10 : Où sommes-nous ? - partie 2

Notre discussion sur ce qu'était le vide et ses conséquences vis-à-vis de la formation de notre Univers avait laissé Hehou songeur. Il fallut que Neith le sorte de sa léthargie, pour qu'il reprenne le fil de son récit.

— Souhaites-tu que je poursuive le périple de Mery, dit-elle ?

— Merci Neith, lui répondit Hehou. J'étais simplement en train de penser que zéro n'existe peut-être pas. Je vais néanmoins continuer moi-même cette histoire, en abordant à nouveau un sujet que nous avons déjà évoqué.

En tant qu'apprenti prêtre, Mery s'installait parfois devant l'entrée principale du Temple, pour troquer contre de la nourriture, ses connaissances en matière de magie ou de momification.

Il faut bien comprendre que toute l'Égypte convergeait en ce lieu. De jour comme de nuit, la circulation et l'agitation étaient permanentes. Une foule immense et souvent très compacte s'entassait aux abords du Temple, sous la forme de vagues déferlantes. On aurait dit une fourmilière s'activant sans cesse, dans un tohu-bohu général d'où rentraient et sortaient de façon continue des milliers de pèlerins tenant des offrandes. Toutes les strates de la société égyptienne étaient représentées. La plupart bien sûr, étaient des paysans avec très peu de moyens. On les reconnaissait facilement à la façon dont ils étaient faiblement vêtus, mais surtout à leurs mains puissantes et fatiguées par les travaux agricoles. On croisait également beaucoup de commerçants et d'artisans, issus principalement de la ville de Thèbes, mais aussi des marchands et des marins venus de Basse Égypte ou même de la frontière avec la Nubie. L'aristocratie égyptienne était également présente, certes en moins grand nombre que les paysans, mais toutes les grandes familles d'Égypte se rendaient régulièrement au Temple. Elles étaient la proie préférée des marchands qui tentaient de profiter de leur présence pour troquer tout et n'importe quoi. La plupart du temps, ils étaient repoussés sans ménagement, mais de temps à autre, l'un d'entre eux réussissait à échanger un bijou, une statuette ou un vase décoré contre des vêtements et surtout des aliments. On pouvait même observer quelques étrangers qui venaient grossir encore les rangs de cette foule totalement hétéroclite, quelques riches Nubiens, des Grecs venus d'au-delà des mers, des Cananéens, des Hittites, des Libyens, et d'autres que l'on n'aurait su identifier tellement ils semblaient différents. Mais l'une des populations les plus importantes et les plus caractéristiques était indéniablement celle des prêtres de tous les autres temples d'Égypte. Ils étaient tels des pénitents, dévots pieds nus, crâne rasé, avec leur longue tunique blanche. La plupart d'entre eux portaient des signes ostentatoires tels que des amulettes ou même pour quelques-uns des coiffes indiquant les divinités *principales qu'ils vénéraient, ainsi que leur échelon hiérarchique. Déambulaient ainsi principalement des prêtres de Ptah, d'Osiris, d'Isis, de Thot, d'Horus et bien sûr d'Amon. Mais en réalité tous les dieux de la cosmogonie égyptienne étaient représentés en ce lieu et tous étaient acceptés, dès lors qu'ils ne contrevenaient pas aux règles du Temple. Des soldats de Pharaon tout comme certains prêtres d'Amon dédiés à cette tâche patrouillaient pour tenter de réguler les flux, d'éviter les bousculades, de repousser les marchands trop pressants et de repérer les voleurs et les criminels. Comme chacun apportait des encens différents, il y avait en permanence une fumée et une odeur indéfinissables, mélanges souvent incohérents de tous les parfums imaginables. Chacun chantait et dansait, les prêtres récitaient leurs prières pendant de très longues heures, avant d'entrer dans une transe parfois contagieuse et collective. Les uns haranguaient les autres, dans l'espoir qu'ils se rallient à leurs divinités.*

Toutes les harmonies musicales étaient représentées et se faisaient une concurrence redoutable. C'était à celui qui jouerait le plus fort ou celui qui serait le plus virtuose. Il y avait là les représentants de tout le monde connu de l'antiquité, dans un melting-pot totalement hétéroclite. C'est un peu comme si on voulait aujourd'hui mélanger en même temps les ambiances de Times-square de New-York, avec la place Tahrir du Caire, Notre Dame de Paris, la cité interdite de Beijing, le théâtre du Bolchoï et le Rajpath de New-Delhi...

Mais revenons-en au fait. Mery qui était maintenant connu et respecté de tous les prêtres du Temple de

Karnak, avait réussi à s'adjuger une place privilégiée dans ce capharnaüm débordant d'activité. Il avait l'habitude de proposer à tous ceux qui défilaient devant lui pour entrer dans la partie commune du Temple - ouverte aux pèlerins - les bienfaits des magies protectrices d'Amon-Ré. La plupart de ces paroissiens étaient intéressés par des potions ou des textes sacrés, apportant une magie protectrice, permettant de les mettre à l'abri des maladies et des malheurs qui risquaient de les frapper. Mery préparait ainsi à l'avance sur des morceaux de papyrus que l'on pouvait porter en collier, nombre de sortilèges incantatoires différents, contre à-peu-près tous les maux, allant des pieds jusqu'à la tête. Il fabriquait en outre des potions, très souvent à base de miel, de cannelle, de coriandre, de thym et de fruits macérés, mais aussi avec d'autres ingrédients plus controversés, comme certains venins de serpent, des scorpions, ou même des poudres minérales. Il travaillait également avec un artisan qui lui prodiguait diverses amulettes en céramique bleue ou blanche, destinées à repousser les esprits malfaisants et les maléfices. Les meilleures, ou du moins celles qui étaient jugées les plus efficaces étaient conçues à partir de syncrétismes de plusieurs divinités, contribuant ainsi à apporter une combinaison de protections normalement incompatibles les unes avec les autres. Mais coexistaient aussi avec ces éléments de protection, des magies plus actives dont le but était de faciliter l'atteinte d'un objectif en soi. On retrouvait ici les inévitables philtres d'amour qui obtenaient un succès indéniable auprès de beaucoup de femmes, ainsi que de nombreuses potions, davantage destinées aux hommes, leur permettant de s'assurer une performance ou une longévité sexuelle inégalée. Mais les uns comme les autres venaient aussi pour soigner des problèmes de fertilité à l'aide de simples prières et de l'achat de statuettes d'Amon-Ré. De façon plus épisodique, Mery troquait aussi des charmes permettant de forcer un être aimé à réaliser un acte particulier, ainsi que des contre-charmes destinés à annuler l'action des premiers charmes. Leur emploi étant plus compliqué et plus délicat, cela demandait de longues explications que Mery tentait généralement d'éviter. Il préférait dans ce cas, proposer de simples talismans constitués de cordes dont on devait progressivement dénouer chaque nœud pour libérer un pouvoir. Enfin beaucoup souhaitaient aussi connaître leur avenir, communiquer avec un ancêtre décédé, ou plus simplement obtenir son avis à propos d'un sujet donné. Le traitement de ces demandes était généralement long et peu rentable, car il fallait consulter les astres, faire des calculs compliqués d'astronomie en observant la position relative de la course de la Lune ou du Soleil au regard des constellations et bien souvent interroger longuement les clients sur leurs rêves pour y rechercher des prémonitions. Mais plus encore, il était souvent nécessaire d'entrer soi-même en transe à l'aide de produits particuliers aujourd'hui illicites, ou faire preuve de voyance dans les intestins d'un animal mort, afin de délivrer à la personne concernée la prédiction de son avenir. Ce long processus demandait plusieurs séances, que peu d'Égyptiens pouvaient se permettre et n'était par ailleurs pas garanti. Or lorsqu'en définitive Mery ne voyait rien, les clients le traitaient d'incapable et de charlatan et ne voulaient pas payer le troc qui avait été initialement conclu. Il devait par conséquent demander une avance et expliquer préalablement aux riches familles qui pouvaient se permettre ce processus, qu'il ne pouvait toujours garantir un résultat très probant. En revanche, lorsque l'opération était couronnée de succès et répondait aux attentes des familles concernées, celles-ci lui témoignaient toute leur gratitude, en se déclarant redevables sur plusieurs générations et en revenant régulièrement le solliciter pour d'autres magies.

Ce jour-là, une femme nubienne d'une trentaine d'années environ, avec un fort accent étranger vint le voir. Elle était grande et surtout très imposante, se déplaçant avec difficulté du fait de son excès de poids manifeste. Elle portait une sorte de caftan de couleur verte, très ample, avec des manches longues et larges, légèrement décolleté et de très nombreux colliers et bracelets qui cliquetaient au moindre de ses mouvements. Elle se disait être du royaume de Koush, arrivée la veille du sud, sur un bateau marchand qui descendait le Nil. Elle avait un comportement très nerveux, ou plutôt anxieux, se retournant sans cesse derrière elle, surveillant du regard la venue d'un éventuel danger. Elle expliqua rapidement à Mery, en chuchotant presque, qu'elle ne supportait plus la première femme de son mari et désirait une magie offensive pour lui nuire. Mery n'aimait pas pratiquer ce type de magie qui pouvait être dangereuse, car si elle ne fonctionnait pas bien et que la personne ciblée réussissait à savoir qui avait *invoqué la magie, cela pouvait rapidement se retourner contre lui. Il lui proposa tout d'abord quelque chose de très simple comme de briser un vase sur lequel il aurait gravé le nom de la première femme de son mari. Mais la nubienne l'interrompit rapidement pour lui signifier qu'elle avait déjà réalisé plusieurs fois cette action bien connue, qui n'avait aucunement donné satisfaction jusqu'ici.*

« Tu dois, dit Mery, m'en dire davantage pour que j'oriente un peu mieux mon diagnostic et que je puisse te proposer quelque chose de plus efficace. Pourquoi souhaites-tu nuire à cette femme ?

— Je la déteste, hurla-t-elle soudainement, faisant par là-même sursauter Mery sur son tabouret ! Elle a déjà eu trois enfants alors que je n'arrive pas à en avoir un seul. Elle absorbe toute la puissance sexuelle de mon mari, sans rien me laisser en partage. »

— Mery lui fit signe de parler plus bas, car les badauds se retournaient pour tenter de comprendre l'échauffourée en cours.

« Oui je vois, c'est un grand classique de la polygamie, lança-t-il imprudemment. Mais peut-être devrais-tu regarder son point de vue à elle, avant de lui en vouloir ainsi. Est-elle hostile à ton égard ? Ses enfants te sont-ils désagréables ? Ton mari te délaisse-t-il au profit de cette femme ou partage-t-il avec toi des moments de plaisir ?

— Rien de tout ça... dit-elle. Puis se rapprochant de Mery comme pour lui dévoiler un secret... Je partage la couche avec mon mari, et même plus souvent qu'elle ne le fait elle-même. Je n'ai pas l'impression d'être délaissée et ses enfants sont même plutôt mignons. Je les aime beaucoup d'ailleurs et ne leur souhaite aucun mal, mais en revanche, mon mari ne me fait aucun enfant alors qu'elle en a déjà eu trois. C'est profondément injuste et cela ne peut pas continuer ainsi, conclut-elle en haussant à nouveau la voix, et en tapant du poing sur le comptoir, avant de se retourner prestement pour vérifier que personne d'important ne l'avait entendu.

— Ne t'énerve pas, dit Mery quelque peu effrayé par la gestuelle agressive de sa cliente ! Écoute je peux effectivement te proposer, si vraiment tu insistes, un poison paralysant pour lui nuire directement, mais tout d'abord cela va te coûter très cher en objets rares de ton pays, ensuite ce produit est dangereux à manipuler et mal utilisé, il pourrait bien se retourner contre toi. Enfin je ne vois pas l'intérêt de tout cela, car il faut je pense avant tout tempérer ton amertume et relativiser ta situation. »

— Tout en parlant, Mery s'était levé de son siège, avait avancé lentement vers la femme, avant de finalement poser sa main sur son épaule, pour faire preuve d'empathie, la réconforter et l'apaiser autant qu'il le pouvait.

« Premièrement, dit-il très calmement, comme tu aimes les enfants de cette autre femme, je ne pense pas *que tu leur souhaites du mal. Or si tu empoisonnes leur mère, ils t'en voudront très certainement, tout comme d'ailleurs ton mari. Si maintenant tu regardes le point de vue de cette autre femme, elle n'est finalement en rien responsable de ton problème d'infertilité. Elle n'accapare pas ton mari toutes les nuits et par ailleurs tu sembles apprécier ses enfants. Je pense que tu devrais plutôt acheter une amulette permettant d'écarter certaines forces maléfiques et de t'attirer les bonnes grâces et le soutien des divinités Isis et Hathor. Je te l'offrirais bien gratuitement, sans troc, mais elle serait alors bien moins efficace. Je te l'échange par conséquent contre une simple pierre bleue de ton collier, ou alors contre le plus petit de tes bracelets en or. En outre, je vais t'échanger contre un peu d'ivoire de ton pays, cette autre statuette sur laquelle j'ai gravé des symboles de fertilité. Il te suffira, avant de faire l'amour avec ton mari, de faire couler un peu d'eau dessus, de récupérer cette eau et de la lui faire boire, afin qu'il en absorbe la force sexuelle qui lui permettra d'engendrer de nouveaux enfants avec toi. Enfin et pour compléter encore ma magie, je te propose contre une peau de léopard, cette autre clé en bois que tu devras porter contre ton ventre. Elle te permettra d'ouvrir la porte à l'enfantement en reprenant le contrôle de ton corps. Ainsi vois-tu en regardant le point de vue de chacun et en relativisant ta situation tu pourras vivre en bonne entente avec cette autre femme, sans mettre la vie de personne en danger.*

— *Je prends le tout… dit-elle, puis menaçant Mery de son index… Cependant, j'espère pour toi que cela va fonctionner correctement. Notre embarcation doit repasser dans quatre mois. Si d'ici là je ne suis pas enceinte, non seulement tu devras me rembourser, mais en plus je t'enverrai mes sbires pour qu'il te corrige vertement. Autre chose, rajouta-t-elle, si jamais j'apprends que tu as parlé de tout ça à qui que ce soit, tu le paieras de ta vie ! »*

— Le lendemain, poursuivit Hehou, alors que Mery se rendait auprès d'Ounnefer dans la grande salle où se déroulait sa formation à la prêtrise, il repensait à l'événement de la veille. Il n'avait pas dormi de la nuit. À quatre heures du matin, n'en pouvant plus, il s'était finalement rendu jusque chez Satis, et l'avait réveillée pour lui confesser toute l'histoire. Cela avait agi sur sa psyché comme un exutoire. Satis l'avait en outre rassuré en lui faisant remarquer qu'il y avait peu de chance pour que cette femme repasse par là dans quatre mois et que même si elle le faisait, elle ne le retrouverait sans doute jamais dans cette foule innombrable. Elle lui conseilla toutefois de ne plus installer son stand au même endroit.

Ce n'est que plus tard dans la matinée, que Mery se calma réellement et put repenser au principe qu'il avait utilisé pour se sortir de cette mauvaise passe : celui de la relativité des événements et du point de vue de chacun. Depuis plusieurs mois déjà, il avait progressé sur ce sujet et devait partager ses nouvelles convictions avec son maître à penser.

« *Ô grand prêtre, il y a sept mois de cela, nous étions montés sur le toit du Temple pour y découvrir le mouvement des dieux autour de nous et je vous avais alors fait part de certaines incompréhensions. Vous en souvenez-vous ?*

— Je suis certes âgé et ne vois plus aussi bien qu'avant Mery, mais mon cœur a cependant conservé toute sa mémoire et ses facultés... J'ai comme l'intuition que tu as dû mettre à profit ce temps pour réfléchir à ce sujet et me proposer encore une fois une nouvelle vision du monde...

— Et bien, j'ai en effet longuement réfléchi ô grand prêtre. Nous avons fait beaucoup d'expériences avec Satis en tournant l'un par rapport à l'autre de plusieurs manières différentes. Vos observations vous ont permis de constater que la voûte céleste prise dans son ensemble mettait trois cent soixante-cinq jours avant de revenir à sa position initiale et c'est d'ailleurs sur cette base que nos ancêtres ont défini notre calendrier. Mais nous pouvons aussi voir chaque nuit que les dieux tournent autour de nous. Il est donc possible, je pense, de repartir de ces constats que chacun d'entre nous peut observer à loisir s'il le souhaite.

Ces faits nous montrent qu'il existe un mouvement de rotation entre notre position sur Geb et celle des dieux. Mais la question que l'on peut se poser maintenant est qui tourne autour de qui ?

Prenons votre explication comme un fait : ce sont les dieux qui parce qu'ils veillent sur nous, tournent en rond dans une danse réalisée d'est en ouest, autour d'un axe qui va de notre position à l'étoile du nord. Nous avons en effet régulièrement observé ce même phénomène lors des sept derniers mois et nous avons même tracé les trajectoires que parcourent les dieux dans le ciel de Nout. Ceux qui sont les plus proches de l'étoile du nord parcourent de petits arcs de cercle, puis plus on s'éloigne de cette étoile et plus les arcs de ces cercles s'agrandissent. On peut facilement dessiner cela sur le sable en y plantant un bâton représentant l'axe entre Geb - la Terre sur laquelle nous marchons - et l'étoile du nord.

— Oui Mery, cette étoile du nord a d'ailleurs très certainement un rôle particulier dans notre monde, puisque tout semble tourner autour d'elle. De mon point de vue, on peut facilement imaginer que Amon-Ré ait créé le monde à partir d'elle, que ce soit son lieu de naissance, ou encore une demeure où il aime venir se reposer.

— Permettez-moi d'émettre des doutes en cela ô grand prêtre, car comme nous allons le démontrer, cette étoile ne semble finalement pas très différente des autres. Mais continuons. A l'aide d'une corde qui relie le bâton que j'ai planté dans la terre, je peux tracer sur le sable les différents cercles de cette danse des dieux. Lorsque Ré chaque matin montre ses premiers rayons lumineux à l'est, tous les autres dieux s'estompent assez rapidement pour lui laisser la préséance. Mais lorsqu'il repasse le soir *à l'occident dans le corps de Nout, on retrouve à nouveau tous les dieux, sans aucune exception, toujours positionnés sur les mêmes cercles que ceux de leur trajectoire de la nuit précédente, et à une position qui semble très proche de celle qu'ils avaient au début de la nuit précédente. Il existe pour moi deux explications possibles à cela. Ou bien les dieux sont revenus en arrière en faisant demi-tour sur la trajectoire du cercle qu'ils ont déjà parcouru durant la nuit. Un peu comme pourrait le faire un gardien du Temple qui fait des allers et retours devant la grande porte. Ou bien ils ont continué de parcourir, durant la course du disque solaire, la suite de la trajectoire circulaire qu'il leur restait à faire, avant de revenir au même point que la nuit précédente. Je ne vous cache pas que mon intuition penche plutôt pour cette seconde possibilité, car elle offre le mérite d'un mouvement de rotation continu qui me semble plus approprié pour un dieu, mais j'avoue qu'il ne nous est pas possible de trancher ce point.*

Ainsi je ne pense pas que les dieux tournent réellement autour de nous, mais plutôt qu'ils tournent autour d'un axe qui va de notre position à l'étoile du nord.

— Pour une fois Mery, je ne crois pas que cela change fondamentalement mon point de vue des choses.

— J'entends vos paroles, ô grand prêtre, mais comme nous avons vu que le mouvement de chacun était relatif et qu'il convenait d'en mesurer l'ensemble des points de vue, je vous propose maintenant une nouvelle expérience de pensée. Prenons en effet le point de vue des dieux qui

veillent sur nous et cherchons ensemble à comprendre ce qu'ils peuvent bien s'enquérir de notre activité sur Terre.

Tout d'abord, je vous ferais observer que le royaume de notre Pharaon bien aimé Horemheb est tout bonnement immense. Les marins du port m'ont rapporté qu'il fallait naviguer sur le Nil pendant près de dix jours pour se rendre de Thèbes à la grande mer et qu'il en fallait au moins autant pour se rendre vers le sud aux frontières de la Nubie. Nous ne représentons, nous autres, hommes et femmes de ce Temple, que de minuscules fourmis perdues dans cette immensité. Si les dieux veillent sur chacun de nous, ils doivent avoir une vue plus qu'extraordinaire de là où ils sont. Car si nous éloignons Satis, ne serait-ce que jusqu'à l'entrée de la grande salle, on voit sa taille se réduire drastiquement, pour ne plus mesurer qu'un seul doigt d'une coudée royale. Il ne nous est alors plus possible de distinguer ses très beaux yeux noirs, par exemple. Et si je lui demandais de reculer encore jusqu'à l'entrée du Temple, je ne pourrais plus savoir si c'est bien de Satis qu'il s'agit ou d'un gardien du Temple. Or pour nous observer tous, sur la Terre, il faut que les dieux puissent prendre un recul au moins égal à celui de la taille de Geb, ce qui représente une distance gigantesque, difficilement imaginable et sur laquelle, vous grand prêtre, Satis ou moi-même ne sommes plus que des points totalement minuscules et insignifiants. Cela nous donne une idée de la vision et de l'étendue du pouvoir dont disposent les dieux comparés à nous.

— *J'en suis pleinement conscient Mery. Et c'est en effet quelque chose d'inimaginable pour nous, simples mortels.*

— *Et encore, ajouta Mery, nous savons parfaitement que Geb est bien plus grand que l'Égypte ne l'est, car nous avons tout autour de nous des ennemis en nombre important, qui doivent posséder des territoires encore plus éloignés. Si nos dieux veillent également sur ces lieux, il faut encore reculer d'autant leur champ de vision.*

Mais admettons que malgré cette distance qui est probablement colossale, les dieux grâce à leur pouvoir et leur magie, parviennent effectivement à nous observer. Du point de vue d'Isis qui est tranquillement assise sur son trône, proche de l'étoile du nord, elle est immobile et nous regarde dans son ciel très lointain. Ce faisant, elle va alors pouvoir contempler Geb qui tourne autour d'un axe passant de sa position jusqu'au centre d'un nouveau petit cercle que nous parcourons. Ainsi de son point de vue, c'est nous qui tournons autour d'un axe et non elle !

Mais prenons maintenant le point de vue d'un autre dieu qui serpente sur une orbite plus basse proche de l'horizon. Celui-ci, s'il est immobile, nous distinguera virevoltant cette fois sur un grand cercle centré autour de lui-même et allant jusqu'à un point autour duquel nous semblerons danser. Il existe donc autant d'axes différents de rotation que de points de vue différents. Et encore une fois, chaque point de vue est différent, mais tous sont vrais, il n'en n'existe pas un meilleur que l'autre, ils traduisent tous une même réalité, ils sont les conséquences d'une même cause, celui de notre mouvement relatif les uns par rapport aux autres.

— Tu sembles Mery maintenant penser que l'entièreté du monde est relative et que donc toutes les considérations du cosmos se valent. Je ne crois pas en cela et je pense que cette vision de l'univers est dangereuse, car elle met sur le même pied d'égalité tout et n'importe quoi, ce qui nous amènerait dans notre quotidien à conduire des actions au mieux inappropriées ou pire contre-indiquées.

— Détrompez-vous ô grand prêtre ! Je ne pense pas cela. En revanche, oui j'estime qu'à partir du moment où on fait une observation, que l'on mène une expérience, ou même que l'on imagine un concept ou une nouvelle idée, il convient toujours d'étudier tous les points de vue possibles, avant de délivrer une loi ou une conclusion, car le monde est clairement relatif, ce qui est vrai pour certains ne l'est pas toujours pour d'autres, et plusieurs conséquences différentes peuvent avoir une même cause. »

*

— Personnellement, dit Anita, j'ai deux réflexions qui me viennent à propos de l'archéologie et qui demandent un point de vue relatif. Premièrement, je ne suis sûre de rien en matière d'alignement du Temple de Karnak. Certains disent qu'il était très précisément aligné selon la direction du Soleil levant, lors du solstice d'hiver, et ce avant même les premières pierres mises en œuvre sous Sésostris I. Ils ont de bons arguments pour cela, mais les calendriers Égyptiens semblent avoir tellement changé au cours du temps, que je ne vois pas comment on pourrait en être tout à fait certain. En outre, je ne comprends pas vraiment pourquoi ils auraient aligné un temple dédié au dieu Ré - qui représente le Soleil - sur le jour où il est le moins présent dans l'année... Certains imaginent ce jour comme celui de la naissance de notre étoile, avant sa croissance. Mais il y a pour moi une aberration, car cette expansion n'est que ponctuelle puisqu'elle décroît six mois plus tard et est par ailleurs clairement périodique. D'autres envisagent qu'initialement le Temple était peut-être destiné à Nout, qui représente la voûte céleste et qui est quant à elle maximale le jour du solstice d'hiver. Cela expliquerait en effet la présence de la grande salle aujourd'hui disparue qu'Ounnefer utilisait pour former les futurs prêtres. En ce sens, je vois deux points de vue relatifs que sont celui du Soleil et celui de la nuit et je ne vois pas bien quelle logique les Égyptiens de l'antiquité ont choisie pour orienter leur Temple.

Le deuxième sujet est celui de la notion même d'antiquité. J'ai étudié pendant des années cette période de l'histoire qui s'étend de la fin du néolithique jusqu'à la chute de l'empire romain. Mais après réflexion, si j'observe le point de vue de chacun, les Égyptiens de cette période considéraient déjà qu'il existait une période dite « antique », qui était celle précédant la construction des pyramides. Et plus généralement encore, je pense que nous sommes toujours dans l'antiquité de quelqu'un *d'autre. Lorsque des archéologues en l'an quatre mille cinq cents de notre ère observeront notre civilisation, ils la considéreront sûrement comme une période antique. Donc là aussi je crois qu'il faut comprendre le point de vue de chacun et même celui qui n'existe pas encore, mais qui devrait être celui de nos héritiers dans deux mille cinq cents ans.*

Tout le monde acquiesça à cette dernière remarque qui semblait évidente à chacun. Et cela me donnait un peu le tournis de penser que dans un avenir lointain, quelqu'un viendrait peut-être m'étudier en procédant à une archéozoologie de mes os, avant de proposer des conjectures sur ce que je pouvais bien penser ? Peut-être que la science qui serait alors utilisée leur permettrait à partir d'une simple analyse de mon tibia de produire une vidéo qui leur montrerait ce moment de convivialité que je passais à dévisager Anita... Cette projection de mon « moi » dans un futur très lointain et cette intrusion dans mon esprit me parut comme une violation de mon intimité, qui m'amena à chasser rapidement cette idée plutôt désagréable et à revenir sur des considérations que je maîtrisais davantage.

— Je pense, dis-je, que la réflexion de Mery était déjà presque celle de Giordano Bruno ou de Galilée qui observaient la relativité du monde, mais sans la matérialiser cependant par la notion de référentiel et la mathématiser comme l'impact d'un changement de référentiel.

Si Mery s'était posé la question de la vitesse de la lumière, il serait peut-être parvenu à poser les fondations de la relativité restreinte d'Einstein.

Toutefois, il me semble qu'il n'est pas allé au bout de son propre raisonnement. Il a correctement observé la rotation des étoiles dans le ciel, il s'est même posé la question de notre trajectoire pour certaines de ces étoiles, mais sans chercher à comprendre si c'était les étoiles qui tournaient ou si c'était nous. Je ne crois pas qu'il ait finalement compris que la Terre faisait un tour sur elle-même en une journée. Ce qui nous apparaît, à nous aujourd'hui, pourtant tellement évident, ne l'était pas du tout à cette époque. On peut dès lors se poser la question - comme nous l'a suggéré Anita - de savoir quelles seront les évidences dans deux mille cinq cents ans, qui nous échappent totalement aujourd'hui...

Il était cependant déjà très tard dans la nuit. Une réelle fraîcheur parvenait lentement jusqu'à nous. Beaucoup des clients du restaurant étaient partis, mais il restait encore quelques groupes attablés. J'observais toujours Horus avec un grand intérêt et constatais étrangement que je ne le percevais plus du tout comme j'avais pu le faire en montant quelques heures plus tôt sur la dahabeya. Il avait changé. Imperceptiblement, je le voyais maintenant avec sa tête de faucon. Ce n'était pas vraiment une image aussi claire que celle que je pouvais avoir des autres convives. Je ne saurais vraiment expliquer ce que je me figurais et comprenais de lui. Je ne peux pas dire qu'il n'avait plus d'apparence humaine bien sûr, mais j'observais comme un léger dédoublement de sa physionomie et même de sa personnalité, comme si sa véritable nature de dieu hiéracocéphale se superposait peu à peu à son humanité, progressivement, tout doucement et ce depuis le début du dîner. Je crois par ailleurs que je n'étais pas le seul à observer ce phénomène, car chacun semblait maintenant ne plus trop savoir comment réagir et se positionner par rapport à lui. Il nous devenait peu à peu inaccessible. Mais il n'y avait toutefois rien d'effrayant dans cette transformation. Il nous apparaissait paisible et plutôt bienveillant à notre égard, toujours intéressé par nos conversations de simples mortels, mais peut-être était-il en même temps, ailleurs dans son univers ou dans un autre monde. Mais je sortis brusquement de ma réflexion autour de la divinité d'Horus, pour revenir plus prosaïquement à celle de l'espace, car Tal revint sur le raisonnement de Mery.

— On comprend parfaitement la relativité du mouvement des corps, dit-elle. Je la perçois très bien par exemple lorsque nous sommes assis dans un train en gare, et que nous observons par la fenêtre le déplacement d'une autre rame. Si notre propre train se déplace sans bruit et sans soubresauts, il ne nous est pas possible de savoir s'il s'agit vraiment du nôtre qui se met progressivement en mouvement, ou si c'est celui d'en face qui bouge en sens inverse. J'ai la sensation que Mery au travers de sa réflexion sur les points de vue de chacun, a bien compris ce phénomène lui aussi. En revanche j'avoue bien volontiers n'avoir jamais rien compris à la relativité d'Einstein, car elle mélange le temps et l'espace.

Ça me semble très différent de la relativité du mouvement des corps, non ?

— La relativité que tu évoques Tal, est celle de Galilée. Ce dernier a réalisé pour cela l'expérience suivante : suppose que tu es sur une plage et que tu lances un galet du haut d'un mât avec un angle et une vitesse donnés. Cette pierre va alors retomber au sol au bout d'un certain temps et à une certaine distance du mât. Imagine maintenant que tu fasses exactement la même expérience, mais cette fois dans un bateau qui navigue en ligne droite et à vitesse constante, le long de la plage. L'expérience montre que le galet va retomber exactement à la même distance du mât du bateau et avec le même temps de chute que celui mesuré sur la plage. Ainsi quel que soit le référentiel dans lequel tu mènes cette expérience, l'un immobile tel que la plage et l'autre tel que le bateau, en mouvement rectiligne et uniforme par rapport au premier, l'expérience donne toujours le même résultat. Du point de vue de la physique, il n'y a donc aucune différence entre le fait d'être immobile sur la plage et le fait d'avancer en ligne droite à vitesse constante dans un bateau. Et plus généralement encore, toutes les expériences physiques que tu vas pouvoir faire dans chacun des deux référentiels vont donner les mêmes résultats. C'est le principe de relativité que l'on énonce comme suit : « les lois de la physique restent inchangées dans des référentiels en mouvement rectiligne et uniforme l'un par rapport à l'autre ». Galilée précisait même à ce propos « le mouvement est comme rien ».

Si maintenant on s'intéresse plus particulièrement à la vitesse d'un objet, on exprime toujours cette vitesse par rapport à quelque chose d'autre. C'est même tout l'objet du référentiel. Et par extension, dans le cas d'une vitesse nulle, nous sommes également toujours immobiles par rapport à quelque chose d'autre. D'ailleurs, alors que tu penses sans-doute être assise à notre table, immobile sur ta chaise, sache que tu te déplaces en réalité à cent mille kilomètres heure par rapport au Soleil, et huit cent cinquante mille kilomètres heure par rapport au centre de la Voie lactée... Mais Galilée va plus loin encore que son énoncé du principe de relativité, puisqu'il établit mathématiquement la transformation qui porte son nom et qui permet de passer des coordonnées du référentiel de la plage au référentiel du bateau et inversement. Cela lui permet de prononcer une nouvelle loi, celle de la composition des vitesses : si Anita se balade dans le bateau avec une vitesse donnée, sa vitesse par rapport à la plage est la somme de sa vitesse par rapport au bateau et de celle du bateau par rapport à la plage. J'imagine que cela te semble aujourd'hui évident Tal, mais ça ne l'était pas il y a cinq cents ans. La vitesse d'Anita est donc relative. Elle dépend du référentiel dans lequel on la mesure.

Or, c'est justement ce qu'Einstein a remis en question au début du vingtième siècle, car à cette époque, de nouvelles expériences avaient montré que la vitesse de la lumière était constante et donc indépendante du référentiel dans lequel on réalise la mesure. Pour conserver la cohérence du principe de relativité de Galilée avec celui observé de la vitesse de la lumière, Einstein a simplement modifié la transformation de Galilée en utilisant une autre transformation dite de Lorentz. Je ne vais pas développer plus avant cette nouvelle transformation, car ce serait trop long, mais sache simplement qu'elle introduit la vitesse de la lumière comme une limite indépassable. Or, cette modification de la transformation de Galilée a deux conséquences majeures. La première est que lorsque la vitesse de déplacement d'un objet donné n'est plus négligeable devant la vitesse de la lumière, on observe une contraction des longueurs et une dilatation du temps lors du changement de référentiel. Ainsi tout comme les vitesses, l'espace et le temps deviennent en effet relatifs dans le sens où ils dépendent du référentiel dans lequel on fait les mesures. Enfin la seconde conséquence est que la simultanéité de deux événements n'existe plus, puisque le temps est lui-même relatif. Ainsi la question de savoir ce qui se passe « en ce moment » ou « maintenant » à un autre endroit de l'espace, n'a plus de sens. Et c'est la raison pour laquelle on lie l'espace et le temps dans une même nouvelle structure que l'on nomme espace-temps.

Au-delà, la question du « où », « où sommes-nous dans l'espace ? » est à mon avis très mal traitée en physique, comme si elle avait été trop résolue par les physiciens pour être finalement abandonnée. Dans l'ère moderne, sa première résolution date de Copernic puis de Kepler, lorsque ce dernier a prononcé empiriquement ses lois, faisant de la Terre un objet céleste tournant autour du Soleil comme toutes les autres planètes. Newton a parachevé une première fois cette vision en permettant de calculer la trajectoire et la position de presque tous les objets macroscopiques du monde se déplaçant dans l'espace à une vitesse qui nous semble habituellement raisonnable. Maxwell a fait de même un peu plus tard pour les objets électromagnétiques, avant qu'Einstein n'ait affiné encore le principe - comme nous venons de le voir - pour les corps disposant d'une vitesse très rapide, puis pour tous les corps qui se trouvent dans un champ de gravité. Enfin, les physiciens quantiques ont fait progressivement de même pour tous les objets du monde microscopique. Mais il est étonnant de penser que presque tout le monde semble maintenant être certain de savoir « où » sont les choses, alors qu'on ne sait toujours pas vraiment ce qu'est l'espace... De quoi est-il fait ? Comment crée-t-on de l'espace ? Alors que chacun ressent naturellement un malaise - à mon avis, à juste titre - à définir avec exactitude le temps, dont la nature semble impalpable à nos sens, notre horloge interne étant très imprécise, l'espace nous apparaît, tout au contraire - mais cette fois, à mon avis à tort - comme quelque chose de totalement maîtrisé, que l'on peut observer, toucher, ou mesurer selon toutes ses dimensions et sa granularité. Je pense que c'est un leurre de croire cela, car comme l'a montré Einstein le temps et l'espace sont intimement liés et si on ne comprend pas bien le temps, on ne peut pas davantage comprendre l'espace. Tout comme on confond souvent le temps et la durée, je crois qu'on confond plus encore l'espace et la distance. La question du « où » est résolue de bien des façons pour ce qui concerne la distance et l'énergie qui se déplace dans l'espace, mais elle reste un mystère pour ce qui est de l'espace lui-même. Einstein est sans doute celui qui est allé le plus loin en la matière, en s'intéressant à la géométrie de l'espace-temps, qui apparaît finalement comme une première caractéristique que nous connaissons bien, puisqu'il s'agit de la gravité qui nous maintient sur Terre, mais ça me semble très insuffisant. Nombre de physiciens actuels du vingt-et-unième siècle se posent à juste titre la question du « moteur du temps », mais peu de personnes semblent s'intéresser au « moteur de l'espace », comme si celui-ci était établi, statique et bien connu... Mais ni la relativité générale ou les théories cosmologiques du Big-bang, ni la thermodynamique, et encore moins la physique quantique ne traitent de ce sujet et même si je ne les maîtrise pas suffisamment, je ne crois pas m'avancer beaucoup non plus en disant que les théories de la gravité quantique ne semblent pas fournir davantage une solution ad-hoc à ce sujet pourtant essentiel. Tout au plus elles s'intéressent davantage à la structure de l'espace, mais je ne crois pas avoir vu une seule hypothèse quant à sa création, sa cause ou son moteur. Certains diront que ce n'est pas l'objet de la physique, mais alors pourquoi beaucoup s'intéressent au moteur du temps et pas à celui de l'espace ; comme si le sujet du temps était plus simple à résoudre... ou pire encore, comme si l'espace était un élément statique, immuable, sans moteur, sans cause...

Chapitre 11 : En quoi pensons-nous ?

Anita semblait maintenant observer Horus avec une plus grande attention et même une certaine méfiance. Sans doute, avait-elle comme moi-même pris pleinement conscience de son changement d'apparence. Je la voyais chercher à confondre ce qui devenait incompréhensible pour chacun d'entre nous. Tout comme moi, elle ne fit cependant aucune remarque quant à cette métamorphose. A contrario, Hehou ne semblait en rien gêné par cette lente mutation qui se déroulait sous nos yeux et il reprit son récit comme si de rien n'était.

— *Il arrivait parfois que Mery dut se rendre de l'autre côté du Nil, dit-il, sur la rive ouest, celle de la nécropole des rois. Il intervenait en tant que superviseur des textes qui devaient être gravés dans la tombe d'Horemheb. Celle-ci était - comme il se devait - en cours d'édification et d'agencement, alors même que le Pharaon régnait sur ses sujets et gouvernait le pays. Cette tombe était gardée jour et nuit par cinq soldats en armes. Mais Mery était connu d'eux. Il était attendu et disposait par ailleurs des sceaux d'Ounnefer, lui permettant d'entrer librement. Il fallait se munir de torches que l'on imbibait d'huiles végétales - celles-ci faisant beaucoup moins de fumées que les huiles minérales, mais durant aussi moins longtemps. On s'enfonçait alors dans un très long couloir* rectiligne, creusé à même la pierre et grossièrement équarri. De part et d'autre, sur des supports en pierre prévus à cet effet, avait été positionnée une série de statues de la plupart des dieux, qui a depuis mystérieusement disparu, très certainement pillée dès le nouvel empire, ou au cours de l'époque ptolémaïque. La descente du couloir avec ces simples torches donnait l'impression que les dieux étaient vivants, leurs ombres s'allongeant à leur passage jusqu'au cœur de la tombe. Mery appréciait de s'y rendre, car si le trajet était quelque peu pénible, la tombe creusée jusqu'à environ trente mètres de profondeur, était en revanche très fraîche. À cette époque, la structure de la sépulture était déjà très avancée. Les travaux en cours étaient ceux des décorations de l'antichambre. Avec les artisans, ils avaient préalablement établi les plans des décors de la pièce et deux murs étaient déjà en cours d'achèvement. Lors de cette visite officielle, Mery avait exceptionnellement demandé à Satis de l'accompagner, car il savait qu'elle pourrait servir de modèle pour certaines fresques en cours d'élaboration. Une représentation d'Horemheb devait notamment dévoiler une offrande composée de deux coupes de vin à la Déesse Hathor, en échange de sa protection. Hathor représentait ici l'amour et la beauté. Elle devait être coiffée du disque solaire, lui-même encadré des cornes de la vache - symbole de celle qui donne la vie. Qui mieux que Satis aurait pu incarner à la perfection la déesse de l'amour, de la joie et même de la musique ? C'était la première fois qu'elle pénétrait dans le monument funéraire et était à ce titre, très impressionnée. Elle joua parfaitement son rôle de modèle, pendant que Mery procédait à une lecture concentrée des hiéroglyphes situés au-dessus des fresques gravées sur les autres parois. Néanmoins, il tressaillit et se fâcha brusquement, en s'adressant à l'artisan responsable.

« Dois-je vous rappeler, dit-il, l'importance que revêt le cartouche de Pharaon et celle de sa titulature royale ? Vous semblez l'avoir totalement oublié… Il s'agit de l'ensemble des noms par lesquels nous désignons notre grand Pharaon.

— Où ai-je bien pu commettre une erreur ô prêtre scribe, interrogea l'artisan quelque peu affolé par la teneur de l'échange ? »

— Mery désigna de la main le cartouche concerné.

« Mais je n'ai rien fait d'autre que de reproduire ce que l'on m'a demandé de graver à cet emplacement, implora l'artisan en tendant le papyrus concerné. »

— Mery comprenant que l'artisan tenait le papyrus à l'envers le lui retourna simplement en lui indiquant le bon sens de lecture. Peu d'artisans savaient réellement lire et écrire les hiéroglyphes qu'ils gravaient dans la pierre. La plupart ne faisaient que reproduire ce qu'on leur avait préalablement dessiné. Il s'agissait pourtant des meilleurs artisans de tout l'empire, mais ils étaient essentiellement choisis pour leur qualité à savoir tailler et graver la pierre avec minutie ou à dessiner et peindre esthétiquement les fresques. Savoir lire n'était pas en soi un critère de recrutement pour réaliser ce travail. Avec le temps et au contact des scribes, certains apprenaient toutefois et devenaient alors de précieux atouts sur un tel chantier. Malheureusement et bien que très talentueux dans son art, celui-ci était encore novice de ce point de vue.

« Cela a un sens bien précis, insista Mery ! Aussi vous demanderai-je de bien vouloir rectifier prestement tous ces hiéroglyphes du cartouche formés à l'envers. Mais comment allez-vous procéder maintenant que la pierre est gravée ?

— Pour que cela ne se voit pas et soit solide, je n'ai qu'une seule solution à vous proposer ô prêtre scribe : celle de creuser plus profondément la pierre afin de la mettre à niveau avec une nouvelle pierre de même nature, puis de graver à nouveau les hiéroglyphes dans celle-ci. »

— Mery hésita finalement un instant. Au fond de lui, il se demandait si effacer ces représentations, n'était pas manquer de respect à Pharaon lui-même. Mais laisser le nom d'Horemheb gravé pour toujours en sens inverse, ne participait pas non plus à un grand respect du souverain... Par ailleurs son propre travail serait évidemment observé de près par Ounnefer ou du moins par un prêtre hiérarchiquement supérieur à lui, et s'ils venaient à constater l'erreur, cela lui serait immanquablement reproché. Il accepta par conséquent la solution de l'artisan qui contrairement à la pose d'un enduit dans lequel on serait venu graver à nouveau, avait le mérite d'être une solution inaltérable au temps.

En revenant avec Satis, deux jours plus tard au sein du Temple, il interrogea Ounnefer sur ce sujet.

« Je dois encore vous parler d'autres choses, ô grand prêtre.

— Mery, n'est-il pas temps pour toi de concentrer davantage ta réflexion sur la prière et la meilleure façon de servir Amon-Ré, plutôt que sur des méditations sans fin. Je vais demander à Amon-Ré, s'il ne nous serait exceptionnellement pas possible d'écourter ta formation. Je vois bien que tu es maintenant prêt. Avec un peu de chance, il m'accordera cela...

— Je vous en suis extrêmement reconnaissant ô grand prêtre. Je pourrais alors enseigner moi-même à de nouveaux prédicateurs tous les savoirs que j'ai pu acquérir lors de nos échanges. Ainsi le Temple de Karnak sera entièrement chamboulé en se modernisant autour d'une nouvelle vision du monde qui pourra être diffusée dans toute l'Égypte !

— Non... l'arrêta sèchement Ounnefer. Je n'ai peut-être finalement pas correctement estimé toutes les conséquences que cela pourrait avoir... Je vais prendre le temps de réfléchir un peu à tout ça. Et rien n'est moins sûr d'ailleurs qu'Amon-Ré m'accorde finalement ce passe-droit...

— Je m'interroge ô grand prêtre, reprit Mery, sur ce qui fait de nous ce que nous sommes. En quoi sommes-nous différents d'une statue qui nous représente par exemple ? Une statue initialement sculptée pour représenter quelqu'un, peut-elle être modifiée pour dépeindre quelqu'un d'autre ? Mais avant d'en arriver-là, je souhaiterais aborder avec vous la manière que nous avons de formuler nos pensées, de concevoir nos idées, ou même simplement de comprendre le monde tel que nous le ressentons.

— C'est en effet une question intéressante que je me suis très souvent posée Mery, car beaucoup de nos illustres pharaons nous ont demandé au cours des siècles précédents d'effacer les noms et traces de certains de leurs prédécesseurs ou de réutiliser leurs statues pour se les réapproprier, en apposant simplement un nouveau cartouche royal. Bien sûr, les prêtres du Temple sont au service exclusif des pharaons et nous nous sommes toujours pliés à leurs volontés. Mais je me suis parfois demandé quel pouvait être l'impact réel de tels actes. Je ne me sens pas à l'aise à faire cela. De mon point de vue, dans le nom donné à une personne, dans une statue, ou même une représentation d'un dieu, se trouve une partie, un double de celui-ci. Le nom que l'on donne aux choses et notamment aux êtres-humains a une importance primordiale et effacer ce nom revient à supprimer une partie de ce qu'il est. Cela est aussi vrai de sa représentation gravée sur un mur, ou de sa statue. Le symbole est pour moi presque aussi important que l'objet ou le sujet lui-même. Aussi, j'espère ne pas être dévoré par Ammout, pour avoir fait exécuter les ordres d'Horemheb, le jour où il me faudra passer devant le tribunal d'Osiris…

— Ce serait en effet terrible ô grand prêtre ! Mais je ne crois pas que vous serez confronté à cela, car comme vous allez le constater dans mon raisonnement, la représentation d'un individu, n'est sans doute pas l'égale de l'être lui-même.

Pour commencer, je crois qu'il nous faut repartir de ce qu'est le monde et de la façon dont nous le percevons, dont nous pouvons, nous autres, êtres-humains, nous le représenter. Faisons ici une première expérience de pensée. Imaginons que tout ce qui existe dans ce monde puisse être représenté et déposé sur une simple ligne droite. »

— Mery joignait le geste à la parole, nous précisa Hehou, en traçant - à l'aide d'une simple canne en bois - cette même droite dans un plan de sable qu'il avait amené à cet effet.

« J'entends par ce « tout » que je viens d'évoquer, ajouta Mery, les trois composantes que nous avons déjà évoquées que sont l'espace, le temps et la matière, en tant que conséquences communes et indissociables de la destruction du vide. Malheureusement il nous manque *encore - comme vous me l'aviez fait remarquer à juste titre ô grand prêtre - le Ba et le Ka des êtres-humains, ainsi que le Shout qu'on ne sait pas trop où positionner sur cette droite de la description du monde réel. Par ailleurs il manque plus encore, tout ce qui touche à la pensée des hommes, aux idées, aux concepts, aux rêves, à la magie et aux connexions avec les dieux. Je propose de placer ces nouveaux éléments sur une autre droite perpendiculaire, dédiée à l'imaginaire pour la différencier de la première. Alors toute entité, en tant qu'unité, peut être représentée dans ce plan de la complexité du monde, telle un point de cet espace, avec une composante réelle et une composante imaginaire. Ainsi le monde réel que nous observons et testons par nos sens tous les jours, n'est que celui de l'espace complexe dont la partie imaginaire est simplement absente. Et par extension, l'imaginaire pur, la pensée, le Ba, ne sont rien d'autre qu'un élément du monde complexe, dont la partie réelle est nulle.*

Si on ajoute maintenant à cette structure, le cercle du souffle de la vie, qui permet aux dieux et aux hommes et femmes de notre Univers « d'être », on obtient comme un heureux présage, le signe de l'Ankh, celui de la vie éternelle. Je pense ô grand prêtre qu'il faut aux êtres-humains une superposition de ces trois états que sont le réel, l'imaginaire et le souffle de la vie, pour faire de nous des « êtres ».

— J'ai l'impression, dit Ounnefer, que pour une fois Mery, tu t'es laissé emporter dans une simplicité toute

symbolique, qui ne te ressemble généralement pas. Tu cherches ici à m'abuser en redessinant le symbole de l'Ankh. Mais je ne sais pas trop s'il faut donner à tout cela plus de sens qu'à autre chose, car tu aurais tout aussi bien pu réaliser une ébauche totalement différente du monde, en choisissant par exemple de représenter le réel par une pyramide, le souffle de la vie par une tête de chat et l'imaginaire comme la vibration des eaux du Nil...

— Je constate que vous n'avez rien perdu de votre clairvoyance ô grand prêtre. Cette représentation ne nous apporte en effet rien de plus qu'un beau symbole. Je vous l'accorde bien volontiers. Ce qu'il convient juste de retenir ici, c'est uniquement le fait que le monde exige une composante imaginaire et un souffle de vie en plus des trois composants que nous avons déjà évoqués que sont la matière, l'espace et le temps. Mais poursuivons si vous le voulez bien...

Nous savons que l'homme naît et meurt dans une sensation de douleur. La souffrance est dans sa chair, dans son corps. A contrario, la pierre et le sable ne connaissent ni bien ni mal, car ils ne disposent pas de sensations pour percevoir le monde. Les sensations sont des jugements automatiques que la pensée produit en réaction à un événement exogène ou même endogène au corps humain. Elles sont une interaction entre le réel et l'imaginaire. Si je tranche le doigt de Satis, elle va se mettre à hurler, alors que si j'écrase cette pierre, il ne s'agit pour elle que d'un simple enseignement. Pourtant, l'écrasement d'une pierre, même si elle ne met pas forcément en danger son existence elle-même, peut l'affecter durablement de façon importante, en la déformant ou en la fracturant par exemple. Si la partie réelle de l'homme, son corps, ne produisait aucune sensation, mais simplement une alerte, un simple message vers la pensée - sa partie imaginaire - la sensation du mal physique n'existerait pas. La sensation est donc une fonction primordiale de la complexité de l'homme ou de la femme, liée à sa conscience. Mais cette dernière est-elle une cause ou une conséquence de la sensation ? Ressentons-nous quelque chose parce que nous avons une conscience, ou notre conscience ne vient-elle pas justement du fait de nos sensations, du fait que nous sentons quelque chose ?

Faisons maintenant si vous me le permettez, une nouvelle expérience de pensée. Imagions que ne subsistent en Satis que les sensations émises par des causes produites à distance, telles que les sons, les odeurs, ou la vue, mais pas celles du toucher et de la saveur qui ne seraient que des enseignements non-sensitifs envoyés comme des messages divins à notre conscience. Ainsi, le toucher de la surface de cette colonne permettrait de ranger la qualité de la surface selon une échelle de différentiation (lisse, douce, rugueuse, piquante, coupante, décorée...), mais sans notion de valeur (agréable, désagréable, belle, pratique, dangereuse...) le goût d'une figue se traduirait par une simple image du fruit, mais là encore sans valorisation, celle-ci étant un aliment, au même titre que le raisin ou les dattes. La relativité non pas différentielle, mais de valeur de la sensation par rapport au simple enseignement, introduit les concepts de bien et de mal, c'est-à-dire celui plus général de la morale. Le monde de l'homme ou de la femme est sensitif, celui d'un monde sans sensations comme celui d'une statue ou du sable est l'équivalent du contenu informationnel d'un papyrus, neutre, sans valeurs, simplement différentiel. Pourtant, la pensée en elle-même n'a pas besoin d'être sensitive, même si cela l'aide, car l'idée elle-même n'est pas obligatoirement sensitive. C'est sa réalité, sa réalisation qui le devient parfois lorsqu'elle est rapportée à l'homme par l'une de ses fonctions de sensation. Si comme une pierre, nous n'étions faits que pour constater les différences de formes, couleurs, odeurs, saveurs, lumières, voir même de la granulosité du touché, mais que quels que soient ces aspects, notre propre corps ne pouvait en être affecté d'une valeur, les notions de mal et de bien disparaîtraient sans doute, car il n'y aurait alors pas moins de bien à trancher le bras de Satis, qu'à lui faire l'amour. La valeur que nous accordons aux choses, est une pensée uniquement issue de nos fonctions sensitives. La fonction sensitive appliquée à toute unité du réel fournit une solution unique qui est un couple d'une certaine réalité du monde, comportant une différence et une valeur. Elle déplace l'être-humain selon une nouvelle dimension, un nouvel axe non plus réel ou même imaginaire, mais de valeur. L'existence des hommes et des femmes ne se suffit pas pour façonner une morale. Ce sont les seules fonctions sensitives qui déterminent notre conscience, c'est-à-dire la façon dont on se sent être soi-même. Sans cet axe de la valeur, celui de la pensée et du réel ne peuvent faire de l'homme ce qu'il est, mais uniquement une forme d'outil.

Imaginons maintenant que Satis n'ait comme seule sensation que son ouïe. Tous les bruits internes de son corps lui sembleraient familiers, les battements de son cœur, ses bruits intestinaux, les craquements de ses os, ses ballonnements et borborygmes, tous l'informeraient de façon positive sur sa condition d'être. Ils génèreraient sa conscience. A contrario, tout bruit extérieur trop fort qui couvrirait son ouïe, lui apparaîtrait comme un danger imminent, un risque ou une menace, car il s'agirait d'une sensation qui ne lui permettrait plus de s'identifier en tant qu'unité indépendante du reste du monde. Il mettrait en péril son identité, ne sachant plus si elle « est » toujours, ou « n'est » plus.

La différence de vibration que sont celles des notes de musique d'une harpe, n'a aucune valeur en soi, mais son assemblage sous la forme d'un morceau musical la rend sensible et procure quant à elle une valeur.

Imaginons maintenant que je réalise une statue en pierre à l'effigie de Satis et que celle-ci soit dotée du pouvoir accordé par les dieux de penser. La statue de Satis pourrait donc réfléchir, mais n'aurait jamais eu la moindre sensation et la question de la reconnaissance même de sa propre unité n'aurait pas de sens, pas plus que la destruction de la statue qui n'a donc aucune importance, car aucune valeur. L'unité n'engendre une conscience de soi que par le biais des sensations qu'elle analyse et pas des seuls enseignements qu'elle recueille.

Tout comme la pierre, la statue ne se sait pas, elle n'a pas conscience d'elle-même. En revanche, l'animal si. Il tente de se défendre contre toute agression, car il la discerne et se ressent lui-même.

L'homme quant à lui, non seulement ressent, mais éprouve et pense également. Ainsi il analyse ses sensations et développe selon un axe de valeurs, une morale de ce qui est bien ou mal, vertueux ou pas, beau ou pas.

Au contraire de l'homme, l'animal n'est pas un artiste dans le sens où il ne possède pas cette notion de valeur, du beau ou du bon. Il n'a pas de morale, mais simplement des sensations. L'animal n'utilise pas l'axe de la valeur, mais uniquement ceux du réel et de la sensation.

Quant à la statue, même si elle pouvait penser et faire une analyse, elle ne se sentirait et ne ressentirait en revanche rien et ne pourrait par conséquent pas davantage développer ou exercer une morale.

Penser c'est formuler une idée et celle-ci a besoin pour être imaginée d'au moins un moyen de communication. L'homme en a plusieurs à sa disposition, en fait chaque sens est un agent de formulation d'idées. Mais une idée ne peut s'exprimer sans un support.

Si Satis était maintenant aveugle, elle pourrait se faire une idée de l'arbre parce qu'elle en aurait senti l'odeur, touché sa forme et sa texture, goûté sa sève, entendu le bruit du vent dans ses feuilles, et qu'on lui en aurait fait une description orale qu'elle comprendrait par association avec les idées qu'elle a déjà mémorisées comme les notions de couleur, de forme, ou de grandeur.

Mais quelle peut bien être l'idée d'un arbre pour un être dénué de tous sens. Rien !

Bien sûr, une idée n'est pas forcément liée à la matérialité, l'idée d'un arbre est celle consistant à formuler une représentation d'un objet physique concret et existant. Mais une idée peut être totalement imaginaire, c'est-à-dire abstraite. Mais là encore, elle s'exprimera toujours selon un support - un mur ou un papyrus. Des outils de communication ont été inventés par l'homme pour faciliter l'expression de ses idées, c'est tout l'objet du langage par exemple. Mais celui-ci fait appel à un assemblage des sens : de l'ouïe et du toucher avec la langue, voire éventuellement du goût, ou encore celle de la vue en utilisant une gestuelle. L'écriture fait quant à elle appel à la vue, ainsi qu'au toucher pour les hiéroglyphes gravés dans la pierre. L'abstraction que représente par exemple le mot « idée » est impossible à décrire sans faire appel à un assemblage de mots exprimés dans une langue écrite ou orale. Par conséquent, la pensée de « l'idée » n'existait pas avant que l'homme ne lui ait donné un sens, au moins par la parole. Et cela est généralisable à toutes les formes d'abstraction. Même une idée du réel, a besoin pour être une représentation de celui-ci, d'au moins l'un des sens de l'homme, car sinon elle est informulable et n'existe donc pas.

Dans le cas d'une abstraction pure, nous avons besoin d'un outil de communication supplémentaire, associé à l'un de nos sens. La pensée d'un nombre par exemple, ne s'exprime que comme la différence d'une quantité. On la comprend par le langage écrit ou oral, mais « le nombre », au contraire de la quantité, « deux » par exemple, ne s'exprime pas selon un sens quelconque. Pour penser une idée, encore faut-il pouvoir l'exprimer par un sens, et parfois l'un de ses outils de communication associé. Un autre de ces outils en dehors de ceux du langage et de l'écriture est de mon point de vue l'art, qui peut aussi parfaitement faire passer une idée en utilisant une émotion.

Ainsi, en plus de fournir à la statue de Satis la capacité de se savoir être, se sentir soi-même, voire de reconnaître son environnement extérieur, faudrait-il encore lui associer un moyen de communication - le plus simple étant celui du langage écrit du scribe. Mais tout ça ne suffirait pas encore, il faudrait de plus que cette statue cesse de n'être que passive, mais bien active vis-à-vis de son environnement pour pouvoir interagir avec lui. Il lui faudrait ainsi une volonté. Si une statue n'a aucune raison d'être, pourquoi le serait-elle ? Pour toutes ces raisons, je nous crois en effet assez différents d'une statue, et peu importe qui elle représente et quelle symbolique on lui attribue. »

*

Après ce nouveau récit d'Hehou, Tal fut la première à prendre la parole.

— J'ai lu quelque part, dit-elle, que les arbres ont une perception d'eux-mêmes et de l'environnement qui les entoure. Ils semblent par exemple disposer de capteurs *leur permettant de pousser verticalement en toutes circonstances et de savoir s'adapter à n'importe quelle pente. D'autres plantes dites sensitives perçoivent les dangers et peuvent se rétracter très rapidement pour se protéger. Et que dire de plus des fleurs comme les tournesols qui suivent la course du Soleil. Je ne sais trop si c'est aujourd'hui bien clair pour chacun, mais certains éthologues semblent avoir montré que non seulement les arbres pensent, mais communiquent même entre eux.*

— Je suis persuadée, lui répondit Neith, que si le rythme des plantes nous apparaît beaucoup plus lent que le nôtre ou que celui des animaux, il semble que la faculté de ressentir son environnement puisse également émerger chez certains végétaux.

Même si je n'en fis pas mention, j'étais en parfait accord avec ces positions de Tal et Neith. Je n'étais initialement pas un grand connaisseur du monde des plantes, mais j'avais en effet pu moi-même observer certains phénomènes qui m'avaient quelque peu troublé. Depuis peu, je ne percevais plus les plantes comme j'avais pu le faire jusque-là, ce qui m'amenait d'ailleurs à me poser des questions sur l'éthique du végétarisme. Car si les plantes ressentaient finalement ce qu'on leur faisait subir, nous n'avions plus aucune solution morale pour survivre sans détruire la vie...

— D'un point de vue physique, dis-je, la pensée est dans tous les cas la cause d'une dépense d'énergie. Il faut du sucre pour formuler une pensée. Et du fait de

l'équivalence masse - énergie, on peut considérer que penser, rêver, ou imaginer, n'est qu'une autre forme de la masse et de la matière. Et si on transforme de la masse de sucre en pensées, alors on doit aussi pouvoir faire l'inverse. Le monde des concepts, des rêves et de l'imaginaire devrait pouvoir se transformer et se gérer simplement comme de l'énergie.

J'allais développer plus avant mon idée sur la question, mais Tal m'interrompit brusquement :

— Pour moi, dit-elle, la symbolique est cependant très importante par ce qu'elle représente. C'est sans doute mon côté marketing qui parle. Je ne mets bien sûr pas sur le même pied d'égalité un homme et sa statue, mais nous sommes choqués lorsqu'on détruit une statue, ou même lorsque le cartouche d'un Pharaon a été effacé. Je ne sais pas ce que vous en pensez, mais pour moi, il existe comme un manque à observer la Vénus de Milo sans ses bras.

En revanche je suis aussi pleinement d'accord avec la description de Mery, lorsqu'il présente son analyse des sensations et de leurs conséquences au regard de la morale que nous avons développée. Il n'est pas du tout impossible que si nous disposions d'un autre sens, comme celui de l'écho localisation des dauphins par exemple, les valeurs que nous appliquerions au monde qui nous entoure en seraient très certainement chamboulées. Je dis peut-être n'importe quoi, mais nous porterions aussi plus d'intérêt par exemple à l'état de santé de notre propre corps si on pouvait comme un scanner ressentir davantage son bon fonctionnement ou même sa beauté intérieure.

Anita semblait perplexe. Elle laissa Tal terminer, mais on sentait bien qu'elle n'était pas entièrement convaincue.

— *Tu as raison Tal, mais je crois qu'il ne faut pas mélanger émotion et sensation.*

— *Excuse-moi ma jolie, interrompit cette fois sèchement Tal, à l'encontre d'Anita. Je n'ai pas l'impression d'avoir dit le contraire. Tu me sembles interpréter un peu trop rapidement les propos de chacun autour de cette table. Personnellement, je n'ai jamais parlé d'émotion jusqu'ici.*

— *Je me demande si tu ne ferais pas bien de boire un peu moins d'alcool ma chérie, lui répondit calmement, mais fermement Anita.*

Tal avait de nouveau un comportement étrange. Elle paraissait quelque peu acerbe et paranoïaque. Après avoir agressé plus ou moins gratuitement Horus, Anita et Neith en début de repas, elle s'en prenait à nouveau à l'instant à Anita. Chacun ressentait dès lors une certaine animosité entre les deux jeunes femmes, car Anita ne semblait nullement vouloir se laisser faire.

— *Si tu me permets de poursuivre, rajouta Anita, je pourrais peut-être aller au bout de mon raisonnement ?*

Lorsqu'une statue est détruite, nous sommes certes affectés, mais pas tellement par ce que la statue est en elle-même, mais plutôt par la symbolique qu'elle représente, la culture, la beauté, voire la civilisation à laquelle elle appartient. La sensation est une chose, mais l'émotion en est une autre et je crois que c'est ce que veut dire Mery lorsqu'il parle de l'axe de la valeur comme une nécessité de la morale. Je pense que ce qui fait justement la différence entre la sensation et l'émotion, c'est bien que l'émotion appose une échelle de valeurs sur les sensations, en plus du simple ressenti. Et que dire alors de l'amour ? Est-ce une simple sensation ? Aucun de nos sens ne nous rend amoureuse. Nous ne sommes pas amoureuses par la vue, l'ouïe ou l'odorat. Au mieux, on peut être excitée par un sens, mais pas amoureuse.

— *Non c'est certain, ajouta Tal, et il vaudrait mieux d'ailleurs parfois se cacher les yeux, ou se pincer le nez...*

Tout le monde se mit à rire de bon cœur, et même Anita semblait amusée, avant qu'elle ne reprenne.

— *Tu vois Tal nous ne sommes finalement pas en désaccord, il ne servait donc à rien de t'énerver... Néanmoins, je ne parle pas ici de faire l'amour, mais plus simplement d'être amoureuse. Peut-on encore dire qu'il s'agit là d'une émotion, comme d'un ensemble de valeurs que nous apposons sur des sensations ?*

Anita, à la vue de tous et à ma plus grande stupéfaction, se tourna brusquement vers moi. Elle me prit alors doucement ma main qui était posée sur la table, pour la retourner, paume en l'air et venir l'effleurer de la sienne, la tenant à quelques millimètres, sans la toucher. Tout le monde sembla soudainement très intéressé par cette expérience qui réveilla ceux qui commençaient à s'endormir. Je fis une physionomie apeurée, les yeux grands ouverts. J'attendais avec une certaine appréhension la suite de l'expérience dont j'étais manifestement la proie, me prêtant cependant volontiers au jeu. Anita me fixant de ses yeux gris-bleu parsemés d'étoiles, exhalait sur moi son sourire enjôleur et son charme envoûtant.

— Je ne te touche pas en ce moment, me dit-elle. Je ne suis qu'à quelques millimètres de ta peau. Que ressens-tu alors petit robot ?

D'une façon calme et posée, je lui répondis très facilement.

— Je suis amoureux Anita…

Un grand éclat de rire se fit autour de la table, durant un laps de temps qui me parut une éternité. Anita reprenant progressivement son sérieux continua sans se départir de son calme.

— Le contraire serait anormal, lança-t-elle en affichant une grande sérénité, et alors que les rires redoublaient… Mais quelle est cette sensation ? Comment la décrirais-tu ? Quelle valeur mets-tu dessus ?

— *Tout d'abord, prétextai-je en tentant de trouver une échappatoire, ton expérience est totalement truquée Anita, car même si tu ne me touches pas, je te vois très bien, t'entends parfaitement et peux même sentir ton parfum… donc trois de mes cinq sens sont encore affectés par ta présence.*

— *Bien, retourne-toi, ne me regarde plus, je ne te parle plus et ne respire plus non plus !*

Là encore, je m'exécutai en réalisant toutes les actions qu'elle m'avait demandées, mes compagnons de dîner continuant de s'exclamer et de rire aux larmes. Je regardais maintenant Tal, en tentant moi-même de conserver au maximum mon sérieux. Au bout d'un long moment d'analyse et de réflexion, peut-être vingt ou trente secondes sans respirer, je me retournai à nouveau dans l'hilarité générale.

— *Oui, mais ça ne marche pas non plus, car même si je ne te vois plus, je sens que tu es derrière moi. En outre comme je suis bêtement amoureux, je suis incapable d'expliquer ce que je ressens. Mon cerveau n'a plus toutes ses facultés. Je suis totalement embrouillé, mes connexions neuronales ne se font plus, mon processeur principal est hors service, ma carte mère vient de buguer, la carte graphique me montre tout plein d'étoiles scintiller dans le ciel de Nout. Je parle pour ne rien dire, je ne sais d'ailleurs pas ce que je dis. Ce n'est peut-être plus moi qui suis moi, qui suis-je en fait ? Aidez-moi au secours !*

Tal qui eut pitié de moi, me remit dans l'axe de la table et intervint pour me sauver en invectivant à nouveau Anita.

— Tu n'as pas bientôt fini de jouer avec lui ? De toute manière, tu nous l'as tout abîmé ! Cesse donc de le regarder ainsi fixement. On dirait un crocodile carnassier qui va bondir sur sa proie. Admire le résultat, il n'est plus bon à rien maintenant notre physicien… et nous ne pouvons plus rien tirer de cette expérience.

Je dus faire une pause en m'absentant à nouveau un instant pour m'asperger d'un peu d'eau sur le visage. Je restai là un moment devant la glace. Je me trouvais soudainement très âgé. La nuit de Nout tirait mes rides et creusait mon visage. J'avais pourtant plutôt bien joué le jeu d'Anita, dévoilant ouvertement mes sentiments, sur un fond de plaisanterie agréable. Plus encore j'avais aimé jouer ce jeu avec elle, mais il me fallait maintenant revenir à la raison. Je n'étais pas en Égypte pour tomber amoureux de qui que ce soit. J'étais suffisamment mature pour ne plus me laisser prendre aux jeux de l'amour et du hasard. Et aussi attrayante fut-elle, Anita ne devait plus me perturber ainsi, d'autant que la présence d'Horus si elle était réelle, était bien plus importante pour moi vis-à-vis de ma connaissance du cosmos et du regard que je portais sur le monde. Je devais profiter au maximum de la présence d'Horus et mettre de côté mon attirance pour Anita.

Lorsque je revins à table, la tension entre Tal et Anita semblait toujours présente, mais je n'y prêtai pas réellement attention. Mes nouveaux amis m'avaient commandé un cognac pour me remettre de mes émotions. Cela me donna la force d'affronter le regard de la belle, pour lui signifier que je pouvais parfaitement tenir ainsi toute la soirée en contrôlant mes émotions et que je ne me laisserai plus embobiner par son charme magnétique.

Mais… elle s'en fichait manifestement et me souriait comme à son habitude, toujours aussi ravissante…

Chapitre 12 : Quand sommes-nous ?

Hehou avait repris son récit de l'histoire de Mery, mais je dois avouer qu'il me fallut davantage de temps pour me remettre de mes émotions. Je n'écoutais plus vraiment. J'étais comme tétanisé, certainement fatigué et quelque peu perdu dans un brouillard mental. J'observais l'ensemble de la table, mais ne voyais plus ses convives. Je dus me concentrer davantage en focalisant toute l'énergie qui me restait sur la seule narration de notre hôte, afin de retrouver un sens à la discussion entre Mery et Ounnefer.

« Il y a deux jours, dit Mery, en écoutant vos prières sous le chant musical et la harpe de Satis, je me suis laissé aller à de nouvelles divagations ô grand prêtre. Je me suis posé la question de la chronologie des choses. Pourquoi donc vos paroles et ce chant formaient en moi un mélange si mélodieux ?

J'ai repensé à ce monde - somme de la matière, de l'espace et du temps - organisé selon une loi de la destruction du vide. Mais qu'était réellement le temps par rapport aux autres composants que sont la matière et l'espace ? On peut toucher et sentir la matière, on peut encore se représenter intuitivement l'espace comme une structure dans laquelle se meut la matière, mais qu'en est-il du temps ?

Je me suis notamment demandé pourquoi les notes de la harpe, le chant de Satis, ou vos propres paroles ô grand prêtre, parvenaient à moi comme une séquence discontinue de composés élémentaires du temps. Sont-elles transportées par le temps jusqu'à mes oreilles comme une caravane de dromadaires peut le faire ? Notez bien que si tel était le cas, cette caravane devrait être extrêmement rapide, car il se passe très peu de temps entre le moment où la corde de la harpe est pincée par Satis et le moment où je l'entends. Pourtant, la cause de l'un est bien la conséquence de l'autre. Mais ce qui m'a avant tout intrigué, est la façon dont le temps nous restitue les notes musicales. Lorsqu'une caravane de dromadaires décharge ses marchandises, elle le fait dans un désordre total. Les premières marchandises empaquetées, ne sont pas forcément les premières à nous parvenir. Par ailleurs un dromadaire est déchargé en même temps d'une quantité importante de fruits, sans qu'on ne se préoccupe de l'ordre dans lequel ils ont été placés sur son dos. Ainsi, on réceptionne simultanément des centaines de dattes empaquetées et nous serions bien incapables lors de cette opération de manutention de savoir quelle datte a été cueillie la première. Ce n'est manifestement pas comme cela que fonctionne l'écoulement du son dans le temps. Si Satis pince deux cordes en même temps, je les entends bien simultanément, alors que si elle les pince les unes à la suite des autres, je les entends de façon consécutive. Le transport des notes par le temps conserve donc l'ordre de leur émission. Et c'est quelque chose de déjà prodigieux ! C'est comme si chaque note jouée n'était portée que par un seul dromadaire, mais que lorsque Satis pince en même temps deux cordes, le dromadaire sait qu'il faut en prendre deux et pas une seule. Enfin lors du transport des notes, la caravane des dromadaires évolue selon une file continue, sans que jamais aucun dromadaire ne dépasse son voisin. Imaginez un peu ô grand prêtre la cacophonie à laquelle cela conduirait si jamais un dromadaire ralentissait ou accélérait...

— Il est vrai Mery, lui répondit Ounnefer, que cette caravane du temps ne se trompe jamais. Je n'y avais jamais spécialement réfléchi en ces termes, je dois dire...

— Merci ô grand prêtre et veuillez noter je vous prie que, ce qui est vrai du transport des notes au sein de cette caravane du temps, l'est tout autant du transport de la représentation, à savoir l'image que j'ai de Satis qui pince les cordes de sa harpe. Il semble coexister une autre caravane, qui cette fois se déplace jusqu'à mes yeux et décharge au moins aussi vite que les notes, des représentations, des peintures de Satis jouant de sa harpe. Et mieux encore, les deux caravanes, celle des notes et celle des représentations de Satis, semblent faire ce travail en parfaite synchronisation, de telle sorte que lorsque je vois Satis pincer sa harpe, j'entende également la note qui a été jouée. Cela m'amène donc à penser qu'il ne s'agit que d'une seule et même caravane et que la fonction de mes oreilles est de décharger les notes,

pendant que celle de mes yeux est de décharger les images représentant Satis.

Le temps est un travailleur fabuleux et infatigable qui ne se trompe jamais. Si nos caravanes de dromadaires fonctionnaient ainsi en continu, notre Temple serait approvisionné de façon incroyablement régulière.

— Oui, cependant j'émets juste un constat contraire Mery, car lorsque l'orage gronde dans le ciel de Nout et que celle-ci lâche ses terribles éclairs, le temps semble apeuré, car le son de l'éclair nous parvient souvent avec un léger retard. Tu pourras faire cette constatation en montant sur le toit du Temple lors d'un déluge en janvier prochain.

— Je vous crois ô grand prêtre, et je ferai cette expérience qui semble toutefois effrayante, car si le temps lui-même a peur et est quelque peu désorienté, je pense qu'il vaut mieux ne pas trop contrarier Nout. Si tel est le cas, cela signifierait qu'il y aurait plusieurs caravanes différentes synchronisées pour chaque nature du monde matériel. Ce fonctionnement me semble encore plus extraordinaire !

Mais comme toujours désormais ô grand prêtre, je vous propose maintenant de changer de paradigme, en nous positionnant à la place ou aux côtés du temps. Que représente alors sa vision de l'espace et du mouvement de la matière ? C'est un peu comme s'il fallait se placer du point de vue d'un des dromadaires de la caravane.

Imaginons que notre dromadaire de la caravane du temps se déplace dans l'espace de façon continue et linéaire sur une ligne droite qui va de la harpe de Satis jusqu'à mon oreille. De son point de vue, le dromadaire voit la harpe s'éloigner progressivement et mon oreille au contraire se rapprocher. Ainsi chaque entité matérielle, bien qu'immobile l'une par rapport à l'autre dans l'espace, se déplace selon une vitesse qui semble constante par rapport au temps. Tous les éléments matériels qui sont pour nous immobiles dans l'espace se retrouvent animés d'une vitesse sans doute très rapide pour notre dromadaire du temps. Et cette vitesse est constante pour conserver la synchronisation des événements. La caravane du temps voit ainsi défiler devant elle le paysage de l'immobilité de la matière dans l'espace. Et pour qu'elle puisse voir un élément matériel qui soit immobile par rapport à elle, il faudrait que celui-ci se déplace dans l'espace à une vitesse égale à celle du temps et dans la même direction que celui-ci.

Je pense qu'il est intéressant de se rendre compte que le temps et l'espace sont relatifs l'un par rapport à l'autre. Lorsque l'un se met en mouvement, l'autre l'est également dans un mouvement contraire.

Ce qui pose ici la question de la direction du temps. Ce dernier ne semble pas pouvoir se mouvoir comme nos caravanes de dromadaires qui montent et descendent les dunes de sable ou les contournent par la droite ou la gauche. Le déplacement du temps ne se fait que du passé vers le futur, selon une seule direction comme sur une ligne droite. Aussi pour se retrouver immobile dans le temps, faudrait-il à l'espace se déplacer aussi vite que lui et dans le même sens, vers le futur. Alors de leur point de vue la matière ne bougerait plus et le monde serait comme figé à tout jamais, car pour qu'un mouvement ou un changement se produise, il faut que le temps puisse se mouvoir par rapport à l'espace. Rien ne bougerait. Il n'y aurait aucun mouvement possible, bien qu'il ne nous serait pas possible de dire si le temps et l'espace seraient tous les deux immobiles dans leur environnement extérieur - sans doute le vide - ou s'ils s'écouleraient simplement tous les deux à la même vitesse, dans le même sens.

Dans notre monde, nous pouvons simplement dire que le temps et l'espace ne s'écoulent pas à la même vitesse dans la direction du temps. Et cette différence de vitesse entre les deux est la raison même du mouvement possible de la matière dans l'espace. C'est cette vitesse entre l'espace et le temps qui libère le mouvement et même tout changement de la matière dans l'espace.

La question suivante est alors : la caravane du temps ne voit-elle jamais que le présent, ou bien constate-t-elle aussi l'ensemble du passé, du présent et du futur ?

Imaginons que Satis dans un élan de joie intense, lance dans les airs sa harpe, avant qu'elle ne retombe par terre et ne s'écrase en mille morceaux. Notre caravane du temps qui s'est déplacée dans l'espace, du passé jusqu'au présent, devrait voir à un endroit précis et fixe de l'espace, l'ensemble de tous les événements qui se sont passés à cet endroit. C'est-à-dire simultanément la harpe, mais aussi, rien, car la harpe serait partie ailleurs à un autre endroit dans les airs, et enfin un morceau cassé de celle-ci, le reste de la harpe ayant disparu en des points de l'espace différents. En effet, tout comme dans l'espace, à un instant donné, nous pouvons regarder ce qui se passe sur toute la longueur dans une direction donnée, puis nous retourner dans la direction contraire pour observer de l'autre côté, la caravane du temps peut sans doute observer tout ce qui s'est déjà passé jusqu'ici, en un point donné de l'espace. En revanche, il est difficile de dire si en se retournant elle peut aussi voir ce qui ne s'est pas encore passé, ce qui doit se dérouler dans le futur...

Faisons donc pour aller plus loin une nouvelle expérience de pensée. Imaginons maintenant que la caravane du temps parcoure ou traverse un endroit fixe de l'espace. En ce sens, elle anime la matière contenue dans cet espace, en libérant son mouvement au cours de son déplacement. Mais la caravane du temps exerce et opère cela en permanence. Elle s'attelle à ancrer et coordonner ses dromadaires les uns derrière les autres, de façon continue. Donc pour le premier dromadaire qui vient de franchir cet endroit et qui est déjà maintenant à un autre temps, si cela est possible, il lui suffit de tourner sa tête pour observer ce que le dromadaire suivant fait. Et inversement, ce nouveau dromadaire peut observer à l'avance ce qui se passe auprès du dromadaire qui le précède. Par conséquent, dans l'hypothèse où les dromadaires de la caravane du temps peuvent observer leurs congénères, le monde serait entièrement prédéterminé et ce n'est pas du tout impossible, car il se peut aussi que plusieurs caravanes du temps différentes coexistent. Si tel était le cas, et étant donné leur relativité les unes par rapport aux autres, alors là encore le futur de l'une pourrait très bien être le passé de l'autre. »

*

Hehou me fit comprendre par un simple geste que son récit déjà formidable s'arrêtait malheureusement là. J'enchaînai donc par un long monologue.

— La question du temps, dis-je, est un vieux serpent de mer en physique, qui reste encore très clivant, avec différentes écoles de pensée et bien peu de réelles certitudes. Je crois en premier lieu qu'il est important de rappeler qu'il ne faut pas confondre les phénomènes temporels et le temps lui-même. En se plaçant du point de vue du déplacement des notes de musique, Mery fait une erreur, car il se met à la place du déplacement de l'onde sonore, qui est un phénomène temporel, mais n'est pas le temps lui-même. Toutefois, il corrige ensuite cette erreur dans d'autres expériences de pensée qu'il semble faire et, en cela, j'y vois un potentiel très intéressant.

Il me faut en premier lieu, je crois, expliquer le point de vue d'Einstein sur le temps. Il en avait une vision complètement révolutionnaire pour son époque et sans doute encore aujourd'hui - entièrement intriquée avec celle de l'espace. Et je crois en définitive, que plus de cent ans plus tard, peu de gens ont finalement assimilé cette vision du monde. Il s'agit ici de celle de « l'univers bloc » à quatre dimensions, dans lequel l'espace et le temps sont totalement indissociables et où tout point matériel de l'espace est associé à un temps qui lui est propre. En ce sens le présent ou la simultanéité des événements n'ont plus vraiment de sens, puisqu'ils ne sont une réalité que pour un temps propre donné, uniquement à un endroit précis de l'espace, mais pas partout à l'identique dans tout l'espace. Le temps universel de Newton a disparu. Dans cette théorie parfaitement éprouvée par de très nombreuses expériences, on peut dire que le temps, tout comme l'espace d'ailleurs, n'existent plus réellement, mais qu'ils ne se comprennent que dans le rapprochement de leurs deux notions, autour d'un nouveau concept commun et unique, celui de « l'espace-temps ».

Cette notion de « temps propre, lié à un point précis de l'espace ou à un objet matériel » conduit au principe de la relativité restreinte dont les effets se font sentir lorsque le mouvement des objets dans l'espace se rapproche de la vitesse de la lumière. Toutefois, ces effets restent une vue de l'esprit, un regard dans un référentiel donné qui se déplace à une vitesse très rapide par rapport à un autre référentiel dans lequel on fait une mesure. Comme précédemment expliquées, les transformations de Lorentz - qui je vous le rappelle, ne sont rien d'autre que les équations mathématiques de ce changement de référentiel - nous montrent qu'on observe une contraction de la longueur et une dilatation de la durée mesurées dans un référentiel, à partir duquel on observe un autre référentiel qui se déplace par rapport au premier avec une vitesse non négligeable, proche de celle de la lumière. Cela démontre la relativité de nos mesures au regard des référentiels dans lesquels on opère. Mais cela ne remet pas en question les natures physiques de la longueur et de la durée mesurées. Ce sont bien les mêmes longueurs et durées qui prennent simplement des valeurs différentes dans deux référentiels en mouvement très rapide l'un par rapport à l'autre.

Pour être plus précis, nous devrions dès lors uniquement parler « d'événements » se déroulant dans l'espace-temps, un événement étant un couple d'informations spatiale et temporelle. À titre d'exemple, ce dîner que nous partageons ensemble est un événement qui se situe spatialement sur la Terre et plus précisément à Louxor, au temps propre de ma montre qui marque maintenant une heure quinze du matin.

En revanche, ce qui est vraiment intéressant avec cette notion d'univers bloc, c'est que le passé, le présent et le futur sont une seule et même réalité de notre monde, et c'est déjà ce que suggère ici Mery par sa simple réflexion il y a trois mille quatre cents ans. En effet, si Anita se trouvait par exemple catapultée dans une galaxie très très lointaine, et que nous en faisions une première observation avec un télescope, nous la verrions du fait de nos temps propres distincts et respectifs telle qu'elle serait à un instant donné que je vais considérer être son présent, sans qu'il ne me soit vraiment possible de le déterminer par rapport à ma propre montre. Mais plus important encore, si nous cherchions maintenant à nous rapprocher, si nous nous déplacions vers elle à l'aide *d'une fusée par exemple, en réalisant la même observation, nous la verrions maintenant telle qu'elle serait dans un futur de l'instant précédemment mesuré. Et notez bien que ni elle, ni nous n'y serions pour quoi que soit. Il s'agit juste de deux mesures d'une même observation faite dans des conditions de mouvement différent par rapport à l'objet évalué. Cela nous montre que le futur d'Anita existe déjà tout autant que son présent ou son passé.*

Dans cette description d'Einstein, le monde est donc comme entièrement prédéterminé, depuis le Big-bang jusqu'à la fin de l'Univers et nous ne faisons que lire son histoire à partir d'un endroit de son espace et donc d'un temps qui nous est propre. Mais n'importe qui peut en faire une autre lecture et s'il est suffisamment éloigné spatialement de nous, il pourra observer, selon son sens de déplacement par rapport à nous, soit notre passé, au début du dîner, soit notre futur, lorsque ce dîner sera déjà terminé. Ce qui tend bien à prouver que ce dîner et tout ce qui va se passer est déjà écrit, sans que nous n'en ayons conscience, car nous ne contemplons jamais que le présent de notre temps propre. Dès lors, tout déplacement dans l'espace est aussi un déplacement dans le temps. En effet, si nous ne nous déplaçons pas par rapport à notre temps propre qui reste toujours l'instant présent, en revanche en marchant simplement dans l'espace, nous nous déplaçons par rapport au temps propre qui se trouvait à l'origine de notre déplacement. En m'éloignant par exemple de cette table pour aller à l'autre bout du bateau, j'observerais des événements plus anciens que ceux qui ont continué de se dérouler au temps propre de cette table. Au quotidien nous ne le ressentons pas, car cette différence est infime pour de si petites distances et nos vitesses de déplacement restent très faibles, mais nous avons pu mesurer ces écarts avec des horloges atomiques très précises.

Malgré le succès avéré des expérimentations de la relativité restreinte, d'autres scientifiques ont remis en question cette façon de voir. Certains se sont posés la question de savoir si le temps n'était pas plutôt une propriété de la matière et/ou même de notre esprit. Est-ce que le temps a encore une réalité dans un espace vide, sans énergie ? Cela nous ramène à la question que nous avons étudiée précédemment, de ce qu'est le vide temporel. Comme l'a montré la physique quantique, il n'est pas facile de raisonner comme cela, car le vide quantique - comme nous l'avons déjà vu - ne permet pas dans notre monde de supprimer entièrement l'énergie du vide. Par conséquent, on ne sait pas faire la différence entre un espace vide et un espace avec de l'énergie. Comment dès lors démontrer si le temps est indépendant de tout ou s'il est une propriété de l'espace ou de l'énergie ? Comment savoir si le temps peut « être » en soi, seul, ou s'il ne convient de le concevoir qu'en liaison avec l'espace ou l'énergie ?

Une autre possibilité est de considérer - comme nous l'avons également déjà proposé je crois - que le monde peut être décrit selon nos trois dimensions de l'espace, de l'énergie et d'un vecteur de mouvement ou de *changement, tel que la vitesse. Plutôt que de choisir comme Newton, le temps comme paramètre de référence, on choisit ici de prendre la vitesse, c'est-à-dire le mouvement comme référence. Le temps devient alors une simple loi de la physique dans ce nouvel « espace-changement ». En considérant qu'il y a treize virgule huit milliards d'années, le mouvement « n'était » pas encore, quelque chose a déclenché celui-ci, ce que l'on a traduit par la formalisation du temps. Mais cela ne fait de mon point de vue que déplacer le problème du moteur du temps, vers celui de l'origine du mouvement ou du changement. Je ne sais donc pas trop si cela apporte vraiment quelque chose de nouveau à notre vision du monde.*

On voit bien toutefois que le temps et le mouvement sont intimement liés. Personnellement je me suis souvent posé la question de savoir si le temps n'était pas le fruit d'une sorte de régénération de l'espace. Je m'explique : en imaginant un espace formé de quanta d'espace - de cellules d'espace aussi petites soient elles - étant donné qu'il n'y a rien dans ce monde de stationnaire, on peut facilement imaginer que ces cellules élémentaires d'espace, ne soient pas plus statiques que le reste. Mais parler d'un mouvement de ces cellules d'espace qui se déplaceraient les unes par rapport aux autres, reviendrait déjà à introduire un temps. En revanche, l'établissement ou la création de ces cellules avec des opérateurs quantiques de création et d'annihilation d'espace, permettrait, sans aucun mouvement, de faire émerger une dynamique (apparition, et disparition des cellules d'espace) et ainsi former un certain moteur constitutif du temps. Si cette dynamique de « régénération » ou de « renouvellement » des quanta d'espace se fait à la vitesse de la lumière (même si on ne peut pas parler ici de vitesse, puisque le temps n'existe pas encore) alors je pense possible de voir émerger le temps tel que nous le concevons. Mais je sais parfaitement que je n'apporte ici aucune preuve. Il ne faut donc surtout pas considérer dans cette proposition, un modèle éprouvé comme peut l'être celui de la relativité restreinte. Ce ne sont que des conjectures. Il faudrait introduire cette notion au sein d'une théorie mathématique de la gravitation quantique pour juger de la pertinence de l'idée.

Celle-ci se rapproche d'ailleurs assez de celle du temps que certains physiciens actuels proposent, lorsqu'ils annoncent que le temps n'existe pas en soi, mais qu'il n'est qu'un phénomène émergent, issu de relations causales ou ordonnées, selon la statistique macroscopique du monde. Je vais m'expliquer sur ce sujet, mais j'avoue que cette partie est un peu complexe, veuillez donc m'en excuser par avance...

Depuis quelques années déjà, des physiciens tout à fait respectables précisent, du fait de la seconde loi de la thermodynamique de Boltzmann, que c'est l'entropie qui est à l'origine du temps. L'entropie - pour ceux qui l'ignorent - est ce phénomène physique qui caractérise le niveau d'organisation d'un système et qui montre que le monde évolue statistiquement d'un état ordonné vers un état plus chaotique. Une goutte de lait versée dans du thé se dilue au cours du temps pour se répartir uniformément *dans la tasse. Elle passe naturellement d'un état ordonné et hétérogène où tout le lait se trouve concentré en un seul endroit, à un état plus chaotique et homogène où il s'est diffusé partout, uniformément dans la tasse. Et personne n'a jamais vu le processus inverse, où à partir d'un thé au lait, ce dernier viendrait s'amasser ou se concentrer pour former spontanément une goutte dans un coin de la tasse… Pourtant, il n'y a pas d'interdiction physique à cela, autre que justement la loi de Boltzmann qui intervient ici comme un constat. Mais personnellement, je pense que cette position est un peu confuse ou du moins pas assez argumentée à ce stade. Il est vrai que l'on observe globalement que tous les systèmes isolés passent d'un état d'entropie bas, à un état d'entropie plus élevé. Le monde est ainsi fait, il ne cesse spontanément de tendre vers le désordre, de se désintégrer et de s'étendre. Mais je suis d'avis qu'il ne pourrait rien faire de tout cela, si justement le temps n'existait pas déjà, car tous les processus et transformations physiques que l'entropie met en évidence, demandent du temps. L'entropie peut aussi être vue comme un phénomène physique qui consomme du temps et trahit sa nature, sans pour autant en être la cause. Le temps peut être vu ici comme le carburant de l'entropie. Lorsqu'elle a utilisé tout son carburant, l'entropie est à son maximum et certes les phénomènes temporels n'existent plus, mais le temps disparaît-il pour autant dès lors que l'entropie est maximale ? Je n'en n'ai pas l'impression. Par ailleurs, quelle est la cause de la disparition des phénomènes temporels ? L'entropie ou le temps ? En imaginant que c'est l'entropie, alors quel est le moteur de l'entropie ? Ne déplace-t-on pas là-encore simplement le problème du temps, vers un autre problème ? Je sais que ce n'est pas la position de tout le monde, mais pour ma part, l'entropie ne me semble pas pouvoir être considérée comme le moteur du temps. Ce n'est qu'une loi, un processus physique, qui transforme la matière ou l'énergie d'un état ordonné, dans un état plus désordonné et qui utilise pour ce faire le temps comme celui du mouvement d'une particule ou celui d'une planète. En outre, si le temps n'existe plus, faut-il parler d'espace-entropie ? Qu'est-ce alors que l'espace-entropie ? Par ailleurs la courbure de l'espace-temps, c'est-à-dire la gravité, est un processus qui tend à inverser l'entropie. Les nuages gazeux soumis à la gravité se rassemblent et forment des structures telles que les galaxies, les étoiles et les planètes, dont le niveau d'entropie est plus bas, plus ordonné que les nuages gazeux dont elles sont issues. On a donc un paradoxe de plus à traiter, car si l'entropie, qui augmente globalement dans notre Univers, est la cause du temps, la courbure de ce même espace-temps est la cause d'une entropie plus basse. Une entropie plus haute, celle d'un espace-temps en expansion a donc eu pour conséquence, au moins localement, une entropie plus basse. On peut imaginer que le temps est comme l'entropie un phénomène statistique ou du moins un phénomène émergent. Mais quelle est la raison de considérer le temps comme une conséquence de l'entropie ? Tout cela ne me semble pas très cohérent... mais il se peut aussi qu'il s'agisse d'un épiphénomène local, ou tout simplement encore que je n'ai rien compris à l'argumentation donnée par ces grands physiciens... Il faut savoir rester humble ici... Ce sujet est l'un des plus passionnants, mais aussi des plus compliqués je crois.*

Pour moi, l'entropie est un phénomène physique qui agit de façon effective lorsqu'il n'est pas contrarié par un autre phénomène qui lui est - au moins localement - plus puissant. Mais pour un système local donné, l'entropie n'est pas toujours la loi de l'Univers qui domine. Tout comme la création des galaxies, celle d'un être-humain issu de particules élémentaires par exemple, est réalisée à partir d'un système entropique plus élevé - plus chaotique - que lui-même. Pourtant, il est possible de créer un humain ou une galaxie et je ne crois pas que ces processus remettent pour autant en question le temps qui est ici toujours nécessaire, ni même la flèche du temps, car que l'entropie augmente ou diminue, le temps « s'écoule » quant à lui toujours dans le même sens, du passé vers le futur. Or s'il est possible d'inverser localement l'entropie d'un système donné, il n'est jusqu'ici pas possible d'inverser le sens du temps car cela reviendrait à violer le principe de causalité.

Mais reprenons maintenant l'hypothèse de Mery que j'ai trouvée très intéressante et qui consiste à décrire le temps comme un écoulement réel dans l'espace. En effet, contrairement à ce que nous a enseigné Newton, pour nous, le temps ne s'écoule pas. Nous sommes toujours à l'instant présent. C'est donc l'espace qui s'écoule, et qui disparaît dans le passé et se régénère à chaque instant présent.

Dans un espace en trois dimensions, imaginons que le temps soit simplement l'une d'elles, que l'on peut représenter à la façon newtonienne, selon une droite. À n'importe quel endroit de cette droite, plaçons un point qui définit l'instant présent et sépare par là-même, ladite droite, en deux parties distinctes : ce qui se trouve d'un côté du point présent et que nous allons appeler « le passé » et ce qui se trouve de l'autre côté, « le futur ». En faisant une nouvelle expérience de pensée, imaginons maintenant dans cet espace en trois dimensions, que le temps se déplace selon la direction de la droite que nous venons de définir, en avançant du passé vers le futur, comme ces grands tapis-roulants que l'on trouve dans les aéroports, avec une vitesse constante par rapport à l'espace bidimensionnel restant. Et oui, il faut vivre avec son temps, les dromadaires sont moins parlants et plus aléatoires dans leurs déplacements... Pour une question de visualisation, je propose d'oublier temporairement la dernière dimension de l'espace que l'on pourra toujours réintroduire plus tard. L'espace se présente donc comme une succession de plans en deux dimensions, tous perpendiculaires à notre dimension du temps.

Prenons alors, comme le fait Mery, le point de vue du temps. Nous sommes sur ce tapis-roulant du temps, positionné à un instant qui est et reste toujours notre présent. Qu'observe-t-on dans l'espace perpendiculaire à notre position ? On voit le défilement des plans de l'espace qui s'écoulent à vitesse constante, en sens inverse de celui du tapis-roulant. Ce qui est devant nous, est alors une représentation de l'espace, à l'instant présent. Mais l'espace change car ce qui était là au présent, défile progressivement vers notre passé. Il s'éloigne de nous vers le passé, sans même que nous ayons fait quoi que ce soit, car nous n'avons pas bougé de notre tapis-roulant du temps. Nous sommes, quant à nous, toujours immobiles à l'instant présent.

Je trouve cette représentation particulièrement intéressante, car nous avons toujours l'habitude de dire que le temps passe ou s'écoule comme un fleuve, mais l'intérêt de cette expérience de pensée est de justement voir la chose du point de vue du temps, qui consiste cette fois, à voir l'espace s'écouler. Et elle me semble finalement bien plus en accord avec notre propre positionnement dans le temps, qui est celui de l'immobilité à l'instant présent.

— J'en conviens, dit-Tal, je trouve le point de vue intéressant, mais je ne vois pas bien où cela nous amène, si ce n'est de voir l'espace présent se déplacer vers le passé. Mais si tel est bien le cas, pourquoi ne voit-on pas ce qui vient d'arriver ? Nous devrions observer cet espace s'enfonçant dans notre passé. Tout ça n'a rien de concret. J'ai surtout l'impression qu'Anita t'a embrouillé le cerveau.

— Si tu prenais le temps d'écouter un tant soit peu ce qu'il a à nous dire, lui répondit Anita, peut-être que nous en saurions davantage...

— La patience est mère de toutes les vertus, ajoutai-je. Mais j'ai comme l'impression que je m'égare... Prenons donc comme hypothèse qu'il existe un « mouvement relatif » entre l'espace et le temps et considérons plus particulièrement que l'espace s'écoule en sens inverse du temps, à savoir vers le passé. Notez bien que quand j'évoque un « mouvement relatif » ce n'est pas le bon terme, car il ne peut y avoir de mouvement indépendamment du temps. Or, ici, il s'agit d'un mouvement entre le temps et l'espace. Pour plus de précision, je vous propose donc de l'appeler « écoulement ».

Déposons maintenant la matière, ou plutôt toute l'énergie du monde, sous la forme d'une simple sphère, sur la position de notre tapis-roulant, à l'instant présent, c'est-à-dire sur la dimension du temps. Ce monde est donc provisoirement une « énergie purement temporelle » qui ne possède pas encore de dimension spatiale, puisqu'il ne se trouve que sur la dimension du temps. Ne me demandez pas ce qu'est une « énergie purement temporelle », je ne saurais vous le dire pour le moment... Imaginons simplement qu'elle existe. Une fois celle-ci stabilisée sur la dimension du temps. Il ne se passe plus rien. Ce monde temporel est figé sur l'instant présent, il est immobile dans le temps. Il ne peut pas pour le moment rouler en arrière vers le passé, ou en avant vers le futur.

Si maintenant nous renversons notre point de vue et que nous nous plaçons dans le plan de l'espace présent, notre sphère temporelle est tout d'abord figée face à lui, à l'instant présent, puis elle s'éloigne de lui, à mesure que ce plan de l'espace s'enfonce dans le passé. Pour ce plan de l'espace, notre monde temporel est de plus en plus *lointain vers son futur. Son point de vue est un peu étrange, car c'est comme si son futur, au lieu de se rapprocher de lui, s'éloignait au contraire... C'est normal puisque l'avenir de ce plan d'espace est de s'enfoncer dans le passé. Mais passons sur ce point de vue là aussi, plus que compliqué à comprendre...*

Et revenons à notre point de vue initial : à notre monde immobile sur le tapis-roulant du temps, figé sur l'instant présent. Aucun mouvement de notre énergie temporelle n'est encore possible, pas plus dans l'espace que dans le temps.

Mais basculons maintenant ce monde, en lui donnant une petite pichenette, qui va le déporter de notre tapis-roulant du temps, dans le plan de l'espace qui se trouve devant nous, perpendiculairement au temps. Notez bien que cette action grandiose, digne d'Amon-Ré ou du Big-bang, selon la façon dont on voit les choses, consiste à donner à cette énergie, jusqu'ici purement temporelle, deux nouvelles dimensions spatiales. Cela ne peut sans doute pas se faire sans quelques conséquences très rapides sur la structure de cette énergie, qui prend maintenant la forme de celle que nous connaissons, une énergie enfin spatio-temporelle. Ouf nous sommes sauvés, nous retrouvons ici une forme de la matière que nous connaissons bien.

Étudions maintenant le film au ralenti, pour bien comprendre ce qui va se passer. La première image de notre film montre l'énergie du monde qui est pour le moment structurée sous une forme énergétique telle que nous la connaissons - un plasma de quarks par exemple - toujours suspendue, à l'instant présent. Mais regardons maintenant la seconde image du film. Le temps s'est déplacé par rapport à l'espace, ce qui a permis de créer un passé. Et si comme je vous l'ai proposé tout à l'heure, vous considérez que les cellules ou quanta formant mon plan d'espace se régénèrent, ou se renouvellent, dans une succession d'opérations d'annihilation et de création de leur propre structure, alors ce premier monde qui vient de se déplacer dans le passé, vient aussi d'être remplacé à l'instant présent, par un nouveau monde tout neuf. Et durant ce même laps de temps, notre monde primordial s'est simplement déplacé, tel qu'il était à l'origine, mais à un premier instant passé.

En continuant de projeter ainsi notre film dont la caméra se situe posée sur notre tapis-roulant à l'instant présent, on pourrait observer toute la séquence du processus de formation et de développement du monde depuis le Big-bang jusqu'à notre situation actuelle.

Et si je lance maintenant dans mon plan de l'espace présent, une pierre bidimensionnelle, j'applique une force sur une quantité d'énergie donnée. Si le temps était fixe par rapport à l'espace, il ne se passerait rien, il n'y aurait aucun mouvement, aucun changement ni aucune déformation possible de la matière. Tout resterait figé, quelle que soit la force appliquée. Mais lorsque la dimension du temps s'est déplacée par rapport à l'espace, cet événement vient de se déplacer dans le passé. Et moi qui suis toujours comme le reste du monde à l'instant présent, je vois alors la pierre avancer dans l'espace du fait du renouvellement énergétique que j'ai proposé précédemment. L'énergie est en quelque sorte libérée dans l'espace et le mouvement des objets de ce *monde devient possible du fait d'une part du déplacement du temps par rapport à l'espace et d'autre part du renouvellement de l'énergie au travers des quanta d'espace. Les lois physiques que nous connaissons deviennent ainsi possibles, et se déroulent pour le moment toujours dans le plan de l'instant présent.*

Peut-on aller un peu plus loin encore, en tentant de mesurer cette vitesse de déplacement de l'axe temporel par rapport à l'espace ? Quelle-est la « vitesse » de l'écoulement du temps dans l'espace ? Cette question nous impose en premier lieu de changer notre définition de la vitesse, pour en quelque sorte l'inverser, afin de la transformer en la durée mise pour parcourir une certaine distance, divisée par la distance parcourue, alors que notre notion de vitesse est normalement associée à un déplacement dans l'espace divisé par la durée nécessaire pour parcourir celui-ci. Pour faciliter notre compréhension des choses, je pense encore une fois qu'il ne faut alors plus parler de « vitesse » dans ce cas précis, mais introduire la notion « d'écoulement » dans l'espace qui porte une image assez similaire. La question de « l'écoulement » du temps dans l'espace reste cependant légitime.

Reprenons une fois de plus notre exemple : on se trouve immobile sur le tapis-roulant du temps qui s'écoule dans l'espace. Dans le temps, nous sommes totalement immobiles, fixés à l'instant du présent. En revanche à chaque nouvel instant présent, nous avons maintenant la possibilité d'appliquer les lois de la physique pour agir et venir modifier la matière ou une forme de l'énergie dans le plan de l'espace présent. Et c'est bien-là, ce qui crée le mouvement dans l'espace. Si j'allume maintenant une lampe torche dans mon plan de l'espace présent, admettons dans un premier temps que les photons émis par la lumière de ma torche, puissent aller plus vite que l'écoulement du temps dans l'espace. Quelle serait la trajectoire que prendraient ces photons ? Rappelons que la seule raison pour laquelle le photon avance dans l'espace, c'est parce que la dimension du temps avance elle-même dans l'espace, car le photon pour sa part est tout comme nous, toujours fixe à l'instant présent. Et encore une fois, si le temps était immobile, le photon ne pourrait bouger dans l'espace. Mais si ce photon pouvait maintenant s'écouler plus vite que l'écoulement du temps, alors il sortirait nécessairement de l'espace présent pour avancer cette fois dans le temps vers le futur. Si donc le photon reste toujours dans le plan du présent, c'est parce qu'il ne peut pas aller plus vite que l'écoulement du temps. En conséquence, notre tapis roulant du temps s'écoule à la vitesse de la lumière dans l'espace. Et c'est la raison pour laquelle rien dans notre présent et dans l'espace ne peut aller plus vite que la vitesse de la lumière. La physique de nos théories actuelles ne rend pas compte de la singularité du présent. C'est à mon avis un tort, car on ne peut jamais faire coexister des instants différents. Nous sommes immobiles dans le temps, tout comme la lumière. Je t'invite alors Tal à noter que si la lumière allait moins vite que le temps, nous observerions en effet, au point de l'espace où nous sommes positionnés notre passé - comme tu l'as suggéré - mais que comme ce n'est pas le cas, nous ne pouvons jamais voir à cet endroit que l'instant présent, ou un passé mais alors plus lointain dans l'espace.

— Ta vision du temps me semble complètement fantasque et pour le moins anachronique, répondit Tal avec un air moqueur, riant quelque peu. Je ne suis même pas certaine que Mery - le chouchou d'Anita - pensait réellement ainsi.

— J'avoue tout, releva Anita. Je te confirme avoir eu une relation avec Mery lorsque j'ai vécu il y a trois mille quatre cents ans, ici-même en tant que fille de Pharaon. Je me le rappelle comme si c'était hier. C'était une très belle passion d'ailleurs…

— Ce n'est qu'une expérience de pensée, dis-je. Je dois préciser que ce modèle, qui est en effet quelque peu extravagant, et que je viens d'inventer sur la base de la réflexion de Mery, n'est en rien conventionnel. Car les physiciens d'aujourd'hui pensent que la flèche du temps est davantage due aux phénomènes physiques, plutôt qu'au temps lui-même, alors qu'ici je considère au contraire qu'il s'agit d'une propriété intrinsèque de mon tapis-roulant du temps. Pourtant, tous les phénomènes physiques sont réversibles dans le temps. Changer « t » en « -t », c'est-à-dire changer le cours du temps, ne change pas les lois physiques, c'est donc qu'il doit bien exister un système qui les force par ailleurs à se mouvoir selon une direction donnée.

Mais poursuivons plus loin la réflexion. On peut s'intéresser au fonctionnement des principes de la relativité dans ce modèle, en choisissant une fois de plus le point de vue du temps. Reprenons nos bases. Qu'est-ce qu'un référentiel galiléen ? Il s'agit d'un référentiel en mouvement rectiligne et uniforme dans l'espace. Mais ce mouvement du point de vue du temps, se produit toujours dans le plan de l'instant présent. Choisissons comme exemple le bateau de Galilée qui se déplace à vitesse constante devant la plage. Si on prend comme référentiel de base notre plage qui ne bouge pas dans l'espace, le déplacement du bateau dans notre modèle se traduit par une courbe très allongée dans le temps, car notre tapis-roulant fonce à la vitesse de la lumière dans l'espace, tandis que notre bateau navigue quant à lui très lentement sur le Nil. Et si Anita se déplace maintenant en marchant dans le bateau de Galilée, dans le même sens que celui-ci, cela ne pose pas plus de problème que ça. La transformation de Galilée comme la loi de composition des vitesses dans l'espace s'appliquent et les lois de la physique restent inchangées dans des référentiels en mouvement rectiligne uniforme. La courbe d'Anita dans le temps prend juste une trajectoire à peine plus incurvée que celle du bateau. Son effet est indétectable pour de faibles vitesses de déplacement. Les distances et les durées sont par ailleurs toujours des invariants par changement de référentiels. Mais que se passe-t-il maintenant si Anita allume une torche dont les photons se déplacent à la vitesse de la lumière ? L'ensemble de la trajectoire de ces photons reste dans le plan de l'instant présent, car la lumière va aussi vite que le déplacement du temps. La lumière se déplace très vite dans l'espace, mais est immobile dans le temps. Elle ne peut pas éclairer le passé ou le futur de l'endroit où on allume la lumière. Et c'est la raison pour laquelle on ne voit ni son passé, ni son futur. La lumière fait toujours partie du plan présent, car elle avance aussi vite que le temps dans l'espace. Alors que le temps tendrait à la décaler dans le passé, celle-ci rattrape toujours le temps et reste par conséquent dans le plan de l'instant présent. La courbe faite par la lumière est donc une ligne droite de l'espace dans le plan de l'instant présent.

Enfin si maintenant Anita se déplaçait à une vitesse proche de celle de la vitesse de la lumière, mais sans l'atteindre toutefois, il nous faudrait maintenant utiliser la relativité restreinte d'Einstein et les transformations de Lorentz. Pour que la théorie d'Einstein continue de fonctionner correctement dans ce modèle, il serait nécessaire que chaque quanta de notre plan d'espace présent puisse, en se régénérant, laisser passer à travers lui une dimension du temps, ou plutôt une « dimension propre du temps » pour un quanta donné. Ainsi plutôt que de considérer ici le temps comme une simple dimension newtonienne, il nous faut maintenant concevoir le temps comme un « champ temporel » dans lequel s'écoulerait notre plan d'espace présent, car il nous faut retrouver l'univers bloc d'Einstein. Chaque point de ce plan d'espace présent possède alors un temps propre. C'est comme si j'avais démultiplié mon tapis-roulant du temps en chaque point de l'espace. Dès lors, la courbe dans le temps redevient possible, mais demeure très courte. Le facteur de Lorentz devient très grand et le *temps apparaît presque entièrement dilaté de la plage, car l'écoulement du temps ne se fait presque plus. Tout cela me semble se tenir...*

C'est aussi la seule façon de comprendre pourquoi voit-on encore dans ce plan de l'instant présent une lumière du passé - celle des étoiles lointaines. En effet, on dit souvent que prendre une photo consiste à figer l'instant présent, mais c'est totalement faux. Dans une photographie ce qui se trouve au premier plan est une représentation d'un instant « t » d'un passé très proche, car la lumière pour parvenir jusqu'à l'objectif a déjà parcouru une certaine distance pendant un temps donné. En outre, tout ce qui se trouve à l'arrière-plan correspond maintenant à un instant d'autant plus passé qu'il se trouve éloigné du premier plan. Ainsi, une photographie n'est jamais l'expression d'un instant donné, mais l'expression du déroulement du temps dans l'espace. Et plus simplement encore, il en va de même lorsque nous regardons avec nos yeux le ciel, la lumière qui nous parvient n'a rien à voir avec celle de l'instant présent. On observe toujours le passé et en l'occurrence un passé très éloigné de plusieurs millions d'années. Ou pour être plus précis des passés différents, car certaines étoiles proches montrent un passé de quelques milliers d'années seulement, quand d'autres juste à côté dans notre champ de vision sont à des millions d'années...

Pour que la photographie, puisse être l'expression d'un même instant donné, il faudrait que le capteur sur lequel se forme l'image projetée par l'objectif, soit à égale distance de tous les points photographiés, c'est-à-dire au centre d'une sphère. Et c'est ce qui explique que lorsque nous observons le ciel, nous n'observons pas vraiment le plan de l'espace présent - contrairement à ce que j'ai dit précédemment - mais plutôt un cône de lumière et que ce cône est d'un certain point de vue une image partielle des plans des espaces passés.

Dans ce modèle, nous ne pouvons pas voir la construction des pyramides d'Égypte, car nous en sommes trop proches spatialement, mais en s'éloignant sur une planète lointaine, un télescope extraterrestre pourrait très bien mener une activité d'archéologie en direct.

— Ce serait absolument génial, s'écria soudainement Anita ! C'est vrai, si j'étais sur une planète éloignée, je pourrais observer en direct la construction des pyramides ! Mais qu'est-ce qu'on attend pour envoyer des satellites dans le cosmos pour observer notre passé ?

— On le fait, mais il faudrait les envoyer beaucoup plus loin... En l'occurrence pour observer la construction des pyramides, il nous faudrait avoir un poste d'observation situé à quatre mille années lumière... et pour récupérer cette information, il nous faudrait encore quatre mille ans supplémentaires...

Si je poursuis mon raisonnement, je ne vois pas non plus d'opposition particulière à la relativité générale et au fait que l'énergie puisse courber l'espace-temps. Si on place une quantité de matière importante dans notre plan d'espace présent associé à son champ temporel qui se déplace par rapport à lui à la vitesse de la lumière, la lumière reste dans le plan de l'instant présent, mais prend une courbure plutôt que de se propager en ligne droite. En revanche cela permet par ailleurs de se poser la question de savoir si la présence de matière courbe également les plans d'espace-temps passés et futurs qui se trouvent à proximité directe de notre plan de l'espace présent. Je dois dire que c'est une question que je ne m'étais jamais posée ainsi. Est-ce que la relativité générale courbe le passé et le futur ? Oui, je ne voyais pas la théorie d'Einstein comme cela, mais ça semble assez logique maintenant...

D'autre part, est-ce que ce champ temporel n'est qu'un opérateur sur le plan de l'espace présent ou bien exerce-t-il aussi son action dans les plans de l'espace passé ou futur ?

Il est possible que notre passé, comme notre futur existent réellement - comme semblait le penser Einstein - et qu'ils ne soient pas qu'une vue de l'esprit. Mais ils ne sont pas notre réalité, puisque nous sommes immobiles sur le tapis-roulant du champ temporel qui se déplace maintenant à travers l'espace. Mais pour Anita, qui se trouverait par exemple sur le tapis-roulant à une seconde de moi dans mon futur. Sa réalité serait tout aussi vraie que la mienne. Si elle est immobile dans le temps, elle verrait tout comme moi le déroulé des lois physiques du monde, mais juste une seconde avant moi. Elle serait simplement positionnée dans mon futur d'une seconde.

Imaginons maintenant que l'on puisse se déplacer ou marcher sur notre tapis-roulant en sens inverse, jusqu'à une position cinq secondes plus tôt. Durant ce déplacement, cela reviendrait à aller moins vite dans le temps que la vitesse du temps. Oui, on ralentirait notre perception du temps, durant le temps de notre déplacement dans le passé. On verrait tous les mouvements et lois physiques ralentir. Mais au moment où on s'arrête à nouveau sur notre tapis-roulant du temps, on redevient immobile dans le temps et tout se déroule à nouveau comme si le temps s'écoulait comme précédemment simplement avec un décalage de cinq secondes par rapport à la position précédente. Mais où est donc la réalité du monde ? Celui qui se trouve cinq secondes plus tôt ou celui qui se trouve cinq secondes après ? Pour les deux observateurs, le monde est tout aussi réel. Si cela fonctionne ainsi, la réalité du monde est donc indépendante de notre position sur l'axe du temps qui s'écoule dans l'espace. Et notez bien que pour revenir dans le temps, faire un voyage dans le temps, il faudrait courir plus vite en arrière que la vitesse de déplacement du temps dans l'espace. C'est-à-dire courir plus vite que la vitesse de la lumière sur notre tapis-roulant du temps. Or, cela n'est pas possible. Il ne nous sera donc, avec ce modèle, jamais possible de « remonter le temps » et ça tombe bien, car cela nous garantit, et même peut-être nous explique, le principe de causalité.

Ainsi la création des pyramides d'Égypte est un événement qui existe toujours et se trouve quelque part dans un plan de l'espace. Celui-ci s'est simplement éloigné dans notre passé, mais est tout aussi réel que nous le sommes, nous qui nous trouvons dans l'espace présent quatre mille ans plus tard.

Mais il n'y a pas non plus de fatalité à la réalité du passé ou du futur. En effet une autre hypothèse que j'envisage maintenant, est de considérer que le temps ne soit pas une dimension au même titre que celles de l'espace, mais simplement un champ temporel de points, un champ scalaire supposant l'existence de « chronons » - des particules de temps sur lesquelles le monde serait en quelque sorte posé - à l'instant présent, et qui se déplacerait par rapport à l'espace, toujours à la vitesse de la lumière. Dans ce cas de figure, il n'y aurait pas de réalité au passé ou au futur. Seul le présent existerait et c'est peut-être même une vision plus proche de celle que l'on observe quotidiennement. Toutefois, je ne la crois pas compatible avec la relativité d'Einstein. Je m'égare peut-être vers une voie sans issues...

La matière ne nous apparaît pas comme pouvant se mouvoir dans le temps, mais uniquement dans l'espace. Mais il y a là un paradoxe à penser que l'espace-temps est un tout cohérent et que la matière ne pourrait bouger que dans l'espace. Les deux étant relatifs, il est faux de penser ainsi. Il vaut sans doute mieux rester sur la situation du champ temporel vectoriel. Notre sentiment pourrait être simplement biaisé par le fait qu'on ne détecterait pas spécialement de déplacement de la matière dans le temps, parce que nous n'aurions tout bonnement pas les bons outils de mesure pour cela, la lumière restant toujours dans le plan de l'instant présent de notre temps propre. En outre j'y verrai également une difficulté, car la dynamique de l'espace ferait passer le temps qui annulerait la dynamique dans le temps, car il ne serait pas possible de se déplacer dans le temps. L'effet annulerait une partie de la cause...

On peut encore se poser beaucoup d'autres questions, qui sans être celle du moteur du temps, ont peut-être leur importance dans cette histoire, pour y voir clair. Je pense notamment à ce que serait un monde où l'écoulement du temps pourrait se faire selon plusieurs dimensions. Ce sujet apparaît notamment dans la physique des trous noirs, car dès lors qu'on a passé l'horizon d'un trou noir, les équations nous montrent que ce qui relevait de l'espace se comporte alors comme du temps et inversement. Il est pour moi très compliqué de me faire une idée concrète de l'interprétation physique de ce changement de signe du modèle de Schwartzschild. Est-ce juste un artefact mathématique, ou bien existe-t-il une réalité physique sous-jacente à tout ça ? Que signifie exactement un espace-temps dans lequel l'espace se réduirait à faire évoluer de la matière ou plus certainement de l'énergie selon une seule dimension, c'est-à-dire sans épaisseur, ni profondeur. Peut-on comparer ce phénomène à celui de la pensée qui demande de l'énergie, mais ne peut se matérialiser visuellement ? Admettons, mais là où cela devient encore plus compliqué et véritablement incompréhensible de mon point de vue, c'est quand il faut maintenant s'imaginer ce que sont les trois autres dimensions du temps, c'est-à-dire une combinaison de trois passés, trois présents et trois futurs... Que représente alors un tel événement ? Que signifie un point de l'espace se trouvant au présent d'une première dimension donnée, mais aussi dans le passé d'une seconde dimension et dans le futur d'une troisième... Si quelqu'un a une explication claire de cette représentation, je serais content de l'entendre...

Il faudrait encore s'interroger sur la contradiction entre le temps de la relativité générale et le temps de la mécanique quantique. Dans le cadre de certaines théories de gravité quantique, il est proposé de remplacer le temps par des relations causales qui interviennent entre les nœuds des quanta d'espace. C'est une sorte de quantification du temps continu, que l'on abandonne au profit de relations causales discontinues.

Enfin si le temps se déplace du passé vers le futur selon un champ temporel, on peut encore se poser la question de la courbure de ce champ, car si le principe de causalité nous interdit de considérer le temps comme cyclique, rien ne nous dit que le passé ou le futur n'ont pas un temps accéléré ou compressé par exemple. Cela rejoint sans doute ma question sur le fait de savoir si ce champ temporel exerce aussi une action dans un plan de l'espace passé ou futur.

Mais désolé, je m'aperçois que je me suis laissé très clairement emporter par cette histoire sur le temps qui m'offre plein de nouvelles perspectives sur ma vision du monde...

*

— *Tout cela me semble ultra complexe, dit Tal. Je ne me pose pas autant de questions sur ce qu'est le temps. Je vis avec lui et nous nous entendons généralement très bien comme ça. Des fois, je suis un peu en retard et je peste, parce que le temps ne m'a pas laissé suffisamment de lui-même, pour faire ce que j'ai à faire. Mais bon…*

— *Je suis d'accord, tu ne te poses pas beaucoup de question, il me semble, lui lança Anita à nouveau avec espièglerie.*

— *Oui Tal, ajouta Neith, mais maîtriser le temps, c'est aussi maîtriser sa propre mort. Toi, tu es très belle et jeune, mais pour moi, le temps est devenu un compte-à-rebours. Le temps m'a déjà bien érodé les muscles et a creusé mes rides. Sans revenir en arrière, si je pouvais a minima stopper son action sur mon corps, je ne dirais pas non.*

— *Je ne crois pas Neith, rétorquais-je. Tu penses vieillir à cause du temps qui passe. Mais si on reprend la théorie de Mery, tu te trompes. En effet, puisque nous sommes immobiles dans le temps, celui-ci n'a aucune raison d'agir sur nous. On ne vieillit pas à cause du temps qui passe, car le temps ne passe nullement par rapport à nous, il n'a donc aucune action particulière sur notre corps, ni-même d'ailleurs sur le reste de la matière qui se situe simplement à l'instant présent. Dans cette hypothèse la cause du vieillissement n'est pas le temps lui-même, mais le changement de notre état qui se déroule quant à lui* dans l'espace. Ce n'est pas le temps qui agit directement sur nous, mais sa conséquence dans l'espace, celle de la libération du mouvement et du changement de la matière dans l'espace. Au-delà, si nous sommes immobiles dans le temps, tout ce qui a été, ce qui est, et ce qui sera, est réalisé au même instant présent de l'axe du temps. En revanche, et contrairement à notre perception directe, cela n'a pas eu lieu dans le même espace que l'on peut observer et mesurer à l'instant présent. Ainsi, l'histoire n'est pas un phénomène temporel, mais un phénomène spatial.

— En tous les cas, répondit Tal, je te remercie Neith, car je retiens que je suis jeune et belle. J'en connais d'autres qui, pour avoir vécu depuis trois mille quatre cents ans, doivent être quelque peu décrépites...

— Personnellement intervint Horus, en tant qu'éternel, je trouve cela éminemment court trois mille quatre cents ans.

— Merci Horus, répondit Anita en le gratifiant d'un clin d'œil... puis revenant aux propos de Neith : n'est-ce pas toutefois ce que vos ancêtres Égyptiens de l'antiquité ont essayé, en utilisant les textes des pyramides et le livre des morts ? Passer devant le tribunal d'Osiris est une excellente façon de s'extraire du temps. La quête de l'éternité est vieille comme le monde. Toutes les civilisations s'y sont attelées. Que peux-tu nous dire Horus de ce sujet qui ne cesse d'accabler les êtres-

humains ? Ne peux-tu faire quelque chose pour nous rendre le temps plus long ?

Il ne m'est pas facile de retranscrire pour le lecteur que vous êtes, ce que nous dit Horus en la matière. Je ne suis pas du tout certain de l'exactitude de ses paroles, ni même de la forme précise qu'elles ont pu prendre. J'ai noté comme j'ai pu, le lendemain seulement de notre discussion, sur un calepin, ce dont je me rappelais. Mais d'une part ma mémoire, même après seulement vingt-quatre heures, n'était pas totalement intègre et d'autre part, plusieurs pages de ce même carnet furent mouillées par la suite dans ma valise et rendues presque illisibles. De là à penser que les dieux y sont pour quelque chose, il n'y a qu'un pas… Aussi, je vous prie de bien vouloir excuser par avance cette transcription très probablement incorrecte et incomplète des propos d'Horus :

La question m'intéresse
Mais quelle en est donc la solution ?
Comment : ne m'a jamais plu
Que ou quoi : sont des domaines trop vastes
Qui : était trop réducteur
Quand : trop incertain
Où : souvent sans fondement
Etre ou ne pas être : semble maintenant résolu
J'ai toujours voulu savoir pourquoi
Mais je n'ai jamais su pourquoi

Le temps est venu de la synthétisation.
Sans doute faut-il ramener les deux abstractions
En une conception philosophique antique
Associée au modernisme mathématique.
C'est évidemment là une philosophie
D'un mathématicien pour le moins endurci
Et non celle du philosophe qui tenté
Par l'inverse proposition a inventé.
Car pour expliquer, encore faut-il des effets
Connus, retrouver leurs causes comme des faits.
Ainsi chacun selon sa propre connaissance
Est alors plus philosophe de par ses sens
Que mathématicien par le biais de sa science
Le temps s'est recentré et je sais qu'il m'entend.
Je me cherche un contact, il faut ouvrir le temps
De percevoir en sa raison, je le comprends.
Si je me cache en lui, il lui faut être franc.
Sa solution des choses cependant surprend
Il se lit comme une religion qui apprend.

La Terre s'assombrit aujourd'hui, elle s'éclipse
Sans doute du Soleil, cherche sa compagnie.
Pourquoi les étoiles ne lui parlent elles plus ?
Sont-ce ses enfants qui pensaient y avoir lu
L'ensemble unifié de l'espérance attendue.
Est-elle semblable à sa sœur, Lune endormie ?
Mais la vieillissante laisse entrevoir ses rides.

Chapitre 13 : Quel est notre libre arbitre ?

La question d'Anita vis-à-vis de l'action que les dieux pouvaient entreprendre sur le temps était très claire. Mais la poésie d'Horus nous avait tous laissés sans voix. Qu'avait-il bien pu vouloir nous faire entrevoir en précisant « *le temps est venu de la synthétisation* » ? De quelle synthèse voulait-il parler ? De même sur quoi « *le temps s'était-il recentré* » ? J'aurais souhaité qu'il précise sa pensée, qu'il nous explique ce qu'il voulait nous faire comprendre du temps. Mais un grand silence se fit autour de la table durant au moins deux ou trois minutes, sans que personne n'ose plus prendre la parole. Nous nous dévisagions les uns les autres, pour savoir qui allait poser ses questions en premier. J'avais l'impression qu'ils attendaient tous de moi que je relance Horus sur le sujet, mais je ne sais pourquoi, les minutes passant, il ne me parut bientôt plus pertinent d'interroger Horus. J'avais le sentiment que s'il s'était exprimé ainsi, c'était qu'il souhaitait conserver sur ce sujet une certaine part d'énigme et que le relancer n'aurait servi à rien. Ce fut finalement Anita qui rompit le silence.

— Tout cela m'apparaît quelque peu mystérieux dit-elle à Horus. Je comprends que nous n'en saurons pas davantage sur le temps, mais en revanche considères-tu - comme le suggère Mery - que le monde est entièrement

prédéterminé et que nous ne faisons par conséquent que le parcourir et l'interpréter ?

Horus soupira, il semblait hésiter. Il prit le temps de boire une gorgée de son verre de vin, laissant paraître une certaine introspection avant de répondre.

— L'espace-temps, dit-il, implique que tous les événements - positions et instants - « soient » et que comme les lois de la physique sont les mêmes dans tous les référentiels, que tout ce qui se passe et découle de ces lois soit en effet entièrement prédéterminé. En ce sens, oui, les événements de votre Univers qui sont soumis à ces lois existent déjà pour ce qui est du futur et existent encore pour ce qui est du passé, car la matière et l'énergie n'ont pas le loisir de venir modifier ces événements autrement que par les lois de la physique.

En revanche, les êtres vivants bénéficient quant à eux d'une loi supplémentaire que l'on nomme le libre arbitre - conscient ou inconscient - qui selon les cas de figure, peut changer les événements préprogrammés par la physique. Cette dernière agit comme un simple algorithme implacable, qui assène inexorablement ses lois sur les corps et l'énergie du cosmos. Mais le vivant s'affranchit de l'automatisme des lois en émettant des choix. Lorsqu'un être vivant - j'entends par là un objet, comme un humain, un animal, ou une plante, capable justement d'agir par soi-même ou de mettre en œuvre par le biais d'un tiers une action avec une volonté qui lui est propre - prend une décision, adopte une alternative ou détermine une option, il vient bousculer l'automatisme de l'application des lois de la physique. Le propre de la conscience ou même seulement du vivant est en effet - contrairement aux objets inertes - de pouvoir changer et modifier les événements, en demeurant toutefois dans le cadre imposé par les lois de la physique, mais indépendamment de la chronologie naturelle et immuable que celles-ci imposent. Des choix multiples sont perpétuellement offerts, et alors que les lois de la physique ne vont nativement en sélectionner qu'un, le libre arbitre des êtres vivants - conscients ou non - engendre une chronologie causale différente, qui lui est propre.

Attention toutefois, car quand j'évoque le fait de « venir changer les événements » encore faut-il que ceux-ci soient déjà, d'une certaine façon, prédéterminés. Car en effet, Il faut « être » avant de pouvoir changer, mais selon le paradoxe exprimé entre Parménide et Héraclite, si tout change, alors plus rien « n'est » à l'identique et donc rien ne change réellement...

Par ailleurs, et malgré les directives invariables des lois physiques, et sans même évoquer le sujet du libre arbitre des êtres vivants, il demeure dans la nature une part d'indétermination qui est simplement due aux processus probabilistes. Le hasard est aussi un espace de liberté des objets non vivants. Et notez bien qu'il n'est pas que le sujet de votre méconnaissance de l'ensemble de tous les phénomènes et événements causalement reliés susceptibles d'impacter l'instant présent en un endroit donné. Pour certains processus statistiques, une réelle part de hasard immanente est opérée par les lois physiques elles-mêmes. Aussi, même pour les objets non vivants, la prédétermination des événements du futur n'est pas toujours entièrement assurée.

Maintenant, du point de vue physique, mais de façon très théorique, rien ne différencie l'instant présent actuel, d'un instant « présent » du passé ou même du futur. Tous les instants présents du temps se valent. Ils sont tous réels. Par conséquent, vous pourriez considérer que vous êtes des êtres vivants à tous ces instants présents. Pour un être vivant tel que vous, la conscience existe donc physiquement à tous les instants présents de sa vie, tout au long de sa trajectoire dans le temps et pas seulement à cet instant que vous vivez maintenant. Dans ce modèle, votre conscience est donc multiple et même infinie. Dès lors que vous considérez qu'une première conscience de vous-même est née une première fois à une date donnée, celle-ci s'est développée et continue d'exister à tous les instants et au moins jusqu'à aujourd'hui, date à laquelle vous n'êtes manifestement pas encore mort. De plus elle existe déjà et encore, plus loin dans le futur jusqu'à votre mort. Toutes vos « consciences » parcourent votre vie à tous les instants présents du temps. La question que je vous invite à vous poser est alors la suivante : si chacune de vos consciences dispose d'un libre arbitre lui permettant de prendre des décisions qui lui sont propres, existe-t-il une raison pour que votre existence demeure à l'identique dans le passé ? Votre existence dans le passé peut-elle encore être considérée comme vous appartenant - être vous-même ?

Encore une fois, là où le vrai hasard entre pleinement en ligne de compte, c'est lorsque au moins un événement causalement relié fait intervenir un être-vivant. Le hasard prend alors tout son sens, comme une conséquence du libre arbitre de cet être-vivant. Dès lors, dans une région donnée de l'espace telle que la Terre, plus le nombre d'êtres-vivants est important, plus leur niveau de conscience l'est également et par conséquent plus la probabilité d'interactions causales est grande. Ainsi sur Terre, étant donné le nombre très important d'êtres vivants - depuis les bactéries, en passant par le monde végétal, le monde animal et jusqu'à l'homme - qui ont vécu depuis près de quatre milliards d'années, le nombre d'événements réellement hasardeux est devenu particulièrement important. Et ce plus encore, depuis maintenant quelques millions d'années, avec l'apparition des hominidés, les interactions entre le libre arbitre de milliards d'individus sont venues complètement perturber la chronologie du monde, prédéterminée par les lois de l'Univers. Il existe maintenant des milliards d'événements choisis, c'est-à-dire encore une fois conscients ou même inconscients, dont certains sont même entièrement dus au hasard qui auraient pu faire, Anita, que tu ne naisses tout simplement pas. Ainsi, ton existence à l'instant d'il y a seulement quelques secondes n'existe très probablement pas ou plus. Malgré l'aspect sempiternel du temps, on peut considérer aujourd'hui que vous êtes par conséquent des êtres probablement uniques dans le temps, car trop de facteurs issus de choix conscients ou *de processus liés au hasard agissent en décohérence des phénomènes temporels qui ont contribué à votre existence et l'ont régie.*

Ainsi, tout ce qui touche au vivant forme des processus irréversibles, dans lesquels apparaît une flèche du temps avec pour conséquence l'impossibilité d'un retour à un état antérieur. Cela est simplement dû au fait que le vivant évolue avec son libre arbitre. Concernant les phénomènes de la physique classique, ils sont également irréversibles dès lors qu'on peut mettre en évidence l'action de la seconde loi de la thermodynamique - l'entropie. Enfin concernant tous les autres phénomènes physiques, microscopiques - quantiques - mais aussi macroscopiques où l'entropie peut être négligée, ils sont alors prédéterminés et indépendants de la flèche du temps, parfaitement réversibles, tels que le mouvement d'une planète autour d'une étoile, ou celui de deux boules de billard qui entrent en collision.

Pour résumer, votre station spatiale internationale tourne aujourd'hui autour de la Terre du fait de la gravité. En ce sens, sa trajectoire est totalement prédéterminée dans le temps, tant qu'aucun processus hasardeux ne vient la perturber ou qu'une décision issue du libre arbitre humain ne lui demande d'effectuer une manœuvre telle que le rehaussement de son orbite. Mais la présence même de cette station spatiale est déjà le fruit de choix qui ont été opérés par le libre arbitre humain. Contrairement à la Lune, il n'était en rien inscrit dans les lois de la physique qu'elle serait présente en deux mille dix-huit de votre ère et des choix différents auraient très bien pu mettre à mal son existence.

*

Hehou, invoquant justement un nouvel aphorisme de Mery sur la question du libre arbitre, nous proposa de reprendre la narration de son récit, ce que tous nous approuvâmes aussitôt avec diligence.

— L'un des papyrus que nous avons retrouvés, dit-il, mentionne une sorte de mission qu'Ounnefer aurait confiée un temps à ses disciples. Il s'agissait de contribuer comme chaque prêtre le faisait habituellement, aux travaux de réfection du Temple, en allant chercher des blocs de granite qui avaient été commandés l'année passée. Mery et Satis embarquèrent pour cela sur un convoi de plusieurs barques destinées au transport de marchandises. Ils remontèrent le Nil vers le sud, durant toute une journée, avant d'atteindre la première cataracte du grand fleuve. À ce niveau de très nombreux écueils affleuraient les eaux, tandis que d'énormes roches sur les rives, en amont des dunes de sable, pointaient leur cime vers le ciel de Nout. Le paysage apparaissait grandiose. Il y avait quelque chose de majestueux dans ces roches de granite rose ou gris qui semblaient vouloir s'extraire des eaux du Nil pour rejoindre les dieux.

Cependant, malgré la beauté des lieux, la navigation devenait beaucoup plus compliquée. Il fallait remonter de petits rapides, ce qui n'était pas possible à la voile - à la seule force du vent - ni même avec l'aide pourtant indispensable des longues rames déployées de part et d'autre de la coque des navires. Le capitaine accosta donc le convoi à la rive est du Nil, puis à l'aide de cordes de lin, une partie des marins descendus à terre hâlèrent lentement les barques, pendant que d'autres les manœuvraient sur l'eau grâce à leurs gouvernails. La progression devint alors beaucoup plus lente et il leur fallut une bonne demi-journée supplémentaire en naviguant ainsi entre terre et eau, avant d'atteindre la carrière de granite tant convoitée.

Des dizaines de milliers d'ouvriers vêtus d'un simple pagne y travaillaient ardemment. Contrastant avec le calme habituel du Nil, l'intensité sonore produite en ce lieu atteignait son paroxysme. Le bruit des outils en cuivre et de la dolérite martelant le granite s'étendait jusqu'à un kilomètre en aval du fleuve. Par ailleurs, les très nombreuses équipes se donnaient du courage en chantant au rythme continu et répété des coups délivrés sur la roche.

Des contremaîtres organisaient les travaux. Le découpage des blocs de pierre les plus recherchés de tout l'empire égyptien était entrepris ici. Une fois détachés, les blocs étaient lentement transportés sur des rampes construites en pente douce, manœuvrés sur des traîneaux à l'aide de cordages très épais. La plupart des blocs étaient ensuite embarqués tels quels, bruts, sur les bateaux qui attendaient au bord du Nil. Néanmoins, d'autres passaient par l'étape supplémentaire de la taille. Là encore, des équipes dédiées et spécialisées opéraient avec la plus grande compétence, pour façonner les statues, graver les obélisques et inscrire les hiéroglyphes des stèles des temples et des palais de toute l'Égypte.

Une importante logistique était en outre mise en place pour nourrir deux fois par jour les ouvriers, affûter les outils en cuivre, construire les rampes de transport et tresser les cordes de levage. Enfin quelques chefs de projet recevaient les commandes et planifiaient l'ensemble de l'activité, sous le contrôle et la supervision du responsable de la carrière. Cet homme de haute noblesse était nommé à ce poste par le Vizir de Haute Égypte, lui-même. Il s'agissait d'une fonction et d'une charge particulièrement importantes.

C'est naturellement vers celui-ci que Mery et Satis se dirigèrent, munis d'une missive officielle d'Ounnefer. À la vue du sceau du premier grand prêtre d'Amon du Temple de Karnak, les gardes qui protégeaient l'accès s'effacèrent précipitamment et informèrent le responsable de la carrière. Ce dernier accueillit ses hôtes avec prévenance et bienveillance. Les blocs de pierre avaient été stockés dans l'attente de leur venue et il ordonna à l'un de ses chefs de projet leur transbordement sur les navires. Cela prit une journée entière pendant laquelle Mery et Satis s'installèrent un peu à l'écart pour observer le manège des transporteurs qui agissaient avec prudence et sécurité, tant pour les blocs de pierre que pour les ouvriers et les marins.

Ce temps offrit tout le loisir à Mery de continuer de réfléchir à la chronologie des événements. Il n'en avait *pas totalement terminé avec son questionnement sur le temps. Cette caravane de l'écoulement du temps dans l'espace le fascinait. De plus, il s'interrogeait sur la prédétermination ou non de sa propre vie. Était-il réellement aux commandes de son existence, ou bien n'était-il qu'un vulgaire jouet au service d'Amon-Ré ?*

« J'ai une nouvelle question Satis, mais je n'ose pas la poser au premier grand prêtre Ounnefer. Veux-tu bien m'aider dans mon raisonnement ?

— Je suis toujours prête à réfléchir avec toi Mery, mais pourquoi ne souhaites-tu pas en discuter avec Ounnefer ? Je ne crois pas qu'il s'offusquerait de quoi que ce soit, sauf si bien sûr il s'agissait d'une question toute personnelle qui ne concernait que sa vie privée ou encore si tu remettais en cause son mode de gouvernance du Temple par exemple.

— Non bien sûr Satis ! Cependant, je ne sais pas trop si ma conclusion va bien dans le sens de la doctrine qui nous est enseignée. J'ai peur de commencer à emprunter un chemin quelque peu divergent.

— Soit… Je t'écoute Mery, tu sais bien que tu peux tout me dire de toute façon. Et même si je pensais que tu t'égares, je ne vois pas l'intérêt d'aller divulguer nos conversations à qui que ce soit. Elles resteront donc notre secret. Néanmoins, sache aussi que les dieux nous entendent. Ne leur donne pas, s'il te plaît un argument susceptible de déclencher leur courroux.

— *Les lois physiques que nous ont imposées les dieux, commença Mery, nous obligent à suivre une seule et même direction temporelle, celle qui va du passé vers le futur. Nous ne pouvons jamais revenir sur ce qui vient d'arriver et nous sommes comme figés à l'instant présent, sans pouvoir avancer plus vite vers le futur que ne nous le permet le déplacement des dromadaires du temps. Dès lors, notre seul mode de déplacement se situe dans l'espace. Nous sommes totalement immobiles dans le temps. Or si nous ne pouvons pas nous déplacer dans le temps, et que tout se passe par conséquent à l'instant présent, il faut bien reconnaître que je suis né, que je vis et que je vais mourir à ce même instant présent.*

— *Ton raisonnement est très étrange Mery, car je n'y vois pas d'erreur de logique jusqu'ici, or pour autant je ne le ressens aucunement ainsi. Pour ma part, je conçois - comme tout le monde je crois - l'écoulement de ma vie au même rythme que celui du temps. Ainsi dès lors que le temps avance, nous avançons avec lui. Le temps est comme un mur qui avance derrière nous et nous pousse d'un premier instant au suivant. Ainsi, nous ne sommes jamais au même instant, contrairement à ce que tu sembles penser. Je pense que ce premier instant a simplement disparu dans le passé, que nous n'y avons effectivement plus accès et que nous vivons dès lors un nouvel instant présent et non plus cet instant précédent.*

— *Si tu disais vrai Satis, nous serions en train de bouger dans le temps, de le parcourir plus vite qu'il ne se* déplace lui-même dans l'espace. Cela reviendrait à sauter d'un dromadaire à un autre, sans que nous ne fassions rien pour cela. Quelle serait alors la force - le mur invisible dont tu parles - s'exerçant sur nous, pour transiter ainsi de dromadaire en dromadaire ? Par ailleurs comment verrions-nous alors l'espace ? Si nous pouvions bouger ainsi vers le futur, nous aurions une sensation d'accélération, car un même événement durerait maintenant moins longtemps. Mais notre perception de l'écoulement du temps est toujours la même, ce qui doit nous amener à penser que nous ne pouvons pas bouger de l'axe du temps. Nous sommes immobiles sur l'axe du temps Satis.

— Je ne suis pas d'accord Mery, nous ne verrions une accélération que si nous avions le choix entre rester au même instant ou effectuer un saut de dromadaire. Mais si le mur dont je parle nous pousse en permanence sur le dromadaire suivant, notre perception de l'écoulement du temps resterait constante. Il y a là un paradoxe à penser que nous sommes immobiles dans le temps, mais qu'une histoire se déroule. Comment peut-on être né, vivre et mourir, le tout au même instant présent, totalement immobile sur l'axe du temps ?

— La réponse à cette question se trouve dans la relation que nous avons cette fois avec l'espace. Si nous sommes bien immobiles dans le temps, comme nous l'avons déjà vu, le temps lui-même nous permet de nous déplacer et plus largement encore de changer dans l'espace tout en demeurant au même instant présent.

— *J'admets que ta vision du monde se tient, mais tu ne peux pas pour autant écarter la mienne.*

— *Au contraire Satis, je l'écarte, car ta théorie présuppose qu'un mur ou un dieu invisible nous pousse en avant vers le futur de façon continue, mais nous n'avons jamais rien vu de tel nulle part... Pourquoi invoquer comme réelle une action produite par une cause inconnue que personne n'a jamais observée ? Avec ce type de raisonnement, on peut dire tout et n'importe quoi sans aucun fondement de vérité. Cela s'apparente davantage à une croyance. Non, je pense qu'il faut en revenir aux faits et aux constats. Je considère que ta réflexion n'est pas juste, car ton argument n'existe tout simplement pas. Il n'est que virtuel ou potentiel.*

Mais revenons maintenant si tu veux bien à mon interrogation initiale. La question qu'il convient en effet de se poser est de savoir si les décisions que nous prenons à l'instant présent ne sont pas le fruit d'une prédétermination d'un futur qui serait déjà écrit ? Amon-Ré a-t-il créé un monde que nous pensons parcourir librement avec nos propres choix, ou bien ceux-ci sont-ils déjà écrits pour nous ? Avons-nous un libre arbitre dans cette histoire ? De toute évidence, la matière, les pierres, nos maisons, tout ce qui n'est pas vivant ne fait que suivre les lois de la physique, sans pouvoir y contrevenir. En ce sens, leur futur est indéniablement prédéterminé par l'action de ces lois. Mais pour ce qui nous concerne, cela semble différent. Nous pouvons faire des choix, avancer ou reculer, creuser un trou ou le reboucher, faire ou non une prière. Chacun de ces choix vient modifier notre trajectoire dans l'espace et le temps. Du moins c'est ce que nous croyons être en train de faire, mais si les dieux ont créé un monde prédéterminé pour les pierres, pourquoi nous laisseraient-ils le loisir de le modifier par nos choix. Je pense que les choix que nous pensons faire sont en réalité déjà faits pour nous. Le futur est entièrement défini, il est déjà écrit et nous ne faisons que le parcourir, que le lire comme on lit les hiéroglyphes sur les murs du Temple.

— Admettons ce point de vue, reprit Satis, mais quel en serait l'impact vis-à-vis de la doctrine que nous enseigne le Temple ?

— Si tout est déjà écrit Satis, il ne sert alors à rien de faire des offrandes aux dieux ou de réciter des prières pour tenter d'infléchir le cours des choses. Ce qui doit arriver arrivera quelle que soit notre volonté. La discussion que nous venons d'avoir était sans doute déjà inscrite dans l'espace avec nos arguments respectifs. Encore une fois, nous ne faisons que lire des événements.

— Là encore, je ne suis pas certaine de te suivre dans cette voie Mery, car si nous ne pouvons pas changer notre avenir, les dieux peuvent probablement le faire pour nous. Aussi, il ne semble pas inutile de réciter nos prières.

— Mais Satis, rien ne dit que le monde des dieux soit différent du nôtre. Ils agissent dans l'Univers sans jamais remettre en question les lois physiques qu'ils nous ont imposées. Il est donc tout à fait possible que leur propre libre arbitre soit autant entravé que le nôtre. Il n'y a même aucune raison pour qu'il soit différent du nôtre. Ce que les dieux pensent réaliser est également déjà écrit. Tout est prédéterminé. »

Chapitre 14 : Qui contient quoi ?

Hehou fut interrompu par la responsable de l'accueil du restaurant. Il était manifestement demandé en salle pour régler un différend avec un client mécontent. Il se leva, un peu précipitamment, nous laissant quelques instants, pour comprendre la nature du problème et tenter de le résoudre sans faire de vagues. J'en profitai personnellement pour reprendre un peu de champ. L'air ambiant était maintenant très agréable, presque frais même. Mais Anita, en me montrant son verre de vin, d'un air soudainement chagriné, me fit comprendre que celui-ci était vide depuis trop longtemps. Cela me donna l'opportunité de la servir avec empressement, ce qui me valut en retour de sa part, un chaleureux remerciement et un large sourire. Elle porta ensuite sa main à sa bouche pour m'envoyer un baiser délicat, presque vaporeux, mais cependant immatériel. Je lui tendis alors simplement ma main qu'elle prit dans la sienne et nous restâmes ainsi un moment, attendant patiemment le retour d'Hehou. Ce dernier revint s'assoir avec nous, quelques minutes plus tard. Il nous expliqua rapidement qu'une erreur manifeste avait été commise sur la note d'un client et qu'il avait dû gérer cela en s'excusant auprès de lui, avant de lui offrir finalement le dessert. Tal lui demanda s'il avait besoin de son aide, mais il refusa poliment, précisant que tout avait déjà été réglé et qu'il n'y avait plus de raison de s'alarmer de quoi que ce soit.

Dès lors, Hehou après s'être assuré que nous n'avions nous-mêmes besoin de rien de particulier, nous proposa de reprendre son récit des papyrus retrouvés. Nous approuvâmes unanimement cette perspective et Horus le gratifia même d'un compliment sur sa façon de narrer et de relater les faits, tels qu'ils se sont réellement déroulés il y a trois mille quatre cents ans de cela.

— Ounnefer, dit Hehou, était un homme de réflexion et de grande piété. Il lui arrivait parfois de méditer durant de longs jours en prière, sans manger ni boire autre chose que les rayons du Soleil et sans que personne n'ose venir le déranger. Ses serviteurs ne savaient jamais comment le sortir de ses transes méditatives, sans le mettre en danger. Mais ils s'inquiétaient très souvent de son état de santé. C'était un homme âgé, très maigre qui mangeait habituellement peu. Alors qu'il disposait d'un véritable palais, que tous les autres prêtres lui enviaient et qu'il aurait pu bénéficier de mets raffinés, tous plus fabuleux les uns que les autres, ses cuisiniers déprimaient au contraire et se lamentaient au plus haut point, car Ounnefer se contentait bien souvent d'un seul bol de soupe, dans lequel il ajoutait - dit-on - tout au plus trois ou quatre lentilles...

Ce jour-là, il venait justement de sortir d'une de ces longues périodes de recueillement, qui avait duré presque trois jours.

« J'étais en pleine discussion avec Amon-Ré, dit Ounnefer, et je crois que je n'ai pas vu « l'espace passer » ... J'ai terriblement faim, apportez-moi à manger ! »

— Tous les serviteurs qui n'attendaient que ça depuis déjà deux jours, ainsi que les prêtres les plus importants qui constituaient la garde rapprochée d'Ounnefer, s'étaient bien sûr préparés à entrer en action. Connaissant le personnage, ils avaient sans trop d'espoir, mais par acquit de conscience, préparé de nombreux mets subtils et sophistiqués, ainsi toutefois que son traditionnel bol de soupe. Ils se précipitèrent pour lui apporter sur des plateaux l'ensemble des plats, afin qu'il puisse se restaurer en choisissant ce qu'il désirait. Mais Ounnefer n'opta que pour son bol de soupe, dans lequel il ajouta cette fois, de façon très exceptionnelle, six lentilles...

On l'aida à se redresser, lorsqu'il demanda à voir ses disciples. Des messagers partirent aussitôt à la recherche de Mery et de Satis. Aucun d'entre eux ne s'était jamais rendu dans la résidence privée d'Ounnefer. C'était un véritable palais construit en grès et blocs de granite, avec de nombreuses colonnes décorées, aujourd'hui toutes disparues - réutilisées un temps par Ramsès II pour la construction de l'un de ses temples.

Quelque temps plus tard, devant Satis et Mery qui s'étaient rassemblés, Ounnefer expliqua ce qui allait maintenant advenir.

« *Cela fera bientôt trois ans que je tente de faire votre enseignement. Ça n'a pas toujours été simple et beaucoup de questions de Mery nous ont ralentis dans cette tâche ingrate qui a été la mienne. Néanmoins, nous approchons maintenant de l'aboutissement ultime de cette formation très importante et avant que vous ne soyez intronisés prêtres de seconde classe, il me faut encore vous conter ce que vous allez découvrir dans la partie centrale du Temple de Karnak.*

— C'est merveilleux ô grand prêtre, s'exclama Mery, nous allons pouvoir une fois de plus enrichir notre connaissance du monde, en nous rapprochant des dieux !

— Derrière les portes, reprit Ounnefer, qui vous étaient jusqu'ici inaccessibles, se trouvent plusieurs salles. L'enceinte qui les préserve n'est autre que l'œuvre d'Amenhotep I, qui l'a faite réaliser il y a plus de deux cents ans. La première salle a été rénovée par plusieurs Pharaons différents, dont Thoutmosis III et Hatchepsout. Elle comprend une série de colonnes que vous pourrez contempler comme partout dans le Temple, ainsi que différentes représentations de certains pharaons faisant des offrandes aux dieux, parmi lesquels bien sûr et surtout vous reconnaîtrez Amon-Ré.

Plus loin se trouve une nouvelle salle, gardée jour et nuit par deux prêtres de seconde classe. Vous serez les seuls, avec les autres prêtres déjà en poste, moi-même grand prêtre du Temple et notre Pharaon bien aimé Horemheb à pouvoir y pénétrer. Vous ne pourrez y accéder qu'entre le moment où notre Soleil Ré se lève à l'est et le moment où il entre par la bouche de Nout dans le monde d'Osiris, afin d'y combattre le serpent Apophis. Aucun autre membre de la cour royale que Pharaon lui-même n'y a accès. Comprenez donc l'honneur tout particulier qui vous sera fait, dès lors que vous entrerez dans cette salle. Vous y trouverez la barque solaire qu'utilise Amon-Ré toutes les nuits, dans son long périple quotidien, au sein du monde des morts. L'entretien et la maintenance de cette barque sera notamment de votre responsabilité. Pour le bon déroulement de l'ordre du monde, il est primordial qu'elle soit nettoyée dès les premiers rayons lumineux, et ce chaque jour, au retour d'Amon-Ré.

Plus loin encore, se trouve le saint des saints, le Naos où repose la statue en or massif d'Amon-Ré. Là aussi, dès que l'aube apparaîtra, il vous appartiendra à tour de rôle d'ouvrir les portes du Naos, de faire les offrandes de nourriture que vous avez appris par cœur j'espère, puis de faire la toilette de la statue. Deux autres repas devront ainsi lui être servis dans la journée, entrecoupés comme il se doit des prières appropriées. Comme tu l'as appris Satis, et selon le calendrier lunaire congruent qui te sera communiqué, il te faudra plus particulièrement satisfaire les désirs sexuels et les jeux charnels du Dieu. Pour ce qui te concerne plus spécifiquement Mery, en utilisant les magies et les dévotions incantatoires tu interrogeras chaque jour Amon-Ré sur ses souhaits et ses aspirations. Enfin, vous devrez refermer les portes du Naos suivant un horaire qui change chaque soir et qui sera marqué par le tintement du sistre divin, joué par une divine adoratrice.

Mais il existe aussi - comme nous l'avons déjà vu ensemble - de nombreux jours particuliers dans l'année qui demandent des prières, des ablutions ou des fumigations spéciales. Et bien sûr, la grande fête d'Opet qui dure onze jours est également un moment très important dans l'année, qu'il vous reviendra de préparer longuement à l'avance. Mais nous en reparlerons à ce moment-là.

— Merci encore une fois ô grand prêtre, dit Mery, pour ces explications qui devraient permettre de mieux nous préparer pour le grand jour. Mais sans vouloir vous importuner, cette description du contenu des salles interdites m'amène à une nouvelle réflexion sur la relation entre le contenant et le contenu.

— Je suppose que tu as une nouvelle expérience de pensée à nous soumettre Mery...

— En effet ô grand prêtre. Vous lisez en moi, comme Thot décrypte les hiéroglyphes, avec l'infinie sagesse de la connaissance du monde.

— Bien que tes démonstrations soient souvent très pénibles Mery, Amon-Ré qui a sans doute voulu me mettre à l'épreuve, a insisté pour que je les écoute jusqu'au bout. Je lui ai bien dit qu'elles ne nous menaient généralement nulle part... mais il n'a rien voulu savoir et je ne vais pas aller à l'encontre du grand Dieu créateur du

monde. Sans doute a-t-il des raisons que j'ignore. Nous t'écoutons donc Mery...

— Imaginez un instant que derrière les portes de l'épicentre du Temple se situe l'ensemble de notre monde, avec absolument tout dedans, toutes les pierres de la Terre, toutes les eaux poissonneuses, tous les hommes et les femmes de l'Égypte, mais aussi des contrées extérieures, tous les animaux et les plantes, toutes les étoiles du ciel de Nout, ainsi que tous les dieux auxquels nous sommes tant attachés. L'enceinte du centre du Temple pourrait par ailleurs contenir toutes nos pensées, tous nos concepts et l'imaginaire de chacun, ainsi que le temps et l'espace qui comme on l'a vu s'écoulent l'un par rapport à l'autre, en tant que support de la matière et de la pensée.

Mais alors, comment en est-on arrivé là ? Comme nous l'avons déjà envisagé, on peut penser qu'Amon-Ré ait imposé au vide qui était initialement présent dans cette enceinte, une loi de la destruction du vide. Mais comment cela s'est-il passé ? Est-ce que tout cela est apparu d'un seul coup par simple application de la loi imposée par Amon-Ré ?

Nous savons pertinemment que non, car l'Égypte a une très longue histoire que nous connaissons bien. Le Temple dans lequel nous sommes n'a pas été construit en une seule fois. Il est le fruit d'un très long travail des pharaons, de leurs architectes, des prêtres et des hommes et des femmes qui se sont succédé pour y planter des fondations, monter des colonnes et des murs, établir un toit, graver des hiéroglyphes, peindre des représentations... Par ailleurs nous connaissons tous nos parents, qui eux-mêmes ont connu leurs propres parents et ainsi de suite, jusqu'à la nuit des temps. Ce monde a donc eu une histoire. On peut remonter peu-à-peu cette histoire, selon l'écoulement inverse du temps dans l'espace. Et si certes, cette histoire, au bout d'un moment, ne nous est plus connue, car notre civilisation en perd aujourd'hui la mémoire, on sait qu'il y a eu une histoire, car on sait que le monde a évolué et on peut même encore aujourd'hui le regarder changer. Cela nous prouve une première chose. C'est que si notre monde est fini, il y a alors eu un instant originel qui a déclenché cette histoire. C'est un événement majeur lors duquel Amon-Ré décida d'appliquer les lois de la destruction du vide. Le temps a alors commencé son écoulement dans l'espace, et on sait que depuis lors, le temps n'a cessé de s'écouler dans l'enceinte réservée à ce monde. Mais comme nous l'avons déjà vu, le temps et l'espace sont liés l'un à l'autre. Ils sont relatifs. Le temps ne pourrait s'écouler éternellement dans un espace fixe, car alors que le temps s'écoule dans l'espace, l'espace doit lui aussi s'étendre dans le temps. Ainsi tout comme pour le temps, on peut aussi très facilement imaginer que l'espace alloué au monde d'aujourd'hui puisse être sans doute beaucoup plus important que celui de l'espace initial. Il est en fait fort probable que l'un et l'autre ne soient que des attributs d'une seule et même structure, simple support nécessaire à la matière et à la pensée. Ainsi et même si on ne connaît pas la taille originelle de notre monde, on peut être certain qu'il était beaucoup plus restreint, tant en espace qu'en temps, lors de sa création.

Mais pour être totalement complet, il nous manque encore notre troisième ingrédient primordial pour détruire le vide. Il s'agit de la matière et de la pensée qui devaient, initialement, ou du moins à un moment donné, être entièrement comprimées dans cette structure primordiale d'espace et de temps relatifs et restreints, avant de pouvoir s'étendre avec une vitesse et une accélération inconnues et ce jusqu'à aujourd'hui, permettant par là-même à notre histoire de se dérouler. Je vois ici deux hypothèses possibles : ou bien la matière et la pensée ont été introduites en même temps que l'espace et le temps, ou bien elles sont simplement le fruit, la conséquence du mouvement relatif de l'espace et du temps. Je pencherai plutôt pour cette deuxième hypothèse, car le mouvement ne s'explique que dans une combinaison de l'espace et du temps, et la matière comme la pensée ne peuvent exister sans espace ou sans temps, car elles n'ont de sens que par le mouvement et le changement. En d'autres termes le mouvement est une forme de la matière et de la pensée, qui ne peut s'exprimer autrement que par l'espace et le temps. Je pourrais en outre ajouter à cela, un deuxième argument un peu plus fallacieux, qui précise que moins il devait y avoir d'ingrédients primordiaux et plus la création de notre monde devait en être facilitée. Mais j'avoue que ce n'est qu'un argument de potentialité au regard de la complexité de la création du monde. Il ne faut peut-être pas lui donner plus de sens qu'il ne mérite.

— Oui Mery, il est possible que cela se soit en effet passé comme cela, mais nous n'en avons aucune preuve réelle, aucune certitude, si ce n'est un vague sentiment sur le fait que le monde évoluant aujourd'hui dans le temps, celui-ci a sans doute dû louvoyer depuis un moment et contient donc une histoire, conséquence d'une cause plus profonde.

— En effet et par ailleurs pour décrire cette histoire de notre monde ô grand prêtre, j'ai dû de plus faire une hypothèse très importante, celle que notre monde était fini. Or celle-ci est contradictoire avec mes précédentes conclusions qui présentaient - je vous le rappelle - un monde nécessairement infini du fait de mes réflexions sur l'unité et la limite.

— Tu reviens donc en arrière Mery. Tu t'aperçois enfin que tes divagations t'ont perdu et tu souhaites maintenant nous présenter tes excuses pour nous avoir fait perdre notre temps ou notre espace ?

— Si tel était le cas ô grand prêtre, je vous en aurais déjà informé... Non, je continue de penser que j'avais bien raison, mais l'histoire de l'écoulement de notre propre monde ne semble en effet pas compatible avec un monde infini. Et c'est toute la raison de la frontière qui entoure notre monde. Tout comme l'enceinte de la partie centrale du Temple, il doit bien en effet exister une enceinte représentant le contenant de notre contenu. Ainsi et afin d'être totalement cohérent, tout comme pour notre Temple, il doit exister un extérieur à ce contenant, avec nécessairement d'autres mondes et en nombre nécessairement infini. »

*

Cette fois, tous se retournèrent en premier lieu vers moi, pour avoir mon opinion sur ce sujet, comme s'il était évident après mon long monologue sur le temps que les physiciens avaient des réponses à toutes les questions… Ce n'était évidemment pas le cas, mais j'avais tout de même en possession encore quelques éléments à partager.

— *Les équations de la relativité générale d'Einstein peuvent prendre deux formes distinctes, dis-je, chacune intéressante, qui nous parle du monde en tant que contenant et contenu. La première qui est mathématiquement la plus compliquée, car elle fait appel à une algèbre tensorielle pénible à manipuler, explique que la géométrie du contenant est égale à toute l'énergie du contenu. C'est en fait l'équation qui explique le principe de la gravitation, non pas comme une force, telle que les forces électromagnétiques ou nucléaires fortes ou faibles - qui font appel à des échanges de particules - mais comme une déformation du contenant, l'espace-temps. C'est donc ici une notion très importante qui associe la géométrie du contenant - l'Univers - au contenu - l'énergie et la matière. Toutefois, elle ne relie pas directement ce qu'est le contenant avec son contenu. Ou plutôt, on peut y voir deux interprétations possibles, dont la nuance n'est pas si évidente. Elle ne dit pas explicitement que créer de l'espace et du temps impose de créer de l'énergie à mettre dedans. Elle explique simplement que si jamais on ajoute de l'énergie dans l'espace et le temps, alors la géométrie de ceux-ci en sera affectée. On courbe l'espace-temps. C'est la création de la gravité qui nous maintient sur ce bateau. Mais l'autre façon de voir les choses est de considérer qu'en agissant maintenant sur la géométrie de l'espace-temps, en courbant par exemple davantage celui-ci, on crée alors nécessairement de l'énergie et donc de la matière. Vous me direz que personne n'a jamais courbé l'espace-temps autrement qu'en y plaçant justement de l'énergie… mais on peut toujours faire des hypothèses de pensée, non ?*

Est-ce l'explication du monde tel que nous le connaissons ? Ce n'est pas impossible. Contrairement à la situation actuelle, on peut imaginer que l'espace-temps originel, était initialement totalement plat, dé-courbé et sans aucun contenu, sans énergie, sans matière. Pour une raison ou une autre, telle qu'une loi de la destruction du vide, il se serait courbé de plus en plus, jusqu'à devenir extrêmement replié sur lui-même, comme une boule de papier d'aluminium peut l'être. Ce faisant, ce serait la courbure qu'il aurait progressivement prise, qui aurait créé la matière dont nous sommes aujourd'hui faits. Puis un autre événement que nous ne connaissons pas bien, tel que le Big-bang aurait alors libéré l'écoulement du temps, ce qui aurait entraîné une expansion rapide de l'Univers, le dé-courbant à nouveau, le dépliant peu à peu comme une feuille d'aluminium de plus en plus lisse, annihilant par là-même une bonne partie de l'énergie et de la matière. Car si courber l'Univers revient à créer de l'énergie, le dé-courber revient au contraire à en supprimer ou à la diluer. L'Univers aurait ainsi détruit et/ou dilué une bonne partie de son énergie en la réabsorbant dans sa géométrie de plus en plus plate, sauf localement en certains points où des grumeaux d'énergie se sont au contraire agglomérés par gravité, créant les galaxies et les étoiles que nous connaissons. L'Univers n'est pas aujourd'hui encore totalement plat, car sinon toute l'énergie - la matière - aurait disparu. On peut d'ailleurs noter qu'en physique classique dans un système isolé, le contenant permet normalement de conserver le contenu. C'est la première loi de la thermodynamique, la loi de la conservation de l'énergie, c'est-à-dire de l'invariance de sa quantité dans le temps. L'énergie d'un système isolé se transfère ou se transforme, mais sa quantité reste toujours constante. Or en relativité générale, l'énergie est une forme de la courbure du contenant, l'espace-temps. Faire varier la quantité d'énergie, c'est donc faire évoluer la géométrie de l'espace-temps. Aussi, le principe de la conservation de l'énergie ne me semble être qu'une approximation de la physique classique dans laquelle l'énergie évolue dans un système où la courbure de l'espace-temps est invariante dans le temps. En effet, si on vient à modifier la courbure de l'espace-temps, en appliquant un opérateur de courbure ou de dé-courbure, on peut modifier la quantité d'énergie du système qui n'est alors plus constante. Notez bien que je ne suis pas du tout certain de ce que je dis ici. C'est peut-être totalement faux. Je raisonne à haute voix comme ça me vient, mais s'il vous plaît, ne prenez pas au pied de la lettre tout ce que je vous raconte...

Cependant, il existe aussi - comme je l'ai précisé au début - une autre forme des équations de la cosmologie, un peu plus facile à manipuler. C'est l'équation de l'Univers de Friedmann, Lemaître, Robertson et Walker qui présente l'évolution du monde selon son temps propre, avec ce que l'on nomme le « facteur d'échelle » ; c'est-à-dire la variation de la distance entre deux objets, du fait de l'expansion de l'Univers. L'intérêt pour moi de cette deuxième forme de représentation, est surtout la décomposition qui est faite de l'énergie, en différentes natures et qui permet de rendre compte de l'histoire de l'Univers, selon que celui-ci ait été dominé à un moment par la courbure, le rayonnement, la masse ou l'énergie noire.

Le problème de cette théorie est qu'elle ne prend pas du tout en compte les effets quantiques que l'on observe pourtant tous les jours. Aussi nous sommes certains qu'elle est fausse lorsqu'on se rapproche de géométries très courbées, présentant même des singularités, comme c'est le cas à l'origine du Big-bang ou au centre des trous noirs.

De nombreuses autres théories ont été développées depuis pour résoudre ce problème (les théories des cordes, la gravité quantique à boucle, celle de la non-commutativité, celle des structures causales, etc.) mais aucune n'a pu, à ce stade, totalement convaincre *l'ensemble de la communauté scientifique de son exactitude.*

Par ailleurs, et pour être complet sur le sujet, il faut ajouter à cela que nous ne savons en définitive pas grand-chose de ce que contient notre Univers. On connaît au mieux cinq pour cent de la nature de notre monde, mais on ne sait pas vraiment ce qu'est la matière noire, qui représente tout de même vingt pour cent de la masse gravitationnelle, soit quatre fois plus que la matière que l'on connaît. Et plus encore, on ne connaît rien de l'énergie noire ou de la nature du phénomène de l'expansion accélérée de l'Univers qu'elle génère et qui domine aujourd'hui à soixante-quinze pour cent, et ce, même si Horus nous a donné une piste intéressante à suivre sur ce sujet dès le début du dîner...

Il faut aussi se rendre compte que nous ne pouvons observer que la partie de l'Univers que la lumière veut bien nous laisser voir. Pour calculer la taille de notre Univers observable, il faut tenir compte de l'âge de celui-ci, qui pour rappel est de treize virgule huit milliards d'années environ, mais aussi de l'expansion de l'Univers. Ainsi ces treize virgule huit milliards d'années lumière, représentent aujourd'hui d'après certains calculs, un peu plus de quarante-six milliards d'années lumière, qui forment donc notre horizon cosmologique. Mais, il n'y a aucune raison que la Terre qui n'a que quatre virgule cinq milliards d'années ait été créée au point zéro des coordonnées spatiales du Big-bang. On sait par conséquent que l'Univers est bien plus grand encore et qu'une immense partie, n'est tout simplement pas observable depuis notre position. Au mieux on peut envisager par exemple que deux photons aient été produits trois cent quatre-vingt mille ans après le Big-bang avec des états quantiques intriqués et que si l'un d'entre eux nous parvient, alors on peut connaître l'état quantique du second photon, bien que ce dernier soit au-delà de notre Univers observable.

Enfin, en sus de la description de notre contenant et de son contenu, est la question de l'extérieur de notre Univers. Si on considère comme Mery ou Horus le font que notre Univers est fini, mais que l'ensemble du monde est quant à lui infini, il doit alors exister une infinité d'autres univers tels que le nôtre, et/ou même totalement différents. La physique parle ici de « multivers ». La logique voudrait qu'on soit bien dans ce cas de figure, mais là, seuls les dieux peuvent nous aider à nous extraire de notre espace-temps-énergie, pour accéder à l'éternité et observer l'infinité du monde.

Cela pose cependant de nouvelles questions sans réponses : si multivers il y a, les univers qu'il contient sont-ils contigus par exemple - ce qui signifierait des échanges ou interactions possibles entre univers. À l'inverse existe-t-il un « vrai » vide entre chaque univers - ce qui imposerait cette fois de facto une loi de destruction du vide pour créer un univers ? L'énergie noire dont on ne comprend pas actuellement la provenance ne peut-elle venir de l'action de l'extérieur de notre Univers sur la structure de notre espace-temps - ce qui expliquerait qu'on ne puisse l'observer ? En réalité, comme le concept du multivers est lié à celui de l'infini, tout y est possible et même tout y est nécessairement...

Horus se mit à nouveau à déclamer de la poésie :

Je ruisselle de mercure et la vie se retire.
Je m'informe en sculpture et l'ennui me déchire.
La fatigue choisit une forme et m'apaise.
L'envie s'affaiblit je m'isole d'une allaise.
Voilà maintenant le seuil de l'éternité.
J'entrevois la porte caressant la saleté
S'écoule le long du fleuve bleu le Yang Tsé
Je m'y noie doucement le souffle disparaît.
Curieusement absent, je pense en réchapper
Alors que mon inquiétante ombre m'apparaît
Soudainement plus noire que par son habitude.
Un réflexe m'échappe et libère mes chaînes
Il faut la remonter, mais la pente s'allonge

Chapitre 15 : En quoi sont les dieux ?

— *Ce jour du mois de mai, reprit Hehou, était particulier. Il s'agissait d'une fête de la Lune dont les astrologues avaient prédit à l'avance la mort, avant de renaître de ses cendres. Ce phénomène était bien connu, les Égyptiens de l'antiquité sachant de toute évidence prédire les éclipses lunaires, ce qui laisse à penser qu'au moins certains d'entre eux avaient déjà une idée de la trajectoire respective de la Terre, de la Lune et du Soleil. Or pourtant, leur théologie n'en laissait rien paraître. La Lune qui était à Thèbes, l'émanation de Khonsou, le fils d'Amon-Ré et de Mout, était fortement liée à la renaissance des êtres, sans beaucoup plus d'explications toutefois. Mais alors que les éclipses solaires étaient particulièrement redoutées, vues comme des attaques directes et malfaisantes du serpent Apophis contre le Soleil Ré, les éclipses lunaires étaient au contraire plutôt bienveillantes, symboles du renouveau du monde.*

La fête était par conséquent au rendez-vous. Khonsou, sous la forme de la pleine Lune, venait de réapparaître, progressivement, triomphant en quelques minutes de l'ombre de la Terre, passant d'une couleur brune, très sombre, à un éclat beaucoup plus lumineux qu'on lui connaissait bien. Il faut dire qu'à Thèbes, il ne pleut que quelques jours en moyenne dans l'année, généralement en janvier et que le ciel presque entièrement dégagé de tout nuage, laisse tout le loisir pour faire des observations astronomiques. Les réjouissances, les chants et la musique battaient leur plein, les danseuses s'en donnaient à cœur joie, et c'est ainsi toute la ville de Thèbes, qui était réunie devant le Temple de Karnak ou celui de Louxor, pour admirer la renaissance de Khonsou.

Mery était avec son fils Meryamon et sa femme Tayet. Ils regardaient ensemble le spectacle, et notamment leur amie Satis qui jouait avec d'autres de la harpe tout en chantant d'une voix suave. Ils participaient tous activement à cette grande fête exubérante, en dansant et buvant autour de feux qui avaient été allumés pour l'occasion. Mais épuisé par tant d'efforts, Mery s'était mis un peu à l'écart avec Tayet. Ils demeurèrent là, assis par terre en tailleur comme bien d'autres, à observer les danseurs prodigieux et le feu crépitant, devant les grandes portes fermées du Temple. Les Égyptiens jetaient dans le feu des herbes aromatiques et des encens, dans l'espoir que ce geste participe à la satisfaction de Khonsou, ce qui contribuait à délivrer une ambiance festive et sensationnelle, avec un dégagement d'odeurs tantôt apaisantes, tantôt captivantes, voire même parfois euphorisantes. Mery interrogea Tayet, en lui faisant part de quelques-unes de ses réflexions et de ses inquiétudes.

« Je ne sais Tayet si je vais finalement réussir à être promu prêtre de second rang auprès d'Ounnefer. Plus le temps ou l'espace passent et plus j'ai l'impression de voir le monde différemment de celui édicté par le Temple.

— *Est-ce si important pour toi ce poste de prêtre, lui répondit Tayet ? Tu ne te contentes jamais de ce que tu as. Tu es un éternel insatisfait. En quoi d'ailleurs ta vision du monde t'empêcherait-elle d'accéder à cette fonction ? Crois-tu vraiment que tout cela a une quelconque importance ? Tu es déjà un très bon scribe et très peu d'Égyptiens peuvent en dire autant… Je ne comprends même pas pourquoi tu en cherches encore davantage. Tout ce que tu vas finir par trouver en continuant ainsi, ce sont surtout des ennuis qui t'empêcheront de dormir. Crois-tu qu'Ounnefer est plus heureux que nous, dans son palais ? Certes il dispose de serviteurs en nombre, mais au final rends toi bien compte qu'il est davantage un esclave au service de Pharaon, qu'autre chose. Mais après tout, si jamais tu y tiens tant, il te suffit de leur faire penser que tu es d'accord avec leur vision. Tu réfléchis beaucoup trop Mery, va droit au but, sans te préoccuper de tout ce qui se trouve autour de toi.*

— *Je ne peux pas faire ça Tayet. C'est comme si tu me demandais d'être quelqu'un d'autre. Même si j'arrivais à mentir au Temple et à vivre ainsi reclus dans mes propres pensées, que crois-tu qu'il m'arriverait le jour où je devrais passer devant le tribunal d'Osiris ? Il n'est pas possible de mentir devant la plume de Maât, la grande harmonie du monde. Je serai alors au mieux réduit à errer dans le monde souterrain des morts. Est-ce l'avenir que tu souhaites pour moi ?*

— Non bien sûr, je t'aime Mery et ne veux que ton bonheur. Mais en quoi d'ailleurs ta vision serait-elle incompatible avec celle du Temple ?

— Je pense qu'Amon-Ré est l'unique Dieu qui a créé notre monde.

— Mais tout le monde pense ça ! Crois-moi cette vision ne posera pas de problème pour le Temple.

— Oui, mais je ne crois pas, par exemple, que Mout ou Khonsou soient de vrais dieux.

— Houlà... ! Mais nous venons juste ce soir de contempler Khonsou renaître de lui-même. Comment ne peux-tu pas croire en ce que tu viens de constater ? Je ne te comprends pas Mery... C'est là, devant tes yeux, et toi tu penses que ça n'a pas eu lieu...

— Je n'affirme pas ça Tayet. Je dis simplement que même si Khonsou ou Mout existent bien, ils ne peuvent pas être des dieux tels qu'Amon-Ré l'est ou pourrait l'être.

— Je ne sais pas quoi te dire, si ce n'est surtout de ne rien raconter de tout cela au Temple. Pense un peu à moi et à Meryamon. Si tu vas expliquer ce genre de théories au Temple, tu risques le pire et je devrais finir d'élever toute seule Meryamon. »

— Le lendemain matin, reprit Hehou, Mery avait donné rendez-vous à Satis devant les portes de l'entrée *principale du Temple. Il souhaitait évoquer avec elle la controverse qu'il avait eue la veille avec Tayet. Le ciel était comme à son habitude d'un bleu profond, dépourvu de tout nuage. Mery attendant que Satis le rejoigne, considérait la foule des pèlerins qui commençaient à s'amonceler aux abords du Temple. Tout un groupe de prêtres de Ptah, venant des contrées du nord, le sollicita pour connaître l'heure à laquelle serait prononcée la prochaine homélie du premier grand prêtre Ounnefer. Mery les salua amicalement et leur souhaita tout d'abord la bienvenue en ce lieu séraphique. Il en profita pour faire un signe de la main à Satis qu'il venait d'apercevoir, afin qu'elle le rejoigne. Mais alors qu'il accueillait individuellement chacun des prêtres, il se retrouva soudainement nez à nez avec la femme nubienne qui l'avait menacé quelques mois plus tôt. Il fut si surpris qu'il se sentit en premier lieu totalement désarmé. Il resta là comme tétanisé, ne sachant que faire et ne prenant pas réellement conscience de la situation. La femme l'agrippa sans ménagement par la manche de sa tunique. Elle le tenait maintenant fermement et commença par l'injurier vertement de mille noms d'oiseaux. Puis hurlant qu'il n'était qu'un charlatan et un escroc, elle l'accusa de toutes les turpitudes, avant de prendre à partie le groupe des prêtres, leur expliquant tous les méfaits qu'il avait bien pu commettre. Mery commença alors à se défendre, en réprouvant les propos acerbes et malveillants de cette femme qu'il niait connaître, puis cherchant d'autres arguments plus fallacieux encore pour tenter de se disculper. Tous les badauds se rassemblèrent progressivement, formant dès lors une foule de plus en plus compacte devant ce début d'altercation. Plus loin deux gardes en armes, tentaient de se frayer un chemin à travers cet attroupement qui troublait de toute évidence l'ordre public. Mais Satis qui avait finalement réussi à rejoindre Mery, le tira d'un coup sec vers elle, laissant à la femme nubienne comme seul trophée, la manche de la tunique de Mery.*

« Suis-moi vite, dit-elle ! »

— Tenant Mery par la main, elle se précipita dans les jambes des individus qui formaient l'attroupement, pour mieux se faufiler à travers la foule, sans qu'ils ne soient repérés ni de la femme, ni des gardes qui arrivaient lentement sur les lieux. Cette première barrière passée, ils sautèrent par-dessus une accumulation de ballots et de jarres qui séjournaient habituellement en ce lieu pour achalander les artisans et commerçants. Ils se mirent alors à courir à perdre haleine, fendant la foule dans tous les sens, avant de se diriger vers l'arrière du Temple. Puis totalement essoufflés, Mery et Satis se cachèrent un instant à l'abri d'une charrette qui stationnait sur le bas-côté. Au bord de l'apoplexie, Satis eut une crise de fous rires incontrôlée, entraînant Mery dans une hilarité et une hystérie contagieuses. Ce dernier dont la tenue était en haillons, jetait de rapides coups d'œil par-dessus leur cachette, afin de vérifier qu'aucune personne ne cherchait à les rattraper. Rapidement ils furent rassurés et purent se diriger en marchant cette fois normalement, vers une entrée secondaire du Temple.

Le calme revenu en ce même après-midi, Mery et Satis se retrouvaient à nouveau dans la grande salle de Nout, pour poursuivre leur formation en compagnie d'Ounnefer.

« Plus nous nous approchons ô grand prêtre, de la cérémonie tant attendue de notre intronisation en tant que prêtres du Temple et plus mes interrogations et mes doutes sur la vision du monde sont grands.

— En effet Mery, dit Ounnefer, j'ai également pu constater cela. Réfléchir sur le monde est je l'admets un sujet des plus enivrants. Mais je t'invite aussi fortement à bien étudier et mûrir ce que tu souhaites faire dans l'avenir. Il te faut comprendre que les choix que tu devras faire bientôt, sont structurants et engageants pour le reste de ta vie. Nous t'avons choisi pour devenir prêtre du Temple et c'est un grand honneur me semble-t-il. Beaucoup de nos compatriotes doivent t'envier ce privilège. Mais si ta vision du monde diffère trop de celle promue par le Temple, il ne te sera pas possible d'accéder à la prêtrise.

Mais parle-moi maintenant de tes nouvelles interrogations.

— Je crois ô grand prêtre qu'il nous faut nous poser une première question, plus fondamentale encore que celles abordées jusqu'ici. En quoi un dieu est-il de nature divine ? Quels sont finalement les caractéristiques essentielles d'un dieu ? Est-ce la création du monde ? Est-ce la perfection du monde ? Quels sont ses attributs ? Est-

ce le pouvoir, l'unicité, l'infinité, la sagesse, la bonté, l'origine, la cause, l'éternité, l'immatérialité, l'aspacialité ? Est-ce le tout réuni ? Il est bien compliqué de formuler une définition précise, de quelque chose dont la nature même dépasse notre entendement...

Pour moi, s'il existe, un dieu ne peut qu'être tout ça à la fois et à l'évidence davantage encore, tenant compte de tous les attributs que je n'ai pas pu ou su citer, ne les connaissant pas. Car en effet, s'il lui manquait ne serait-ce qu'un seul de ces différents attributs, alors serait-il encore vraiment un dieu ? Bien sûr, c'est une définition qui m'est propre et je sais bien qu'elle n'est peut-être pas forcément partagée par tous. Je rapproche ainsi simplement Dieu de la notion de « tout » et qui contient d'ailleurs en premier lieu rien ou le vide, car si un dieu ne contient pas le vide, alors il n'est pas tout. Un dieu est ainsi un être entier par la somme de ses attributs, eux même intègres et parfaitement achevés dans leur fondation et leur construction.

Les définitions de l'unité, de la limite, de la substance, de la matière, de la pensée, de l'espace et du temps, étant maintenant entendues, la question essentielle pour moi est celle de ce que sont les dieux et qui se décline comme étant celle de l'existence d'une limite à l'unité de la substance du monde, c'est-à-dire ce sujet qui persiste, supporte et sous-tend toutes les caractéristiques et propriétés du monde. Existe-t-il ne serait-ce qu'une telle limite à toute la substance du monde ?

Si le monde se suffit à lui-même, sa substance y représente la limite d'une quantité qui reste ouverte à la pensée, finie ou infinie. Et rien n'est alors plus facile de lui donner le nom d'Amon-Ré, qui peut être considéré comme l'unité même de cette substance. Son existence en est de fait prouvée.

En revanche, si le monde que nous connaissons ne se suffit pas à lui-même et qu'il convient de lui associer par exemple d'autres mondes interagissant avec lui, peut-on encore donner le sens de Dieu à la limite de l'unité de la substance du monde ?

La question de l'existence de dieux secondaires tels que Mout, Khonsou, Tefnout, Geb ou Osiris, comme celle de la présence de limites partielles, se pose ici. En effet s'il existait des divinités dérivées d'Amon-Ré, des sous-limites créatrices de mondes différents, celles-ci ne pourraient pas représenter par elles-mêmes la substance du monde, puisqu'elles ne se suffiraient pas à elles-mêmes. Dans un tel cas de figure, il ne peut donc exister qu'une seule et unique unité divine, celle d'un seul dieu, celui d'Amon-Ré, le Dieu créateur du monde.

Enfin dans le cas contraire, où le monde ne se suffirait pas par lui-même, Dieu en tant qu'existence d'une limite à la substance du monde n'aurait pas de sens, car la limite ne se suffirait alors pas par elle-même et si elle existait bien, elle ne représenterait pas par conséquent l'unicité de la substance. Elle ne pourrait être « tout » et alors Dieu n'existerait pas. Ou donc Amon-Ré est unique et se suffit à lui-même, ou il n'est pas !

— Tu t'engages ici Mery sur un terrain dangereux où s'est déjà aventuré le Pharaon maudit Akhenaton, le père de Toutankhamon et qui pensait que Aton - le Dieu Soleil - était le seul et unique dieu. Cela n'a conduit l'Égypte qu'à une épouvantable catastrophe dont nous avons mis plus de quinze ans à nous remettre. Ce propos est donc tout simplement inacceptable, Mery. Je te donne deux jours et deux nuits pour y réfléchir. Tu reviendras alors devant moi pour proposer une nouvelle version de ta vision du monde.

Autre chose... ajouta Ounnefer en brandissant la manche de la tenue qui avait été arrachée à Mery le matin même. »

— A la vue de celle-ci, Satis ne put s'empêcher de pousser un cri aigu qu'elle tenta d'étouffer en mettant sa main devant sa bouche.

« On m'a rapporté une sorte d'altercation avec une nubienne, qui se serait déroulée semble-t-il ce matin, devant les grandes portes du Temple. Je ne vais pas lancer une enquête sur ce sujet, puisque mes espions m'ont déjà relaté les grandes lignes de ce qui s'est passé. Je tiens toutefois à vous rappeler à tous les deux que je ne tolérerai aucun désordre au sein du Temple et surtout pas de la part d'apprentis à la prêtrise... »

— *Mery qui avait entre-temps changé de toge, joua l'indifférence et l'incompréhension totale… Ils sortirent lentement à reculons, tout en manifestant le respect dû au premier grand prêtre. Mais dès que les portes de la salle de Nout furent refermées, Satis et Mery s'enfuirent une nouvelle fois précipitamment dans un grand éclat de rire.*

*

Pour une fois, la logique voulait qu'on interroge à notre table, le seul dieu que nous ayons et qui était évidemment le plus compétent en la matière :

— *Horus, interrogea Tal avec malice, toi qui te prétend être un dieu, dis-nous donc pourquoi Mery a-t-il eu tort selon toi ? Son raisonnement semble pourtant logique, mais il est contradictoire avec ta présence auprès de nous ce soir…*

— *Il a eu tort, car il pensait l'Univers comme un tout, dans lequel le ou les dieux comme les humains sont réunis au sein d'une même entité. Mais ce n'est pas le cas. Comme je vous l'ai déjà dit dès le début du dîner je crois, nous ne faisons pas partie de votre monde. Nous y sommes totalement extérieurs et c'est d'ailleurs la raison pour laquelle nous avons pu le créer. Lorsque vous créez un objet, vous ne pouvez jamais en faire partie. Au mieux vous pouvez vous y représenter, où même vous y projeter,* mais il ne peut jamais être vous, du fait du principe de causalité. Vous pensez votre monde comme étant un tout unique. C'est une vision encore très anthropocentrique des choses. Si vous pensez le monde comme une pluralité et même comme une infinité, alors son argumentaire ne tient plus.

— Désolé Horus, reprit Tal, mais tu ne m'enlèveras pas ma croyance en un dieu unique qui n'est clairement pas toi. Le Dieu Allah est pour moi le seul et unique dieu. Je trouve même incroyablement blasphématoire de se dire être Dieu. Je ne sais pas trop ce que tu es, peut-être es-tu l'une de ses représentations et tu ne le sais pas toi-même. Ce serait un moindre mal. Ta propre méconnaissance de ce que tu es te fournirait une sorte d'excuse de penser ainsi. Dans le cas contraire, ton comportement est tout simplement une offense et une impiété.

— Encore une fois Tal, je ne cherche à convaincre personne et ne blâme quiconque pour ses croyances que je respecte parfaitement. Je t'ai présenté ma version, mais je ne m'évertue plus aujourd'hui à développer un quelconque prosélytisme. Si tu ne souhaites pas l'entendre, tu en es parfaitement libre. Il ne te sera juste pas possible d'accéder à l'éternité, mais tu ne seras ni la première ni la dernière dans ce cas.

— Tout cela est grossier et injurieux envers ma foi, répliqua Tal soudainement à nouveau agressive.

— Pour ma part Tal, intervint Hehou, je suis tout comme toi un musulman pratiquant qui tente de respecter toutes les règles du Coran aussi bien que je le peux. Et contrairement à toi qui bois par exemple du vin, je ne crois pas qu'on puisse me reprocher quoi que ce soit de ce point de vue.

— Je sais cela parfaitement Hehou, lui répondit Tal beaucoup plus calmement, en baissant quelque peu les yeux. Et je ne prétends pas avoir de mon côté un comportement toujours exemplaire.

— Cependant, reprit Hehou, je suis aussi un descendant d'un dieu Égyptien de l'antiquité. Ma famille est respectée depuis plus de deux mille ans pour cela et ça n'a rien d'incompatible avec le fait de croire ou non en Dieu. Je connais par ailleurs d'autres familles égyptiennes plus illustres encore que la mienne, qui sont dans le même cas de figure, avec une ascendance pharaonique divine. Je suis donc sur la même ligne de pensée qu'Horus et je crois également que Neith est sur la même longueur d'onde que moi.

Neith confirma, d'un simple hochement de la tête.

— De mon côté dit Anita, c'est plus complexe. Je pense que tous les dieux existent, les dieux égyptiens bien-sûr, mais aussi les grecs, les romains, babyloniens, hindous, mayas, aztèques, chrétien, musulman, juif, etc. Et c'est pour moi - en tant qu'archéologue - la meilleure façon de

comprendre ce que nos ancêtres pensaient. Pour appréhender leurs comportements, il faut avant tout se mettre à leur place. J'ai donc décidé de croire en tous les dieux de toutes les civilisations. Ma religion est donc l'archéologisme. C'est une nouvelle religion que j'ai inventée au gré de mes recherches. C'est un peu comme le total opposé d'un athée.

Tout le monde se mit à plaisanter de cette nouvelle religion plurielle et multiforme qu'Anita venait de nous inventer.

— Cela m'aurait étonné, dit Tal, que la chouchou de Mery ne vienne pas nous informer d'une nouvelle extravagance de sa part. Et toi, m'apostropha-t-elle ? En tant que physicien ou scientifique, je suppose que tu ne peux être qu'athée ou au mieux agnostique ?

— Non pas du tout, dis-je. De mon côté, je ne me pose en fait pas cette question sous cette forme. Je ne crois pas en dieu, mais pas parce que je pense que le ou les Dieux n'existent pas, mais car je n'aime pas, ne pas avoir le contrôle de ma propre pensée. Or « croire » c'est pour moi en quelque sorte déléguer ou reléguer une partie de ma conscience et de ma pensée vers un autre objet, une autre unité dirait Mery. Je ne « crois » tout simplement pas ! Mais pas plus en dieu qu'en autre chose. Ce qui me gêne dans « croire en dieu », ce n'est pas tant dieu, que « croire ». Personnellement, je « sais », ou je ne « sais pas ». Et c'est donc un positionnement très différent.

Jusqu'à aujourd'hui j'étais plutôt sur une position de ne pas « savoir Dieu », mais maintenant qu'Horus est devant moi, je ne m'interdis nullement de savoir que Dieu est en Horus.

Mais plus généralement encore, le propre du raisonnement scientifique est de remettre systématiquement en question ce que l'on pense savoir comme étant une certitude. C'est une méthode de pensée basée sur le doute. À l'évidence, une telle approche est incompatible avec le fait de croire en quoi que ce soit, mais elle ne se satisfait pas non plus réellement de savoir, car même cette connaissance acquise doit être remise en question. En conséquence, et bien qu'observant actuellement la divinité d'Horus, je m'impose tout naturellement de la mettre en doute. En vérité, je ne pourrais donc jamais croire ou même savoir Dieu, je doute simplement de son concept même, mais ni plus ni moins que de celui de tous les autres concepts. Ainsi, et contrairement à la très grande majorité de mes compatriotes, ce n'est pas pour moi une question plus importante qu'une autre. La question est posée, des réponses ont été apportées par les uns et les autres et j'émets simplement un doute scientifique sur celles-ci.

Chapitre 16 : La décision

Il était très tard dans la nuit. Nous étions maintenant totalement seuls sur le bateau. L'ensemble du personnel avait été renvoyé et Hehou semblait fatigué, mais désireux comme chacun d'entre nous, de poursuivre jusqu'au bout la soirée. Nous fîmes une pause en nous dégourdissant quelque peu les jambes, déambulant sur le pont de la dahabeya. Puis chacun revint s'assoir autour d'un café ou d'un thé qu'Hehou nous prépara lui-même.

— Si vous me le permettez, nous proposa notre hôte, je vais maintenant laisser Anita évoquer la suite de ce récit, car elle nous a annoncé la semaine dernière qu'elle avait réussi à traduire la dernière série des papyrus que nous avons retrouvés. Il se trouve que nous avons eu le temps d'en discuter ensemble hier. J'ai donc le privilège d'en savoir davantage, mais je pense Anita - si tu en es d'accord - qu'il est préférable que tu présentes toi-même la suite de cette histoire ?

— Merci Hehou, dit Anita en prenant la parole au bond. En effet, cela a été très long, tout d'abord parce que le nombre d'informations de ces derniers rouleaux de papyrus était encore très important, mais aussi parce qu'ils ont été moins bien conservés par le temps, certains se trouvant en dessous, et donc plus ou moins écrasés par les premiers rouleaux, d'autres encore ayant été

retrouvés dans une toute autre partie du mur. Il a fallu par conséquent les déplier avec une plus grande minutie encore, en reconstituant les fragments qui se délitaient au fur et à mesure du déroulement des rouleaux. Mais nous avons fini par réussir ce travail. L'étape suivante a bien sûr été de conduire une première traduction, puis une analyse de celle-ci. Avec mon équipe, je n'ai pas entièrement terminé cette activité, mais nous arrivons malgré tout à la fin de nos travaux et je peux donc maintenant vous dévoiler la primeur de leur contenu.

Le grand prêtre Ounnefer était arrivé à la fin de son enseignement. Nous ne savons pas réellement ce qu'est devenu le troisième comparse de Mery et Satis, dont nous n'avons même pas le nom. Car alors qu'il apparaît clairement dans les premiers rouleaux de papyrus qu'ils étaient bien trois au début de l'enseignement, la mention de celui-ci disparaît assez rapidement et nous ne le retrouvons pas dans la suite des documents. Il se peut qu'il soit décédé entre-temps, ou que pour une raison ou une autre, il n'ait pas pu suivre le même enseignement que ses deux compagnons. Toujours est-il qu'à un mois de la fin de leur formation, seuls Satis et Mery étaient encore présents.

Il me faut aussi vous signaler que nous avons en fait retrouvé des rouleaux de deux natures différentes. Les premiers ont très clairement été rédigés par un scribe du Temple. Nous ne savons pas qui exactement. Je doute fortement qu'il puisse s'agir d'Ounnefer lui-même, qui même s'il était impliqué, avait la charge du fonctionnement du plus grand temple d'Égypte et n'avait sans doute pas le temps de rédiger cela. Il doit donc s'agir d'un autre prêtre scribe, possédant cependant un rôle très certainement important auprès d'Ounnefer. De cette dernière série de papyrus, ce sont les rouleaux les mieux formulés et les mieux conservés. Comme vous allez le constater, nous comprenons de ces rouleaux la position officielle du Temple, mais nous y reviendrons.

Les seconds ont de toute évidence été rédigés par Mery lui-même. Ce sont ces papyrus qui ont été retrouvés à un endroit différent de tous les autres, comme si le dépôt des deux types de papyrus n'avait pas été réalisé en même temps, ou par les mêmes personnes. Ces écrits ont été produits sur des papyrus de moins bonne qualité et sont moins bien travaillés dans leur forme et leur contenu. En revanche, ils nous permettent de percevoir le point de vue de Mery, sur les événements qui vont suivre et en cela, il s'agit vraiment d'une chance extraordinaire pour nous, plus de trois mille quatre cents ans plus tard, de pouvoir comprendre deux points de vue différents de ces mêmes événements.

Mais bref, je vois que le temps passe et je m'égare... Nous comprenons qu'un problème important a eu lieu à la suite de la dernière discussion entre Ounnefer et Mery, ce dernier ayant défendu l'idée qu'Amon-Ré était l'unique Dieu créateur du monde et qu'aucun autre dieu ne pouvait être. Les deux jours qui avaient été laissés à Mery pour modifier sa vision du monde n'ont semble-t-il pas suffi pour le faire changer d'avis. Son enseignement a *donc été stoppé net et une sorte de procès contre Mery a été engagé par Ounnefer et le Temple. Quand je parle de « procès », ce n'est probablement pas le bon terme. Il ne faut pas y voir, ici, un procès judiciaire, comme cela pourrait se passer aujourd'hui. Mais il s'agit toutefois d'une réunion du Conseil du Temple, avec une mise en accusation de Mery au vu des propos qu'il avait pu tenir. Mery était totalement libre de ses mouvements et pouvait présenter sa défense comme il le souhaitait, même si aucun avocat ne semble l'avoir ni accompagné, ni conseillé. Cela s'est entièrement passé au sein du Temple, aucun garde armé du Pharaon Horemheb n'a jamais été impliqué. Il se peut que la justice du Pharaon n'ait même pas été informée de tout ça. Il s'agissait des affaires internes du Temple et elles devaient sans doute se régler comme cela, sans le besoin particulier de faire intervenir des tierces personnes. Il est vrai qu'à cette époque le Temple de Karnak était en soi, une telle institution avec un poids si important au sein de la société égyptienne, que je vois mal comment ce sujet aurait pu être dévoilé au grand jour, sur la place publique. Ounnefer qui était avant tout le garant de l'institution religieuse du pays était politiquement et socialement presque l'égal du Pharaon. Il avait une énorme responsabilité sur ses épaules. La religion égyptienne, même si elle avait évolué à de nombreuses reprises existait d'une façon ou d'une autre depuis déjà plus de deux mille ans, son origine remontant probablement plus loin encore dans le temps, transmise par voie orale depuis le néolithique. Ounnefer devait régler ce problème au sein du Temple, sans en informer qui que ce soit, avec le souci* permanent d'assurer la continuité des cultes égyptiens, éléments fondateurs de la civilisation.

Toujours est-il que ce procès se déroula sur une période d'une semaine du calendrier égyptien, qui comptait dix jours. Et ce, à moins d'un mois seulement du nouvel an tant attendu de la saison d'Akhet, marquant comme chaque année le début de l'inondation, mais surtout en l'occurrence le renouvellement de l'ensemble du calendrier égyptien, puisque cette année-là devait - je vous le rappelle - voir coïncider le début du lever héliaque de l'étoile Sirius, avec la date du solstice d'été. Et quand je parle de renouvellement, je pense qu'il faut en fait comprendre « renaissance ». Il ne faut pas oublier que ce phénomène céleste était considéré comme un événement majeur, qui était connu, attendu et anticipé de tous et qui ne se présentait que tous les mille cinq cents ans environ. C'était vu pour tout un chacun, comme une preuve que les éléments fondateurs de l'Égypte antique étaient bien réels et cela lancerait par conséquent un nouveau cycle de mille cinq cents ans, comme la renaissance du monde.

Le Conseil du Temple ne devait en aucune manière perturber le bon déroulement quotidien des prières et des offrandes faites à Amon-Ré, Mount ou Khonsou. Aussi ne commençait-il qu'après le coucher du Soleil dans le corps de Nout. Chaque soir, Mery se présentait devant la porte de la grande salle, où il avait passé tant de temps à discuter en compagnie d'Ounnefer, de Satis et du troisième personnage dont nous avons perdu le nom. Le Conseil était composé en tout et pour tout de sept prêtres : Ounnefer bien sûr qui trônait au milieu, en tant que grand prêtre du Temple, mais aussi six autres prêtres, dont trois de seconde classe, deux de troisième classe, ainsi qu'une grande prêtresse, divine adoratrice d'Amon-Ré. Nous ne connaissons pas la disposition relative des uns et des autres dans la pièce, mais nous avons en revanche la titulature de chacun des prêtres, avec leurs noms et fonctions au sein du Temple et nous avons même le nom de leur mère ascendante. Comme aucune autre personne n'est indiquée, j'en déduis que l'un des six prêtres avait une charge de scribe et devait rédiger en séance les rouleaux que nous avons retrouvés, ou du moins prendre des notes, pour pouvoir rédiger plus tard ces papyrus.

L'un des prêtres jouait en outre un rôle de procureur. Il rappela ainsi les faits :

« Mery, dit-il, il y a maintenant plusieurs années de cela, du fait de ton illustre parenté et de ton niveau d'éducation originel, tu as été accueilli au sein de notre Temple. Karnak est le plus estimé des lieux, connexion entre le monde des hommes et celui des dieux, architecture sacrée dédiée au créateur de l'Univers : Amon-Ré - fusion de l'astre solaire qui illumine les cieux et combat sans relâche le grand mal Apophis - avec celui qui caché, à l'origine du monde, fertilisa par sa semence le cosmos et donna la vie. Karnak est également le lieu de repos éternel des barques thébaines d'Amon, Mout et Khonsou, et le départ de la voie processionnelle que les dieux empruntent lors de la grande fête d'Opet. Depuis maintenant trois ans précisément, notre grand prêtre Ounnefer, nommé de Pharaon, par son travail acharné, *sa parole, sa sueur et ses larmes, t'a enseigné ce que Thot lui-même, Dieux de la connaissance, lui a soufflé. Mais loin de mesurer l'immense honneur qui t'avait été fait, tu as appris sans comprendre. Tu t'es glissé dans des conjectures sur l'origine et le déroulement du monde qui n'ont semble-t-il, fait que perturber ton cœur. Afin de pouvoir toutefois statuer sur la possibilité ou non de ton intronisation à la prêtrise au sein du Temple de Karnak, tu vas nous relater et nous expliciter durant neuf jours, ta position sur les différents sujets que nous allons te soumettre. Le dernier jour de la semaine sera pour le Conseil du Temple un jour de délibération auquel tu ne seras pas convié. Nous te communiquerons alors notre décision qu'il te faudra appliquer dans tous les cas. As-tu bien compris le sens de mes paroles Mery ?*

— J'ai compris ô prêtre de seconde classe. Je m'en remets entièrement aux décisions du Conseil du Temple. »

— C'est ainsi, reprit Anita, que durant neuf soirs de suite, à la lumière des feux allumés de la grande salle, Mery dut exposer sa vision du monde. Furent ainsi passés en revue sa maîtrise des textes, prières et offrandes aux dieux, ses compétences générales en matière de théologie et de cosmogonie égyptiennes, ses pratiques et son expérience acquise concernant les principes de momification des corps, sa connaissance historique et chronologique de l'Égypte, ses connaissances en architecture et sculpture sacrée, son respect de l'aristocratie et de Pharaon, sa vision du monde des

morts, sa connaissance de la magie et de la matière et celle du monde physique et de la pensée. Chaque exposé de Mery durait environ deux heures et était suivi d'une série de questions et de réponses.

Malgré les recommandations de Satis et de sa femme Tayet, Mery ne chercha pas spécialement à tricher sur sa façon de voir les choses, d'autant qu'Ounnefer connaissait déjà toutes ses thèses. Jusqu'au huitième soir, il s'était d'ailleurs plutôt bien débrouillé dans ses explications. Durant ces trois années, il avait été un étudiant très appliqué et s'il s'était certes quelque peu trompé dans l'ordonnancement de certains très anciens pharaons, ou dans la filiation de certains dieux de septième niveau, ce n'était pas réellement rédhibitoire pour lui conférer le titre de prêtre. Cela avait même déclenché un certain débat au sein du Conseil, entre ceux qui voyaient en Khentamentiou une forme antique d'Osiris et ceux qui tout au contraire défendaient bec et ongles, qu'il était un gardien funéraire à part entière de la nécropole royale prédynastique d'Abydos et qu'il avait eu un rôle en la matière au moins jusqu'à la quatrième dynastie.

— Il existait donc bien dans l'antiquité égyptienne, une perception de l'histoire et de sa propre antiquité, dis-je. C'est ce que tu évoquais tout à l'heure…

— Oui cela peut nous paraître étrange, mais on sait en effet que toute la période prédynastique et peut-être même celle du néolithique devaient représenter pour les

Égyptiens de cette époque l'équivalent de ce qu'est l'antiquité pour nous. Nous avons d'ailleurs dans l'histoire la trace, quelques années plus tard, d'un premier archéologue, Khâemouaset, qui n'était autre que le quatrième fils de Ramsès II et qui a travaillé à l'étude et à la restauration de beaucoup de temples.

Mais revenons à Mery. Les choses se sont gâtées, comme vous pouvez l'imaginer, lorsque Mery dut aborder sa vision de la physique, de la matière, de la pensée et de la relativité des choses qui déboucha sur une cosmogonie monothéiste. Si le niveau de raisonnement et de l'argumentation dont faisait preuve Mery était clairement apprécié du Conseil, ses conclusions l'étaient en revanche nettement moins. Il fut l'objet de très vives critiques. Les uns criaient au scandale, les autres à la profanation des principes fondateurs de l'empire. L'un des prêtres les plus virulents émit l'hypothèse de la folie et proposa au Conseil de faire appel au grand Mal, le serpent Apophis lui-même, pour qu'il vienne dévorer Mery, afin qu'il absorbe à nouveau toute l'obscurité qu'il avait très certainement lui-même déposé au sein du cœur de Mery.

Ce dernier fut pris d'un instant de panique. Fallait-il tenter de raisonner ce prêtre qui le menaçait ouvertement ? Devait-il aplanir son propre discours, par des paroles mielleuses et endormantes ? Ou devait-il tout au contraire, chercher à contrer son adversaire avec un nouvel argumentaire scientifique, philosophique ou théologique ? Il s'arrêta, ne sachant plus trop que dire. Il souhaitait réellement devenir prêtre, pouvoir vivre tranquillement au sein du Temple avec sa famille, vénérant la journée le Dieu créateur Amon-Ré et formant le soir de nouveaux disciples. Mais s'il devait combattre pour cela les prêtres en place, cela risquait de s'avérer compliqué. Par ailleurs serait-il amené un jour à devoir expliquer ses thèses devant Pharaon lui-même, au risque de se retrouver écartelé entre quatre hippopotames ou dévoré par les crocodiles du Nil. Tout cela était-il in fine bien raisonnable ?

Heureusement, Ounnefer mit fin à cette dernière séance houleuse, en renvoyant tout le monde au lendemain soir pour décider du sort de Mery.

La nuit fut très longue. Mery expliqua à sa femme ce qui s'était passé. Ils se disputèrent bien sûr, car il n'avait pas tenu compte de ses alertes. Elle lui avait pourtant bien dit de ne pas provoquer le Conseil du Temple. Tayet pleurait sans s'arrêter, ne sachant pas ce qu'ils allaient maintenant bien pouvoir devenir. Elle hurlait contre Mery qu'elle aimait pourtant plus que tout. Elle lui avait tout donné. Elle avait mis tant d'espoir dans ce jeune homme si beau et si intelligent. Mais pourquoi donc n'avait-il aucune notion des préséances, de l'importance des prêtres du Conseil et de l'influence qu'ils pouvaient exercer sur le grand prêtre. Tout cela réveilla immanquablement Meryamon leur jeune fils, qui courut se réfugier contre sa mère en pleurant et en renversant par là même une amphore de bière, ce qui déclencha de nouveaux pleurs et cris de la part de chacun.

*

— *Les hommes sont d'une telle bêtise parfois, récria Tal...*

— *J'ai comme l'impression d'avoir personnellement déjà vécu la scène que tu nous décris, renchérit Hehou...*

— *C'est normal, rajoutai-je un temps provocateur, pourquoi Mery aurait-il dû écouter Tayet, comme s'il ne pouvait pas exprimer sa propre volonté...*

Puis m'adressant à Horus :

— *Avez-vous, vous aussi, ce type de problème, chez les dieux ? Je trouve que de ce point de vue, vous auriez pu créer les hommes et les femmes avec davantage de cohérence...*

— *Ne le provoque pas, s'écria Anita, il risque de vous transformer tous en femmes si tu lui demandes plus de cohérence !*

— *Tout d'abord, répondit Horus, je te rappelle que ce n'est pas moi qui ai créé les êtres-humains, si tu as des récriminations sur ce sujet, je te conseille de t'adresser à Khnoum. Chez les dieux, c'est plus compliqué que cela, car le genre que vous nous attribuez n'est qu'une projection de votre condition. Ce n'est pas que n'avons pas de sexe, nous pouvons d'ailleurs avoir des orgasmes presque éternels, mais nous pouvons nous matérialiser un peu comme bon nous semble. En revanche, crois-moi, cela ne nous empêche pas de nous disputer pour tout et pour rien...*

— Des orgasmes éternels, soupira Anita, ce serait bien, ça nous changerait de notre quotidien.

Tal et Neith semblaient d'accord pour une fois et confirmèrent leur appréciation de ce dernier concept, ce qui me força à répliquer en trouvant un moyen de défendre ma propre condition.

— Si c'était vraiment éternel, au contraire, tu t'ennuierais à mourir assez rapidement.

Anita ne semblait pas convaincue par mon argument. Elle haussa les épaules, mais reprit toutefois l'histoire de Mery sans renchérir

*

— Tout le voisinage commençait à être réveillé et fortement agacé. Ils n'avaient pas que ça à faire, eux, d'écouter les lamentations et les cris de Mery et Tayet. Ils avaient des prières à réaliser le lendemain matin, des ablutions à conduire, des sculptures à terminer...

Satis qui habitait très près, passa les voir et aida le couple en sa qualité de future prêtresse. Ils décidèrent qu'ils iraient le lendemain matin déposer une offrande de très grande importance à la déesse Mout, la compagne d'Amon-Ré. S'il y avait quelqu'un qui pouvait calmer la fureur des prêtres les plus virulents, c'était bien elle. La déesse lionne saurait bien, de ses griffes, remettre dans le droit chemin ces quelques prêtres fous...

Après avoir calmé Meryamon et l'avoir recouché sur sa natte, ils s'adonnèrent tous les trois à quelques ébats sexuels, dans le but d'aider Amon-Ré à combattre cette nuit encore, le serpent du grand mal, puis finirent par s'endormir, épuisés par toute cette énergie dépensée.

*

— Nos ancêtres Égyptiens de cette époque, avaient des mœurs plutôt légères, s'étonna Tal, non ? Ce trio amoureux était-il une habitude ?

— Pour la très grande majorité des Égyptiens de l'antiquité qui travaillaient dans les champs, lui répondit Anita, je ne crois pas qu'on devait batifoler beaucoup.

Les femmes travaillaient comme les hommes aux champs. Mais pour les castes privilégiées dont faisait partie Mery, les choses étaient plus ouvertes. La place des femmes était d'ailleurs d'une grande modernité par rapport aux civilisations qui ont succédé. Elles pouvaient se marier, divorcer, puis se remarier assez facilement et étaient réellement égales en droits des hommes.

Certaines comme Hatchepsout ou Cléopâtre, ont même accédé au pouvoir suprême de Pharaon. Elles pouvaient hériter des biens de leurs parents ou intenter par exemple un procès à leur mari. Toutefois, elles n'avaient généralement pas les mêmes fonctions que les hommes au sein de la société. Elles étaient tout de même globalement cantonnées à l'éducation des enfants et aux tâches ménagères, dont celui du tissage des vêtements de lin et de la cuisine. Concernant les mœurs, la fidélité était de rigueur et le couple était le modèle standard accepté par la société. Mais bien sûr il y a toujours eu en la matière des exceptions...

*

— Le lendemain ils firent ensemble les offrandes qu'ils avaient prévues, en déposant auprès de Mout, des fruits, des céréales, du vin et une oie que Satis avait troquée à un marchand, contre la promesse de prières à Amon-Ré. Mery passa toutefois le reste de la journée à envisager tous les scenarii possibles. Il était particulièrement stressé, d'autant qu'il croisa à plusieurs reprises certains prêtres, membres du Conseil du Temple. Il aurait aimé pouvoir plaider sa cause une dernière fois auprès d'Ounnefer pour lui assurer de sa fidélité au Temple, mais ce ne fut pas le cas. Le soir tombant, il rentra dans son habitat de briques, auprès de sa famille. Ils dînèrent dans un silence pesant d'un simple plat de lentilles accompagné de pain et de bière. Il n'y avait aucune inimitié entre Mery et Tayet. Quoi qu'il arrive, elle l'assura de tout son soutien dans les épreuves qu'il serait

amené à traverser, même s'il s'agissait pour lui de périr et de devoir passer plus rapidement que prévu devant le tribunal d'Osiris. Mery comme tous les Égyptiens de cette époque, avait déjà commencé à préparer sa tombe. Elle n'était pas achevée, mais il pouvait compter sur Satis et d'autres prêtres, pour le faire et lui garantir une momification en bonne et due forme qui lui permettrait de paraître devant le tribunal. Il était donc plutôt serein de ce point de vue, mais appréhendait tout de même la décision.

Le Conseil du Temple mit beaucoup plus de temps que prévu à délibérer. Les portes de la grande salle restaient désespérément closes. Les prêtres n'étaient pas d'accord entre eux. Tous les scénarios furent étudiés, le débat allait grand train, mais rapidement chacun comprit qu'il n'était plus question pour Mery de devenir prêtre du Temple. Ils ne pouvaient pas prendre le risque de voir Mery accéder un jour à la fonction suprême de grand prêtre d'Amon-Ré et de mettre à terre une théologie vielle de plus de mille cinq cents ans. Il est vrai que la parenthèse amarnienne du règne d'Akhenaton, qui avait réussi à imposer durant un temps à l'Égypte une religion quasi monothéiste, dédiée au seul culte d'Aton - le Dieu Soleil - avait été particulièrement compliquée et douloureuse à vivre pour le Temple de Karnak et au-delà pour toute la ville de Thèbes. À la mort d'Akhenaton, les prêtres d'Amon avaient réussi, après de très gros efforts économiques et de nombreuses tractations politiques, à réimposer auprès du jeune Pharaon Toutankhamon et de sa cour le culte millénaire d'Amon-Ré. Il était avant tout de la responsabilité du Conseil de conserver cet acquis.

Ounnefer stoppa les débats qui n'en finissaient plus. C'était à lui de prendre la décision. Mais Ounnefer était aussi un homme très éclairé sur le monde, qui assumait parfaitement ses responsabilités, mais qui cherchait aussi à accroître son savoir tout comme celui de l'Égypte. En outre il s'était à l'évidence, lié d'amitié depuis trois ans, avec ce jeune Mery, qui le faisait réfléchir comme aucun prêtre ne l'avait fait avant lui. Il se leva de son trône et dans un silence restauré ouvrit lui-même les portes de la grande salle. Mery était seul devant lui. Il attendait le verdict, résigné comme un condamné qui attend de sentir le couperet sur son cou.

*

Anita s'arrêta, comme pour signifier que l'histoire était terminée.

— *Et, et alors... interrogeai-je ?*
— *Ça ne peut pas s'arrêter comme ça, s'écria Tal !*
— *Tu te fiches de nous. Cette histoire ne peut pas finir ainsi, renchérit Neith !*

Anita, Hehou et Horus rirent longtemps de notre dépit.

Chapitre 17 : Le défi

« Par ma voix, reprit Anita, moi Ounnefer - premier grand prêtre du Temple de Karnak - le Conseil a pris une décision Mery, quant à ton intronisation à la prêtrise. Si dans deux semaines, comme nous l'attendons, le jour du solstice d'été, aux premières lueurs de l'aube, la plus brillante des étoiles, représentation de la Déesse Sopdet, phare cosmique de la voûte céleste de Nout, réapparaît après soixante-dix jours d'absence, en parfaite conjonction avec la course diurne d'Amon-Ré, et que ce jour correspond par ailleurs avec le premier jour de la crue du Nil, cela prouvera que le monde que tu décris Mery, n'est pas le fruit d'un dieu unique. En effet, faudrait-il pour cela que Nout, Sopdet et Amon-Ré agissent ensemble et de concert, pour établir en harmonie, une conjonction d'événements différents. »

*

Ne comprenant pas l'argument invoqué, j'interrompis un instant Anita.

— Excuse-moi Anita, mais si au contraire Nout, Sopdet et Amon-Ré ne faisaient qu'un, cela ne validerait-il pas la position monothéiste de Mery ?

— *Du point de vue d'Ounnefer, s'il existait une conjonction de plusieurs événements différents, c'est parce que plusieurs dieux devaient les générer. Je ne te dis pas que l'argument n'est pas attaquable. Pour Ounnefer comme pour le Temple, je pense qu'ils ne comprenaient pas vraiment le concept du monothéisme. Mais de toute manière, Mery n'était plus en condition de discuter de quoi que ce soit sur ce sujet.*

*

« Et Ounnefer ajouta : si tel est le cas, tu seras condamné Mery à marcher vers l'occident aussi loin que nécessaire, pour rechercher Nout, dans laquelle Amon-Ré entre chaque soir dans le monde des morts. Tu présenteras tes excuses au grand Dieu créateur et si jamais il t'accorde à nouveau la vie, tu pourras revenir dans notre ville de Thèbes. Dans le cas contraire où nous, les prêtres du Temple, aurions fait une erreur de jugement vis-à-vis de la renaissance du calendrier du monde, tu seras intronisé prêtre de seconde classe et nous en assumerons collectivement toutes les conséquences. »

— *Mery prit acte de la décision du Conseil du Temple, avant de se retirer et d'informer Tayet et Satis. Tous étaient quelque-part rassurés par cette décision, dans le sens où la vie de Mery n'était pas directement menacée. Dans le pire des cas, il serait en quelque sorte banni de la ville de Thèbes, ce qui n'était évidemment pas une bonne chose, mais représentait un moindre mal. Au travers de ce verdict Ounnefer avait fait preuve d'une certaine clémence et avait sauvé la vie de Mery.*

Ce dernier décida de partir quelques jours avec Satis, au sud-est de Thèbes, vers un promontoire rocheux qu'ils connaissaient. De là ils pourraient facilement observer l'ensemble de la course du Soleil et notamment le lever héliaque de l'étoile de la Déesse Sopdet, à l'est.

Ils utilisèrent un âne qu'ils chargèrent légèrement, avec de l'eau et de la bière, suffisamment de nourriture pour tenir le nombre de jours qui les séparait du solstice d'été, de quoi faire du feu et se reposer sur des nattes de roseau. Ils voyagèrent de nuit afin de ne pas trop souffrir de la chaleur. À cette période de l'année, en plein mois de juin à Thèbes, les nuits sont fraîches et très agréables, alors que durant la journée, la chaleur est réellement insupportable. Elle peut rapidement atteindre des températures de plus de quarante-cinq degrés à l'ombre, ombre qui n'existe pratiquement pas, puisqu'aucun arbre ne pousse plus au-delà de deux ou trois kilomètres du Nil. Cela leur prit presque toute la nuit pour se rendre sur cette colline. L'intérêt du site était qu'il présentait un renfoncement d'où on pouvait s'abriter du Soleil trop puissant durant la journée, avec une vue imprenable sur la plus grande ville d'Égypte, Thèbes, qui devait comporter environ quatre-vingt mille habitants. À peine plus loin, on pouvait observer le grand Temple de Karnak dont les obélisques semblaient vouloir piquer le Soleil comme dans un fruit du ciel de Nout, puis les eaux du Nil serpentant doucement, principale voie du transport des marchandises, sur laquelle un nombre impressionnant de barques naviguaient lentement. Enfin, plus loin encore, au-delà du Nil, s'étendait la grande nécropole funéraire des pharaons et de leurs reines, dont le temple d'Hatchepsout qui reflétait à l'aube la lumière rouge du Soleil levant. Ce spectacle vers l'ouest était magnifique à contempler. Mery était déjà venu en ce lieu, il y a très longtemps, durant son enfance. Son père lui avait appris là les rudiments de l'écriture. Personne n'était jamais venu les déranger. C'était un lieu propre au recueillement, à l'apprentissage et à la méditation, loin de la foule, du bruit de la ville et loin de l'effervescence des pèlerins et des prêtres qui chaque jour plus nombreux, se pressaient aux abords du Temple, transportant pour les uns des corps à momifier et pour les autres des offrandes de nourriture, le tout dans un délire de fumigations d'encens, de parfums et d'épices en tout genre.

Mais la vraie raison pour laquelle Mery et Satis étaient venus, se trouvait de l'autre côté, plein est. Il fallait pour cela se retourner et monter au-dessus de l'abri rocheux. Tout au loin, on pouvait alors observer sur une fine bande, une mer qui s'étalait sur l'ensemble de l'horizon du nord au sud. C'est à cet endroit précis que devait dans quelques jours se jouer l'avenir de Mery. Pour le moment, le Soleil se levait comme chaque jour et les étoiles qui se trouvaient à cet endroit disparaissaient très rapidement les unes après les autres. En moins de trois minutes, il n'était plus possible d'observer aucune étoile, et malheureusement l'étoile Sirius, la plus brillante du ciel de Nout, reconnaissable entre toutes, n'avait pas encore fait son apparition.

Mery et Satis prirent tout d'abord un peu de repos et restèrent quelques jours à cet endroit. Il n'y avait rien d'autre à faire qu'à attendre. La beauté du lieu était indéniable, mais la monotonie de leurs journées comme de leurs nuits l'était tout autant. Ils savaient qu'ils avaient peu de chance pour que l'étoile Sirius de la Déesse Sopdet ne se lève pas à l'aube comme prévu, car cette étoile se cachait tous les ans pendant soixante-dix jours avant de ressortir de Nout et les prêtres avaient observé cette année sa disparition soixante-dix jours avant le vingt-et-un juin du calendrier égyptien. La coïncidence entre ce calendrier marquant le lever héliaque de Sirius et le calendrier solaire semblait donc pour une fois vouloir entrer en conjonction. En revanche, rien ne pouvait indiquer si ce serait également le premier jour de la crue du Nil.

Mery observait plein ouest, toute la plaine du Nil qui s'étalait devant lui.

« Que peut-il exister, demanda-t-il à Satis, plus loin que les montagnes de la nécropole sacrée des rois ? Personne ne va jamais par là.

— Ce n'est pas tout à fait vrai Mery, certaines caravanes de dromadaires vont vers le sud-ouest ou le nord-ouest. Ils rapportent principalement des esclaves libyens ou nubiens, mais aussi un peu d'or et des bijoux. Ce sont deux voies toutefois peu empruntées. Je pense qu'elles sont très dangereuses, remplies d'ennemis barbares qui ne connaissent rien à notre civilisation.

— Oui, mais plein ouest, là où se couche le Soleil Ré ?

— Je ne veux pas t'inquiéter, mais je pense qu'il n'y a rien Mery. Pour moi, c'est clairement le domaine d'Osiris. Le monde des morts. C'est la raison pour laquelle aucun être vivant ne va jamais par là. Pour entrer dans ce monde, la seule façon est d'être mort. Si jamais tu dois t'y rendre, n'oublie d'ailleurs pas d'emporter l'un des nombreux « papyrus pour sortir au jour » que nous avons recopiés toi comme moi et qui décrivent le cheminement vers la résurrection. Si ces textes sont vrais - comme je le pense - il te faudra passer des dizaines de portes gardées par des monstres, en récitant les formules que tu connais aussi bien que moi. Mais ne te trompe surtout pas d'un mot, car une seule erreur de ta part pourrait bien t'être fatale. Les monstres sont des gardiens terribles qui ne demandent qu'à te dévorer.

— Oui, je connais très bien tout ça Satis, pour avoir moi-même passé un temps fou à recopier ces textes pour le compte de futurs défunts, mais ce ne sont justement que des textes utilisables par les morts. On ne rentre pas dans la Douât en tant que vivant. Il faut avoir été momifié auparavant. Par ailleurs, la Douât est un monde souterrain dans lequel on se déplace dans une barque solaire. Même si je réussissais à berner tout le monde en me déguisant en momie, il me faudrait encore trouver une barque adaptée et même avant tout cela, trouver *l'entrée de ce monde. Rien ne dit réellement qu'il se trouve là où Ré entre dans la bouche de Nout. Certains disent au contraire que le monde d'Osiris se trouve à Abydos, certes à l'ouest de là où nous sommes, mais surtout plus au nord. Crois-tu Satis qu'il me faudra passer par Abydos ?*

— Tout d'abord Mery, rien ne dit que la crue du Nil aura bien lieu en conjonction avec la réapparition de l'étoile Sirius le jour du solstice d'été. Nous verrons ça demain. Il ne nous reste plus que quelques heures à attendre, mais si ça se trouve, tu n'auras pas à faire ce terrible voyage. Toutefois, si tel était le cas, je ne pense pas que le grand prêtre Ounnefer t'ait demandé de te rendre dans le monde souterrain de la Douât, mais plutôt d'aller là où Ré s'engouffre chaque nuit, dans la bouche de Nout. Ce n'est peut-être pas exactement le même lieu.

— Mais c'est encore pire, Satis ! Amon-Ré s'engouffre dans la bouche de Nout pour y combattre le serpent Apophis. Ce dernier est la personnification même du mal, capable d'anéantir un Dieu tel qu'Amon-Ré. Qui suis-je moi pour affronter un tel ennemi surnaturel dont la taille est dit-on gigantesque ? Je n'ai aucun pouvoir magique. Je serai anéanti par le grand serpent en quelques secondes seulement.

— Je dois avouer Mery, que je ne comprends pas pourquoi le Conseil du Temple a pris cette décision. Je ne vois pas bien comment tu pourrais faire. Je ne vois surtout pas ce que le Temple va recueillir comme satisfaction

dans tout ça. Tu peux peut-être essayer d'endormir Apophis avec tes discours sur le monde ? Sur moi, ça fonctionne plutôt bien... En revanche si jamais tu réussis cet exploit Mery, il est certain que toute l'Égypte t'en sera éternellement reconnaissante. Te rends-tu compte, Amon-Ré lui-même n'aurait plus à combattre toutes les nuits Apophis et nous serions éclairés en permanence de ses rayons protecteurs. Tu serais très certainement admis auprès des étoiles éternelles comme un dieu. C'est peut-être au contraire pour toi une chance inimaginable que de relever ce défi. Notre grand prêtre Ounnefer a sans doute perçu dans ta vision du monde, une façon de combattre définitivement le grand serpent. Si jamais tu dois faire ce voyage, il te faut discuter une dernière fois avec lui, pour comprendre davantage ses raisons. Je ne crois pas qu'Ounnefer t'enverrait voir Nout sans une raison plus profonde.

— Oui Satis, mais si jamais j'ai raison et qu'il n'existe qu'un seul et unique dieu ou même pas de dieu du tout, je vais errer à tout jamais, sans même pouvoir trouver qui que ce soit. Et si tel est le cas, vous n'en saurez rien, car je ne pourrais sans doute jamais revenir vous le signaler.

— Nous devons trouver un moyen de communiquer Mery. Tu ne peux pas partir comme cela, sans nous informer de ton avancée et de tout ce que tu auras affronté. Surtout si jamais tu parviens effectivement auprès de Nout, ce sera l'occasion pour toute l'Égypte d'en savoir enfin plus sur le monde des dieux. Nous devons réfléchir à un moyen de procéder. Ce n'est pas comme si ce voyage était une simple balade romantique sur le Nil. C'est un voyage à caractère scientifique et théologique. Il te faut dans tous les cas emporter plusieurs rouleaux de papyrus vierges pour écrire tout ce que tu auras vu. Tu devras t'astreindre après chaque événement important à le consigner sur les rouleaux, puis il te faudra trouver un moyen de nous les faire parvenir.

— Ce que j'aime chez toi Satis, c'est que tu es toujours très pragmatique et efficace. On m'envoie vers un voyage dont je ne reviendrais sûrement jamais et toi tu penses à la meilleure façon de garder le contact, comme s'il existait tout au long du parcours qui m'attend des messagers de Pharaon prêts à cacheter mes papyrus de leurs sceaux et à courir venir te les apporter.

— Oui et si jamais tu parviens dans le ciel de Nout, n'oublie pas de rassembler les étoiles pour m'écrire un poème dans le ciel, ou au moins un petit mot du genre « tout va bien Satis, je me balade gentiment avec Isis et Nephtys, mais je vois bien que tu n'as pas fait toutes les offrandes que tu aurais dû, aujourd'hui... »

— Ils rirent de bon cœur et continuèrent à discuter ainsi en chuchotant maintenant dans la nuit, comme si leurs propres bruits étaient susceptibles de déranger les dieux. Le lendemain devait être un jour où tout se déciderait. Peut-être seraient-ils tous deux simplement intronisés prêtres de seconde classe, passant ainsi le reste de leur vie à servir comme il se devait Amon-Ré, Mout et Khonsou, ou tout au contraire peut-être que leurs vies seraient à jamais séparées. Leurs destinées ne leur appartenaient déjà plus. Ils étaient comme des statues figées sur ce promontoire rocheux, à jamais statiques, observant tout autour d'eux le monde, qui ne cessait de changer, mais sans pouvoir participer d'une quelconque façon à ces événements. Ils étaient de simples pierres sur lesquelles le temps, la brise, les vents de sable et la pluie faisaient lentement leur travail d'érosion, attaquant le lissage de la pierre avant de pouvoir pénétrer plus profondément, la brisant et finissant par la réduire en sable fin. C'était comme une mort programmée à laquelle ils ne pouvaient échapper qui faisait son travail de sape, jour après jour, un phénomène d'entropie qui détruisait progressivement l'ordre des choses, pour aller inéluctablement vers le désordre et le chaos. Ils s'allongèrent une dernière fois l'un contre l'autre sur la natte qu'ils avaient sortie de son abri pour l'installer devant l'immensité du ciel de Nout. Un quart de Lune montant, éclairait le visage de Satis. Elle était très belle, très fine, avec sa perruque égyptienne typique de cette époque. Ils avaient tout d'abord passé leur enfance ensemble à jouer tous les trois avec Tayet, se construisant des barques de fortune, en roseau, assemblées avec des liens de lin tissés. Ils avaient ainsi pu naviguer sur de petits cours d'eau d'irrigation aux abords du Nil, en totale insouciance, et ce, malgré les crocodiles et les hippopotames dont les dangers ne les avaient pas spécialement interpellés. Ils s'étaient baignés ensemble, totalement nus et avaient ainsi appris du corps des uns et des autres, sans se soucier de leur différence. Plus tard étaient venus les premiers enseignements de leurs parents, qui étaient tous au service du Temple et qui par conséquent très éduqués, se devaient comme leurs propres parents l'avaient fait autrefois pour eux, d'enseigner certaines matières de base. Ils avaient ainsi passé en revue les principes de l'agriculture, du commerce, du fonctionnement du royaume, des temples, mais aussi de l'artisanat comme la poterie ou le tissage et même des arts comme la sculpture ou la musique. Puis dans un second temps, ils avaient été instruits du calcul et de l'écriture hiéroglyphique. L'enseignement théologique avait quant-à-lui été pratiqué plus officiellement, au sein du Temple, enseigné directement par des prêtres dont c'était le travail.

Les trois enfants qui avaient été élevés presque ensemble s'aimaient d'un amour charnel. Très vite ils avaient eu des relations sexuelles tous les trois, sans même vraiment s'en rendre compte, sans que cela en tout cas ne porte à conséquence. Mais un jour, le père de Mery était venu lui dire, qu'il allait être marié à Tayet et que Satis serait désormais contrainte à l'abstinence sexuelle, en tant que future adoratrice d'Amon-Ré. Cela ne lui avait pas déplu d'être marié à Tayet, mais en revanche l'abstinence de Satis n'avait pas été respectée très longtemps, celle-ci s'étant rapidement donnée autant à Tayet qu'à Mery. Ils avaient finalement continué de former ce trio amoureux, mais cette fois à l'abri des regards. Cela se passait bien, aucun n'était jaloux, car ils s'aimaient réellement tous les trois. Mais ce soir-là, sur ce piton rocheux, Tayet n'était pas présente, et sans elle, il y avait comme un manque, ils n'avaient pas envie l'un de l'autre. Ils observaient donc le ciel immense d'où on *pouvait voir très nettement les principales constellations que leur avait enseignées Ounnefer. A cette latitude et à cette époque, aucune lumière de la ville de Thèbes n'était suffisamment forte pour venir polluer le ciel nocturne. Et malgré la luminosité du quart de Lune, des milliers d'étoiles scintillaient dans la nuit, offrant un spectacle féerique d'une rare beauté.*

Mery pensait bien sûr à ce qu'il allait faire le lendemain, mais il était tellement bien contre Satis, qu'il finit par s'endormir sans s'en rendre compte. Il rêva cette nuit-là de choses étranges. Un dieu hiéracocéphale qu'il ne connaissait pas, lui posait sans cesse des questions sur la façon dont était le monde des humains. Il devait lui décrire le fonctionnement de l'ensemble de la civilisation égyptienne, avec des questions de plus en plus précises qui n'en finissaient jamais. Comment les hommes construisaient-ils des barques, à quoi leur servaient-elles ? Comment faisaient-ils pour produire des obélisques ? Quelle était l'organisation du travail au sein du Temple ? Comment se faisait le chargement des bateaux ? Pourquoi les anciens avaient-ils construits des pyramides ? Comment se préparaient-ils à la mort... Autant de questions auxquelles Mery avait bien sûr toutes les réponses, mais qui prenaient un temps fou en explications, tant il fallait donner des détails, tous plus insignifiants les uns que les autres. Comme si cela pouvait intéresser quelqu'un de savoir comment construire une pyramide... C'est Satis qui le réveilla en sursaut, en le secouant quelque peu...

« L'aube est en train de se lever Mery ! Réveille-toi ! »

— *Mery se redressa aussitôt. Le ciel était encore très sombre, mais il est vrai qu'on pouvait déjà sentir poindre une première luminosité du Soleil. Tous deux se levèrent et montèrent sur le toit de l'abri rocheux pour observer plein est. La lumière à l'horizon passa d'une couleur grise, à quelque chose de plus bleu, puis vinrent des teintes très faiblement rosées, avant de commencer à virer sur l'orangé. C'est là, brusquement, un peu plus au sud qu'apparu à l'horizon Sirius. C'est comme si Mery venait d'être foudroyé par les dieux ! Il eut un terrible mal au cœur, mais resta paralysé devant la beauté du spectacle. L'étoile était bien plus brillante que toutes les autres. Elle apparaissait comme un diamant étincelant dans la lumière maintenant très orangée, puis presque jaune du Soleil qui ne s'était pas encore montré. Quelques minutes plus tard, le disque de l'astre solaire était à moitié présent à l'horizon. Dès lors plus aucune étoile n'était visible dans le ciel, sauf Sirius dont l'éclat était le seul à pouvoir rivaliser avec celui de Ré. Mery attendit encore quelques minutes, jusqu'à ce que Sirius finisse comme les autres par disparaître totalement, supplantée par la luminosité d'Amon-Ré qui venait comme chaque jour de renaître de Nout. C'est à cet instant seulement qu'il se tourna vers Satis qui observait de l'autre côté vers l'ouest. Sans un bruit, de grosses larmes coulaient sur ses joues.*

Mery se retourna précipitamment pour voir les eaux du Nil qui étaient devenues plus noires et dont la largeur avait commencé à augmenter d'un bon tiers durant la nuit. Tout comme Sirius, la crue du Nil était là...

*

— Est-ce que tu sais, demanda Tal, si la conjonction de ces événements a pu être corroborée par d'autres papyrus où des représentations gravées dans la pierre ?

— Il n'y a rien d'exact en la matière, lui répondit Anita, car on sait que les calendriers de l'antiquité égyptienne n'ont pas toujours été respectés et ont souvent changé pour s'adapter au gré des humeurs des pharaons... Mais nous savons en effet d'après un traité nommé « De die natali » de Censorin qui date de deux cent trente-huit après Jésus Christ, que ce phénomène serait apparu aux environs de cent trente-neuf de notre ère. Si on tient alors compte du fait qu'il fallait ajouter au calendrier égyptien - qui ne comptait que trois cent soixante-cinq jours - une demi-journée tous les quatre ans correspondant aux années bissextiles, ainsi que des jours associés à la précession des équinoxes, correspondant au mouvement de la rotation de l'axe de la Terre, on sait que le phénomène est un cycle d'un peu plus de mille cinq cents ans. Par conséquent, avec une précision toute relative d'environ cinquante ans, oui cela a du sens. On pourrait facilement retrouver la date précise par rapport à notre calendrier actuel, mais ça ne nous apporterait pas grand-chose, car de toute manière, il est assez compliqué de donner une date précise au calendrier égyptien de cette époque. Et par ailleurs en aucune manière nous ne pourrions savoir si cette année-là, la crue du Nil a bien eu lieu le vingt et un juin...

Chapitre 18 : La mission

— *Mery et Satis, poursuivit Anita, étaient redescendus du promontoire d'où ils se tenaient, pour retrouver au Temple, Tayet et le jeune Meryamon. Ils avaient beaucoup pleuré, en communiant tous ensemble, mais s'étaient finalement résignés à ce qui allait devoir se passer.*

Ils commencèrent à rassembler tout ce qui leur paraissait nécessaire au grand voyage, leurs affaires personnelles bien sûr, mais aussi beaucoup d'eau, un peu de bière et même du vin dans des amphores. Ils réunirent également de la nourriture composée pour l'essentiel de céréales, de pain et de fruits séchés, ainsi que des couvertures et de quoi s'habiller chaudement, car les nuits pouvaient être très fraîches dans le désert. Ils y joignirent de quoi se confectionner un abri temporaire constitué de pieux et bâtons en bois, de tentures et de cordes. Enfin, ils prirent également du charbon de bois et de quoi allumer des feux, quelques outils en bronze, un arc et des flèches, des pots, des nattes de roseaux, du lin en quantité, sans oublier des papyrus et tout le matériel d'écriture. Tout cela leur permettrait de tenir quelque temps - un mois peut-être, en se rationnant quelque peu - mais si le trajet s'avérait plus long que prévu, il leur faudrait se débrouiller autrement, en chassant des animaux et en trouvant quoi qu'il arrive des sources d'eau.

Il leur fallait aussi trouver de quoi emporter tous leurs effets. Ils ne pouvaient pas les transporter à même leurs dos sur de longues distances, ni même pousser une charrette sur un terrain fait de sable et de roche. Mery disposait bien de quelques parcelles de terre qu'il faisait exploiter par des paysans et de deux bœufs, mais ces animaux n'auraient jamais survécu bien longtemps dans le désert. Par ailleurs s'il troquait ses bœufs contre des dromadaires, les paysans concernés se seraient retrouvés sans aucune ressource pour continuer d'exploiter correctement la terre et vivre eux-mêmes de leur travail. Mery ne voulait pas les mettre en difficulté. Aussi, décida-t-il de négocier le troc de ses terres et de leur exploitation auprès du Temple, en échange de trois dromadaires. Cela ne posa pas de problème particulier, le Temple étant particulièrement riche et toujours à la recherche de nouvelles parcelles d'exploitation agricole. Mery avait hésité à procéder ainsi, car d'une part, il aurait préféré léguer ses terres à Satis et d'autre part, il gardait l'espoir de revenir un jour. Or sans terres, un Égyptien de l'antiquité n'était rien. Il ne pouvait pour survivre que se mettre au service d'un propriétaire terrien. Toutefois, si jamais Mery devait revenir un jour, il pourrait toujours compter sur Satis, ou même sur d'autres prêtres avec qui il avait conservé une amitié certaine. De plus Satis avait été intronisée prêtresse divine adoratrice d'Amon-Ré et était par conséquent sous la protection du Temple de Karnak, à l'abri de tout problème de subsistance.

Il leur fallut pas moins de six jours pour se préparer entièrement. Mais en ce matin du septième jour, ils étaient maintenant fins prêts. Satis héritait de la maison dont elle avait promis qu'elle s'occuperait en la louant à de nouveaux prêtres. Ils avaient décidé de ne partir que le soir de cette même journée, une heure et demie avant le coucher du Soleil, afin de traverser le Nil à la lumière du jour. Les trois dromadaires gardés pour le moment par des chameliers du Temple, les attendaient de l'autre côté du Nil sur la rive ouest. Les dromadaires étaient frais, reposés et possédaient avec eux quelques réserves de fourrage qu'ils emportaient. Mery et sa famille devraient ensuite pouvoir bénéficier de la fraîcheur de la nuit pour se déplacer et feraient halte durant la journée pour se reposer, abrités du Soleil sous leurs tentures.

Alors qu'ils se reposaient encore dans la maison, attendant patiemment l'heure du départ, un brouhaha important venant de la rue les sortit de leur léthargie. Le grand prêtre Ounnefer qui avait suivi de loin leurs préparatifs, venait leur rendre visite. Il faut comprendre que le grand prêtre du Temple de Karnak ne se déplaçait jamais sans une bonne raison, ni sans toute une armée de prêtres, prêtresses, courtisans et conseillers en tous genres, qui l'accompagnaient en permanence derrière lui, toujours prêts à satisfaire le moindre de ses besoins. Après Pharaon et les viziers de Basse et Haute Égypte, il représentait le quatrième homme le plus puissant de toute l'Égypte antique. Bien sûr, Mery connaissait très bien Ounnefer, mais il n'avait jamais imaginé que celui-ci se rendrait dans son humble demeure qui était presque vidée de tout, du fait des préparations du grand voyage et qui n'était de toute manière pas une résidence pour recevoir un pareil homme de pouvoir. Mery et sa famille sortirent précipitamment sur le perron de leur maison, se prosternant devant la litière d'Ounnefer, surélevée par six porteurs et entourée d'autant de gardiens du Temple. Il devait subsister derrière lui pas moins de cinquante personnes, la plupart arborant la tenue des prêtres, certains dansant et chantant, mais aussi d'autres plus richement vêtues. Ounnefer descendit de sa litière, releva Mery qui était à plat ventre et entra dans la maison afin d'être seul avec lui, laissant les festivités se poursuivre à l'extérieur. Ounnefer qui était habitué au luxe du Temple fut tout d'abord quelque peu désorienté par cette simple demeure presque vide. Mais il savait pertinemment où il se rendait et n'était pas là pour prendre ombrage des conditions dans lesquelles il était reçu. Il était par ailleurs avant tout un homme d'Église, capable de méditer en prière pendant plusieurs jours sans manger, faisant totalement abstraction de son environnement extérieur. Il trouva donc rapidement le seul fauteuil en bois qui lui permettait de s'assoir tandis que Mery lui offrit un verre de vin et quelques fruits.

« Je suis venu te voir Mery, s'exprima-t-il, pour te souhaiter tout d'abord un bon voyage avec ta famille, mais aussi et surtout pour te parler de ce que j'attends de toi.

Après ta présentation auprès du Conseil du Temple, tu as déclenché - comme je m'y attendais un peu - de fortes oppositions d'un courant d'extrémistes, qui n'a qu'un seul but, celui de suivre aveuglément ce que nos anciens ont écrit sur leurs papyrus ou ont gravé dans les pierres des pyramides. Suivre les préceptes tels qu'ils sont inscrits, sans réfléchir à ce qu'ils signifient réellement et à leur raison d'être, est une facilité évidente pour l'esprit. Il y a toujours eu et il y aura toujours des fanatiques de cette sorte, à toutes les époques, car c'est le chemin le plus court et le plus simple de la pensée du cœur. Mais il existe aussi des aventuriers de l'esprit dont tu fais partie Mery, qui n'ont de cesse quant à eux de rechercher d'autres voies, d'autres solutions aux questions que le monde leur pose. Enfin, il y a des hommes de pouvoir comme moi, dont le devoir est d'équilibrer le monde. Cela nous demande de prendre des décisions qui ne vont pas transformer brusquement l'ensemble de la société, car celle-ci ne saurait s'adapter à des changements trop abrupts. Je pense Mery que si tu étais à ma place, ce serait probablement le chaos et l'anarchie la plus complète. Tout le monde serait enclin à proposer et à mettre en œuvre de nouvelles lois, toutes plus expérimentales les unes que les autres. La société et peut-être même la civilisation pericliteraient immanquablement... Nous avons besoin d'une certaine stabilité pour faire émerger de notre société des individus tels que toi, qui viennent la bousculer. Il est de ma responsabilité, pour le compte de Pharaon, de veiller au respect de l'harmonie du monde. C'est l'équilibre de la justice de Thot et de la plume de la Déesse Maât qui nous assure la plus grande pérennité.

Néanmoins, je dois aussi initier les innovations de l'avenir. Le monde, pour s'améliorer, doit nécessairement changer. L'Égypte, dans sa configuration actuelle, n'a pas toujours été ainsi et ne pourra pas le rester éternellement. Or ce sont des hommes comme toi, Mery

- à l'instar du grand Imhotep, il y a mille quatre cents ans - qui ont dans le passé, provoqué les changements qui ont mis l'Égypte au centre du monde. Et ce sont aussi des hommes et des femmes comme toi, qui demain moderniseront cette même Égypte, en la transformant en une nouvelle civilisation qui peut-être un jour, voyagera seule entre les étoiles. Ainsi j'ai dû prendre une décision qui politiquement me permettait d'afficher un certain conservatisme auprès des simples d'esprit, tout en tentant de promouvoir par ailleurs la recherche de nouvelles connaissances, de vérités et l'innovation des idées. Ce sont ces dernières qui permettront demain d'évoluer positivement et de préparer un avenir plus radieux encore. Ainsi et alors que je l'ai présenté au Conseil du Temple de cette manière, ne considère pas Mery cette décision comme une condamnation. Je n'ai aucun intérêt à faire preuve d'ostracisme te concernant Mery. Bien au contraire, tu as mon total appui pour ce voyage qui doit nous permettre de comprendre ce qui existe, là où nous ne sommes jamais allés. Je m'interroge comme toi-même sur ce monde dans lequel nous vivons et qui n'a pas toujours de sens pour moi non plus. Amon-Ré - que je vénère tous les jours - est-il bien le dieu que j'imagine ? Les dieux auxquels nous faisons des offrandes quotidiennement ont-ils réellement une existence ? Et si c'est bien le cas, ont-ils un quelconque rapport avec nous ? Ne sommes-nous pas - comme j'ai cru le comprendre dans tes divers exposés - de simples êtres, à l'égal des insectes comme les fourmis, dont les dieux se fichent éperdument ? Comme toi, j'ai bien réfléchi à ce monde Mery, et beaucoup de son fonctionnement ne me semble pas cohérent avec ce que l'on m'a moi-même enseigné. J'ai de nombreux doutes, mais je ne peux les faire savoir autour de moi sans provoquer une guerre civile qui ne pourrait que conduire l'Égypte à devenir une civilisation antique.

Aussi, tout ce que j'évoque ici en ce lieu, dans ton domicile, doit rester un secret entre nous.

Ta mission Mery, consiste donc à voyager plein ouest pour t'enquérir de la Déesse Nout. Le cheminement pour y parvenir est des plus simples, puisque le Soleil Ré s'engouffre tous les soirs dans sa bouche. Il te suffit de suivre la direction du Soleil jusqu'à découvrir Nout. Si jamais tu y parviens - ce dont je ne doute pas - il te faudra alors l'interroger sur la raison d'être de notre monde, la raison d'être des hommes et des femmes que nous sommes, celle des étoiles que Nout arbore de son corps toutes les nuits et sur celle des dieux eux-mêmes. Alors oui, forts des explications qui te seront délivrées, il te faudra reparaître à Thèbes en faisant le chemin inverse, ou du moins trouver le moyen de me faire parvenir les informations que tu auras recueillies. Si nous arrivons à nos fins Mery, le monde s'en trouvera peut-être bouleversé. Nous aurons fait un grand pas pour l'humanité et ton nom restera à jamais gravé dans la mémoire de chacun, tel que ceux des plus grands découvreurs ou scientifiques. »

— Mery fut très nettement soulagé par les paroles et le discours positif d'Ounnefer, nous dit Anita. La mission qui venait de lui échoir faisait ressurgir en lui une nouvelle *énergie. Désormais, il ne partait plus en exil comme un condamné, mais comme un explorateur, en quête de réponses auprès des dieux.*

« J'accepte ô grand prêtre cette mission secrète que je reçois comme un honneur de votre part. J'espère en être digne et pouvoir l'accomplir avec succès. Je trouverai la Déesse Nout et je reviendrai vous informer de ses réponses.

— Bien Mery, prend ces quelques bijoux en or ainsi que ces amulettes magiques de faïence bleue. Ils ont une valeur marchande importante et te permettront peut-être de franchir certaines étapes compliquées de ton périple. Ne donne à quiconque aucune indication sur les vraies raisons de ton voyage, ni même à ta femme ou à ton jeune enfant. En revanche, n'hésite pas à expliquer à Nout que tu viens de ma part et que tu souhaites discuter avec elle pour le compte du Temple de Karnak, car elle risque de t'avaler avant même que tu n'aies pu t'exprimer. As-tu besoin d'autres choses ?

— Non ô grand prêtre, je ne pense pas. Je suis prêt et partirai comme convenu, dans quelques heures, dès ce soir.

— Bien Mery. Une dernière chose toutefois : j'informerai Satis après ton départ de notre arrangement et de ta vraie mission. Je sais pertinemment que vous êtes amants et très liés. Je ne paie pas mes espions pour rien... Si jamais je devais décéder avant ton retour, elle

disposerait d'instructions et de pouvoirs spéciaux, lui permettant de savoir quoi faire des informations que tu lui rapporterais. Ainsi tu peux revenir sans crainte, même si je suis passé du côté de l'occident de ce monde. Bon courage Mery et reviens-nous avec de nouvelles connaissances ! »

— Ounnefer se leva et quitta la maison. Deux gardes s'étaient postés de part et d'autre de la porte, avec pour instruction de ne laisser entrer personne. Dès lors qu'Ounnefer dépassa le seuil, toute sa suite, qui épuisée par la chaleur avait posé par terre la litière et s'était abrité du Soleil le long des diverses maisons du voisinage, se relevèrent instantanément et se mirent aussitôt à nouveau à chanter, danser, jouer de la musique, clamer des poèmes, réciter des prières, et lancer de nouvelles fumigations d'encens.

Quelques heures plus tard à l'abri des regards de tous, dans un anonymat presque total, Mery, Tayet et Meryamon embarquaient à bord d'un bateau qui devait leur permettre de traverser le Nil. Satis resta un moment sur la berge est du fleuve, les regardant naviguer lentement jusqu'à la rive opposée. Avec le temps des préparatifs, elle s'était fait une raison à l'exil de ses amis, mais ne put néanmoins retenir ses larmes devant la réalité du moment.

Ounnefer monta quant à lui sur le toit du Temple pour observer de plus haut et de plus loin la même scène. À cet instant précis, il enviait Mery. Il aurait aimé partir avec lui dans cette aventure qu'il avait lui-même provoquée. Mais sa charge, sa fonction, son âge et ses responsabilités ne lui permettaient pas de s'éloigner ainsi du Temple. Il était toutefois satisfait des manœuvres qu'il avait conduites pour éloigner Mery de l'Administration du Temple, tout en affichant un conservatisme de façade à l'attention des prêtres les plus fondamentalistes qui lui étaient maintenant redevables de sa décision.

Mery et sa famille retrouvèrent les trois dromadaires et se dirigèrent à pied, droit vers le Soleil couchant.

*

— Je comprends bien l'enjeu et l'objectif de la mission, dit Tal, et même la raison pour laquelle Mery s'y engage en tant que scientifique de son époque, en revanche excuse-moi princesse de l'archéologie, mais je ne comprends pas pourquoi Tayet a suivi Mery dans toute cette histoire. Elle aurait très bien pu rester avec Satis, non ?

— Je ne sais pas trop, répondit Anita, car elle était mariée et devait par conséquent avoir des obligations en la matière, mais comme tu vas le voir par la suite, si jamais tu me confères le droit de poursuivre, Tal... Cela ne va être simple pour personne.

— Et bien je dois dire que j'hésite un peu justement, fit Tal affichant à nouveau un air provocateur. Mais bon... Je dois être magnanime je suppose, avec ces étrangères de plus de trois mille ans que l'on fait venir pour faire nos *basses œuvres archéologiques. Poursuivez madame, je vous en prie...*

Personnellement, je n'avais plus d'avis sur ce qu'aurait dû faire ou non Tayet. Je buvais maintenant simplement les paroles d'Anita comme du petit lait, aromatisé d'un vieux rhum. Afin d'éviter de trop croiser ses yeux qui s'enfonçaient comme des aiguilles profondément dans mon cerveau, j'avais pris un peu de champ, en reculant légèrement mon fauteuil. Mais je crois bien qu'elle l'avait finalement remarqué et elle jouait maintenant avec moi, en croisant et décroisant lentement et régulièrement ses longues jambes qu'elle me laissait entrevoir. Sa robe fendue remontait assez haut pour découvrir ses cuisses l'une après l'autre. Elle portait des chaussures noires, ouvertes avec de hauts talons et je ne savais plus où finalement porter mon regard pour ne pas être à nouveau troublé.

Fatigué de moi-même, je me mis une fois de plus à observer Horus. Au fur et à mesure que le temps passait, il prenait sans qu'on s'en rende vraiment compte la forme du Dieu à tête de faucon qu'on lui connaissait bien. La superposition d'image que j'avais pu discerner précédemment au cours du repas avait maintenant entièrement disparu. Il n'était plus un homme, mais bien un être que je ne saurais correctement décrire. N'importe quel être-humain le voyant comme cela, aurait pris peur et c'était sans doute pour cela qu'il ne s'était présenté à nous ainsi, que progressivement, afin de nous habituer, nous donner le temps de nous adapter à sa nature divine. Avec le recul, je ne saurais d'ailleurs préciser si finalement, c'est lui qui effectuait une transformation progressive de son corps, ou bien si c'était simplement mon esprit qui s'habituait à le voir ainsi comme un dieu. Peut-être qu'il avait été à l'identique dès le début du dîner, mais que mon intellect n'avait pu le formaliser. Je pouvais maintenant comprendre sa morphologie. En écrivant ce paragraphe, je me rends bien compte que pour le lecteur ce passage n'a sans doute aucun sens, qu'il peut être attribué à un excès d'alcool, ou à une hallucination extérieure. Sans doute Hehou avait-il versé dans le vin ou dans l'eau une drogue quelconque, possiblement Anita m'avait-elle hypnotisée de ses yeux gris-bleu, toujours est-il qu'Horus m'apparaissait très clairement devant moi et outre sa tête de faucon, possédait maintenant des ailes. Elles étaient repliées sur son corps, mais je pouvais observer leurs plumes de couleur bleu Klein dans leur partie intérieure et marron-gris sur le dessus avec des reflets dorés.

C'est justement ce moment qu'Horus choisit pour continuer de déclamer ses poèmes :

Elle transpire lourdement, elle suffoque
Le bruit l'étouffe, ses glandes coulent et salivent
Son jus la souffle, c'est la pression qui l'anime
Elle se touche, se caresse de soupirs
Elle subit et impressionne de chaleur
Maîtres et esclaves s'étalent leurs positions
L'attente l'immobilise, elle se donne

Elle s'accomplit en guise de soumission
Ecartèle son corps, s'ensable ses cuisses.
L'humidité résonne, écorne ma raison
Elle perle du vent qui m'assaille, se tourne
Donne à voir ses formes qui aspirent à mon sucre
Elle se frotte, pulvérise ses substances
Se joue au plus offrant sur la table du sexe

Chapitre 19 : A la recherche de Nout – partie 1

— *Il ne fallut pas très longtemps à Mery et à sa famille, dit Anita, pour parvenir au niveau de la nécropole des Pharaons, celle-ci se trouvant à peine à deux kilomètres au nord-ouest du Nil. Comme Hehou nous l'a déjà précisé, Mery était déjà venu à plusieurs reprises à cet endroit pour y superviser en tant que scribe, les travaux qui étaient menés dans certaines tombes par des ouvriers du petit village de Deir-el-Bahri. Mais cette fois-ci, il savait qu'il fallait passer nettement plus au sud, évitant ainsi la montagne de la vallée des rois. Ils contournèrent rapidement cet endroit, mais durent serpenter toute la nuit dans une basse montagne. Après quelques heures seulement de marche, ils avaient dépassé l'emplacement le plus à l'ouest auquel ils n'étaient jamais allés. Ils durent parcourir dans cette montagne environ vingt kilomètres, dans un silence complet, avant de voir pointer les premières lueurs de l'aube qui venaient allonger leur ombre devant eux. Ils décidèrent de trouver un premier refuge pour se reposer, sachant que le Soleil à quinze degrés au-dessus de l'horizon, deviendrait un obstacle les empêchant de continuer à marcher sous une chaleur étouffante. Le paysage était maintenant totalement désertique. Il n'y avait plus rien, plus aucun bruit humain, plus aucune lumière même lointaine susceptible de leur rappeler la civilisation. Ils étaient désormais seuls, loin de toute âme vivante. Tayet descendit Meryamon du dromadaire sur lequel elle l'avait initialement installé, car il était encore trop petit pour marcher si longtemps. Mery fit coucher les dromadaires, puis monta assez maladroitement la tente familiale, afin d'installer son premier campement. Ils mangèrent rapidement, épuisés par cette première marche et s'endormirent presque aussi vite sur les nattes jetées à même le sol. Mery savait qu'il devait se protéger avant tout du Soleil brûlant, mais il n'était pas un expert caravanier. Aussi au bout de quelques heures seulement de sommeil, toute la famille se mit à suffoquer de chaleur sous cette simple tente très mal aérée et très mal conçue. Meryamon pleurait à cause de la fatigue et de la chaleur. Il fallut rouvrir de toute urgence la tente pour laisser passer au moins un peu d'air. Ce premier jour fut singulièrement pénible. La température était insupportable et les blatèrements des dromadaires venaient constamment les déranger dans leur somnolence. Ils passèrent ainsi la journée tant bien que mal, et se levèrent vers seize heures, presque plus fatigués encore que lorsqu'ils étaient arrivés. Ils devaient trouver leurs marques et les bons gestes qui leur permettraient de survivre dans ce désert.*

Les voyages dans l'obscurité de la nuit étaient certes longs, mais finalement assez agréables. S'orienter était relativement facile, car il suffisait de conserver l'étoile polaire perpendiculairement à sa direction, sur sa droite. Dès les premières lueurs de l'aube, il fallait parfois rectifier quelque peu sa trajectoire pour revenir précisément dans l'axe du Soleil en suivant tout simplement le sens de son ombre. En revanche, il n'y avait aucune distraction dans ce désert. Ils étaient totalement seuls. Ils ne rencontraient que très rarement des animaux, quelques chacals ou de tous petits rongeurs sans grand intérêt. Le voyage était très long et fatiguant. Mery avait progressivement appris à vivre avec l'aridité des lieux. Il s'était rapidement confectionné une pelle en assemblant plusieurs couteaux en bronze, attachés avec des liens en lin. Cet outil très utile, lui permettait de creuser facilement dans la terre ou le sable. Le premier objectif fut rapidement d'enterrer quelque peu leur tente. Il découvrit avec cette méthode que l'abri restait frais beaucoup plus longtemps. Lors de cette opération, il convenait toutefois de s'assurer d'anéantir tous les scorpions, araignées ou éventuels serpents qui procédaient à l'identique pour leur propre survie. Le jeune Meryamon devint très fort dans cette tâche. Il avait un œil de faucon et était rapide comme l'éclair. Il écrasait les araignées d'un simple coup de poing, et coupait en deux les serpents et scorpions à l'aide d'un couteau, ce qui avait comme double avantage de fournir de la nourriture pour le dîner. Les scorpions et certaines grosses araignées lorsqu'ils étaient grillés étaient en effet mangeables bien que peu savoureux, mais ils recherchaient davantage les serpents, gustativement bien plus intéressants et fournissant par ailleurs un apport protéiné nettement supérieur. Étrangement, Meryamon s'était très facilement adapté au rythme du voyage et aux vicissitudes du désert. Il savait aussi mieux que ses parents découvrir les points d'eau, en repérant les rares plantes qui poussaient ici ou là. En creusant en ces lieux avec sa pelle de fortune, Mery trouvait régulièrement de petits points d'eau. Il récupérait le précieux liquide qu'il faisait toujours bouillir avant de pouvoir le consommer. Toutefois, les réserves d'eau et de nourriture qu'ils avaient eu l'intelligence de prendre avec eux avant leur départ, diminuaient progressivement et ce malgré le rationnement auquel ils s'étaient soumis. Par ailleurs, l'autre problème important était de trouver à manger et à boire pour les dromadaires. Lorsqu'ils rencontraient parfois un peu d'herbe, ils s'arrêtaient presque toujours pour laisser les bêtes paître librement. Cela les ralentissait quelque peu, mais était indispensable pour continuer d'avancer. Le problème principal qui restait était celui de trouver de l'eau pour les dromadaires. Mery creusait et trouvait certes des points d'eau, mais cela restait insuffisant. Durant cette période de canicule, les dromadaires pouvaient tenir sans eau pendant deux ou trois semaines, mais au-delà ce n'était plus possible. Les trous d'eau que Mery creusait de plus en plus souvent étaient absorbés par les animaux en l'espace de quelques secondes seulement. Ils pouvaient maintenant observer que les dromadaires faiblissaient et devenaient de plus en plus chétifs.

Heureusement ils trouvèrent sur leur chemin quelques oasis, bien que cela restât très irrégulier. Le premier qui se présenta fut un vrai miracle. Cela faisait presque un mois qu'ils marchaient comme cela, lorsqu'ils découvrirent dans la nuit, au détour d'un chemin montagneux, une série de cinq arbres bien visibles. Ce fut un vrai soulagement pour tous. Ils s'approchèrent avec précautions, car tous les points d'eau sont aussi des emplacements dangereux où les animaux se regroupent *immanquablement. Mery sortit son arc et ses flèches et avança prudemment. Il y avait des grognements d'animaux et on pouvait entendre le clapotis de l'eau trahissant des mouvements. Il découvrit en effet un couple de hyènes occupées à boire, ainsi que plusieurs chacals. Ces derniers ne constituaient pas un problème en soi. Ils auraient peur de Mery et des dromadaires, mais les hyènes étaient beaucoup plus dangereuses, elles auraient pu facilement blesser ou même tuer Mery. Celui-ci prépara lentement ses flèches. Il prit son temps pour viser sous la seule lumière de la Lune et des étoiles et décocha une première flèche qui atteignit sa cible. La première hyène était gravement blessée, mais la seconde affolée se précipita vers Mery en hurlant atrocement. Il fallait être très rapide et viser à nouveau juste, alors que l'animal était en mouvement de face à une vingtaine de mètres seulement, Mery se décala intelligemment vers la droite pour obtenir plus d'angle et chargea en même temps deux flèches sur son arc. La hyène ne devait plus se trouver qu'à six mètres lorsqu'il décocha ses deux flèches simultanément, dont l'une heureusement atteignit elle aussi sa cible. Tous les animaux qui s'étaient rassemblés autour du point d'eau, s'enfuirent précipitamment à grands bruits, les chacals hurlant en s'éloignant pour se donner du courage. Mery prit une autre flèche pour achever rapidement la hyène la plus proche. Et alors que la première, seulement blessée tentait de s'enfuir, elle finit par s'écrouler toute seule sur elle-même, laissant à Mery l'occasion de décocher une dernière flèche. Très fier de son exploit, il appela Tayet qui se rapprocha prudemment avec les dromadaires et Meryamon. La* petite mare qui devait faire à peine plus de trois mètres sur cinq était libérée de tout danger. Ils firent boire en priorité les dromadaires qui étaient très agités. Sans doute étaient-ils excités par le désir de boire, mais ils devaient aussi sentir le sang des animaux tués. Les trois dromadaires absorbèrent presque un tiers du volume de l'eau de la mare en l'espace de quelques minutes seulement. C'était un vrai soulagement pour Mery qui remplit lui-aussi toutes les amphores qu'il pouvait de cette eau très fraîche. L'aube ne devait se lever qu'une heure plus tard et ils décidèrent donc finalement de prendre possession du lieu en y installant leur campement. Ils restèrent dans cette oasis, presque paradisiaque par rapport au reste de leur environnement désertique durant trois jours. Cela permit à chacun de se reposer, reprendre des forces et regagner un certain moral. Il faut dire que la fatigue aidant, les disputes entre Mery et Tayet étaient de plus en plus fréquentes. Tayet ne comprenait pas le sens de ce voyage que Mery ne pouvait lui expliquer clairement sans dévoiler la mission que lui avait assignée le grand prêtre Ounnefer. Elle lui reprochait de plus en plus souvent la situation dans laquelle ils se retrouvaient. Et il est vrai que Mery lui-même commençait à douter qu'il puisse réussir un jour à trouver Nout et à pouvoir discuter avec la grande Déesse. Cela faisait maintenant déjà un bon mois qu'ils marchaient ainsi dans le désert et le Soleil Ré lui semblait toujours aussi loin. Il prit le temps lors de ces trois jours, de consigner sur un rouleau de papyrus tout ce qu'ils avaient vécu jusqu'ici durant leur voyage.

Avant de reprendre sa progression dans le désert, il hésita à enterrer ce premier papyrus ou à le pendre dans un arbre, en imaginant que quelqu'un finirait peut-être par le retrouver et le ramener à Ounnefer, s'il indiquait son nom et celui du Temple de Karnak, mais il se ravisa estimant que si quelqu'un passait par ici, il était peu probable que cette personne sache lire et écrire et qu'elle ne fasse finalement rien d'intéressant de ce papyrus trouvé. Ils durent repartir, car ils sentaient la présence de plus en plus prégnante des chacals autour d'eux. Certaines bêtes assoiffées venaient boire la nuit et devenaient dangereuses pour la famille de Mery comme pour les dromadaires. L'endroit était davantage un simple point d'eau plutôt qu'une réelle oasis.

Les deux hyènes tuées avaient toutefois été une véritable aubaine. En les dépeçant puis en les faisant sécher au Soleil, elles allaient leur fournir un apport de viande conséquent pendant très longtemps. En outre, il faut aussi reconnaître que ce gibier était tout de même bien meilleur que les scorpions ou les araignées.

Jusqu'ici, ils avaient croisé trois types de paysages différents : les massifs montagneux, les ergs où mers de dunes de sable, et les regs qui sont des déserts de pierre. Dans les territoires montagneux, il était très compliqué d'avancer rapidement, car non seulement un dénivelé important devait être gravi, mais qui plus est ces contreforts étaient très rocailleux et accidentés. En règle générale, lorsque cela semblait possible, Mery préférait contourner ces massifs, plutôt que de s'y engouffrer, quitte à faire un trajet plus long. La mer de sable s'étalait quant à elle à l'infini, formant comme sur l'eau, des *vagues à perte de vue. Le plus simple était alors de marcher sur les crêtes des dunes, car le sol y était plus compact et plus dur. En revanche dès qu'ils devaient sortir de cette piste, cela devenait impossible, ils s'enlisaient et devaient nager dans un sable meuble. Le mieux était encore de traverser les déserts de pierre, généralement plats, formés de myriades de roches de toutes tailles, ces déserts permettaient d'avancer vite. Parfois, en franchissant ce type de paysages, Mery et Tayet montaient sur le dos de leurs dromadaires. Mais la plupart du temps, afin de ne pas fatiguer plus que nécessaire les animaux, ils arpentaient le chemin à pied. Après presque deux mois, ils découvrirent un nouveau paysage qu'ils ne connaissaient pas. Il s'agissait d'une sorte de mer de sable, mais dans laquelle avait été plantée une forêt de rochers pouvant atteindre vingt ou peut-être même trente mètres de haut. Ils n'avaient cependant pas le choix, ils devaient cheminer entre ces pitons rocheux venus de nulle part, sans savoir réellement s'ils pourraient traverser jusqu'au bout cet endroit, où s'ils allaient devoir à un moment donné revenir en arrière pour contourner par la droite ou la gauche. Le risque était considérable, car devoir faire demi-tour après plusieurs jours de marche aurait été moralement catastrophique. Ils étaient comme dans un labyrinthe dont ils ne savaient pas seulement s'il existait une sortie. Ce paysage très impressionnant les accompagna pendant une dizaine de jours, avant que les arbres de pierre ne s'estompent et se dispersent progressivement pour laisser place à une nouvelle plaine de sable. Ce fut pour eux un formidable soulagement que de voir à nouveau un environnement qu'ils maîtrisaient.*

Bien plus tard encore, ils devaient avoir parcouru près de mille kilomètres depuis leur départ, lorsqu'une nuit, ils virent très clairement au loin, les reflets du ciel de Nout sur une immense étendue d'eau s'étalant devant un pic rocheux. Ils s'arrêtèrent un moment pour étudier et contempler le lieu. Ce n'était de toute évidence pas un endroit comme les autres. La montagne était très haute et assez bien délimitée, mais surtout elle semblait presque entièrement entourée d'eau, comme s'il s'agissait d'une fontaine naturelle. Aux abords de l'étendue d'eau, se trouvait une végétation importante, de l'herbe qui pourrait servir pour les dromadaires, ainsi que quelques arbres. Mais cette étendue d'eau était surtout bien plus considérable que les différents points qu'ils avaient trouvés jusqu'ici. Il s'agissait d'un véritable lac qui entourait une montagne sans doute sacrée. Mery et Tayet discutèrent un moment pour savoir quoi en penser et surtout que faire. L'emplacement était bien plus intéressant que tout ce qu'ils avaient pu observer jusqu'ici, mais était sans doute aussi beaucoup plus dangereux. La montagne ressemblait à une forteresse protégée par l'étendue d'eau. Ils décidèrent de rester dans un premier temps à bonne distance du dôme rocheux, en revenant prudemment sur leurs pas, pendant au moins trois cents mètres. De-là ils ne voyaient plus la montagne et ne pouvaient donc être repérés de quiconque. Ils discutèrent de la situation.

« Je crois Tayet que nous sommes arrivés au but de notre voyage. Il s'agit très certainement de la bouche de Nout. Ce dôme montagneux est évasé en son centre. Il doit permettre à Ré notre Soleil de passer sous terre dans la Douât pour combattre le serpent Apophis.

— Je pense que tu te trompes, lui répondit Tayet, comme d'habitude Mery… Tout d'abord Nout est la Déesse de la voûte céleste. Si sa bouche apparaît bien sur la Terre c'est pour emmener le Soleil dans son corps, c'est-à-dire dans les cieux. Or ce dôme rocheux, s'il est une entrée pour aller quelque part, la direction vers laquelle il nous emmène est vers le centre de la Terre, là où effectivement nous ne pourrons trouver rien d'autre que le domaine des morts d'Osiris.

Dans les deux cas, il nous faut être très prudents, car cette fois-ci ce n'est pas en tirant quelques flèches que nous allons nous en sortir. Si le dôme est une entrée permettant d'accéder à un dieu, il vaudrait mieux en effet qu'il s'agisse de Nout, car je ne me sens pas prête à affronter la mort d'Osiris et encore moins le grand mal Apophis… Tout cela ne me plaît pas. Je pense que nous ferions bien de contourner beaucoup plus loin par le sud ou le nord cet endroit maléfique.

— Oui, mais il y a également cette immense étendue d'eau Tayet. Nous avons besoin de cette eau. Et s'il s'agit de Nout nous devons le savoir.

— Justement, l'eau n'est qu'un piège, Mery ! Elle est là pour nous attirer vers le dôme et dès que nous aurons

commencé à faire boire les dromadaires, Apophis sortira certainement de la montagne pour nous dévorer.

— Bien… il existe encore une dernière solution, celle que cette montagne ne soit rien d'autre qu'un pic et qu'il n'y ait aucun danger associé. Dans la noirceur de la nuit, il est un peu compliqué de bien se rendre compte de la situation. Restons là et dormons un peu. Nous sommes à l'abri pour le moment. Demain j'irai voir très prudemment, en restant à couvert, pour détecter s'il y existe ou non une activité particulière. »

— Ils montèrent leur campement, reprit Anita, et cherchèrent le repos. Ce ne fut pas simple, car ils avaient pris l'habitude de veiller la nuit et de dormir le jour. Ils n'étaient donc pas suffisamment fatigués pour trouver rapidement le sommeil. De plus ce dôme montagneux était évidemment inquiétant, mais c'était aussi pour Mery l'espoir de la fin du voyage.

Il se leva très tôt, en début d'après-midi, ce qu'il ne faisait d'habitude jamais. Il réveilla Tayet pour lui signifier qu'il partait en éclaireur comme il l'avait décidé pour se rendre compte de l'activité autour du dôme. Il savait plus ou moins où se diriger et comment procéder. Il marcha environ deux cent cinquante mètres, puis dès qu'il aperçut la pointe du dôme montagneux, il s'aplatît contre le sol et continua d'avancer en rampant prudemment. Il parvint ainsi jusqu'à un rocher qui offrait le double avantage de le cacher et d'être en partie à l'ombre. Le dôme avait des couleurs rougeâtres et noirâtres, assez peu engageantes, il faut bien le dire, et il offrait très clairement une entrée en son centre qui semblait plonger dans la Terre. En revanche, l'eau bleu très accueillante apparaissait également entourant la montagne et il pouvait voir quelques arbres ainsi que des herbes hautes. Il y constata rapidement une certaine vie animale. Il observa notamment des oiseaux volant dans le ciel ainsi que d'autres posés sur l'eau. Il décida de tourner un peu autour du dôme rocheux, en prenant par la droite tout en restant à cette même distance accroupi. Cela lui permettait d'élargir son angle de vue. Mais il n'observa rien de particulier. En dehors des oiseaux, il n'y entendit aucun bruit suspect, lorsque soudain, il aperçut des dromadaires au repos. Mais il était trop loin pour savoir s'il s'agissait de dromadaires sauvages ou domestiqués. Il resta là jusqu'au soir, puis revint lentement vers le campement.

« J'ai pu voir Tayet des oiseaux et surtout des dromadaires, mais n'ai observé aucune activité humaine ou divine particulière. En revanche, j'ai attendu que le Soleil Ré se couche pour savoir s'il allait entrer dans la montagne. Je l'ai bien vu passer au-dessus du dôme, mais je ne crois pas qu'il soit entré dedans. J'ai plutôt eu l'impression qu'il passait encore derrière, comme de toute chose. En tous les cas, il ne s'est rien passé qui me fasse penser qu'un danger demeure en ce lieu. Je pense que nous pourrons demain nous y rendre, pour y faire paître et boire nos dromadaires. »

— Ils préparèrent le dîner et comme chaque jour maintenant, Mery enseigna une leçon de lecture et d'écriture à son fils qui était assez appliqué et progressait plutôt bien. Mery était déçu de n'avoir vu le Soleil s'engouffrer dans la montagne. Ça l'aurait conforté que ce voyage interminable prenne fin d'une manière ou d'une autre, et ce même s'il avait dû affronter la Déesse Nout pour cela. Il commençait de plus en plus à se demander s'ils n'allaient pas errer comme cela dans le désert toute leur vie, sans qu'ils ne découvrent jamais rien. Sans doute allaient-ils simplement mourir d'épuisement sans même pouvoir être momifiés et accéder au tribunal d'Osiris. Jamais ils ne parviendraient ainsi à l'éternité...

Mery se réveilla en sursaut au petit matin. Tayet et Meryamon étaient sous la tente à côté de lui et semblaient avoir fait de même. Il passa la tête vers l'extérieur de la tente et vit qu'ils étaient entièrement entourés d'une dizaine d'hommes, les uns à pied et les autres sur des dromadaires. Il prit peur et revint se réfugier très rapidement sous la tente.

« Nous sommes encerclés, s'exclama-t-il apeuré ! »

— Ils pouvaient maintenant entendre les hommes discuter entre eux, dans un langage qu'ils ne connaissaient pas et même rire et plaisanter du comportement de Mery. Ce dernier comprit aussitôt l'absurdité de sa situation. Ce n'était pas parce qu'il s'était réfugié un instant, précipitamment sous sa tente, que ces hommes ne viendraient pas le chercher. Et cela ne servait à rien de prendre son arc et ses flèches pour se *défendre, ils étaient beaucoup trop nombreux. Il sortit donc en premier, courbé, les mains bien en vue, afin de montrer à ces hommes qu'il n'était lui-même pas dangereux et demanda à Tayet et Meryamon de faire de même.*

Les hommes étaient tous armés. S'ils souhaitaient en finir avec Mery et sa famille, ça ne prendrait qu'un instant. Mery expliqua qu'ils n'étaient que trois, puis il vit que deux autres hommes à pied avaient déjà récupéré leurs propres dromadaires. Il protégeait sa famille comme il le pouvait et implorait les hommes de ne pas leur faire du mal. Trois d'entre eux discutaient de la situation avant qu'une décision du chef ne fut prise. Quatre hommes à pied leur firent signe de se mettre debout, l'un d'eux entra dans la tente qu'il fouilla, puis en ressortit avec l'arc et les flèches. Il fit son rapport au chef qui sur son dromadaire, ne semblait pas impressionné par tout cela. Il fit un geste et Mery comprit qu'il fallait les suivre. Ils se mirent tous en route, marchant en direction du dôme montagneux, encadrés par les hommes et les dromadaires. Le trajet ne fut pas long, une trentaine de minutes tout au plus. Les hommes contournèrent le dôme par le sud. Ils y découvrirent quelques tentes, mais aussi de vraies maisons en dur, de couleur sable, camouflées dans l'environnement naturel. C'est dans l'une d'entre elles que Mery et sa famille furent invités sans trop de ménagement à entrer. Il y faisait plutôt frais, on les installa assis sur une paillasse à même le sol, mais une femme leur servit une boisson chaude qu'ils ne connaissaient pas, agréable et très parfumée. L'un des hommes se mit à parler en égyptien. Il avait un fort accent et faisait des erreurs de syntaxe, mais il comprenait de toute évidence l'égyptien et savait se faire comprendre.

« Je me nomme Marouad, je suis libyen et suis le chef de ce camp avancé. Qui êtes-vous et que faites-vous ici avec vos trois dromadaires ? »

— Les Libyens, précisa Anita, étaient des ennemis héréditaires des Égyptiens. Il fallait à Mery rester très prudent dans ce qu'il allait divulguer. Mais heureusement, Pharaon et les Libyens n'étaient pas en guerre actuellement. Les problèmes de l'Égypte étaient davantage tournés en ce moment vers les Hittites qui étaient quant à eux localisés au nord-est.

« Nous sommes, dit Mery, une famille d'égyptiens en provenance de la ville de Thèbes. Je travaillais au Temple de Karnak en tant que prêtre, mais j'ai été banni de la terre d'Égypte pour insubordination. »

— Il fallait montrer aux Libyens que Mery et sa famille n'étaient aucunement un danger pour eux. Un prêtre n'est pas un soldat et si la religion égyptienne n'était pas celle des Libyens, elle ne les dérangeait en rien dans leur commerce. Enfin, le fait d'avoir été banni de l'Égypte était plutôt une bonne chose pour un Libyen.

« Qu'est-ce qui me prouve tout cela, leur demanda Marouad l'air suspicieux ? N'es-tu pas un espion à la solde de ton Pharaon ?

— Non, non je suis un prêtre, je peux vous le prouver, je sais lire et écrire les hiéroglyphes. Aucun soldat ne possède ce type de compétences et aucun soldat ne voyage avec sa famille d'ailleurs. De plus je n'ai pas d'armes, juste cet arc qui me sert parfois à chasser. »

— L'un des hommes avait en effet déposé devant eux, l'arc et les flèches ainsi que la tablette en bois dont se servait Mery pour écrire, sa plume, son encre et ses rouleaux de papyrus. Le chef les examina, discuta avec d'autres dans sa langue et reprit la discussion.

« Tu ne m'as pas expliqué ce que tu faisais ici ? Où vas-tu comme cela ?

— Le grand prêtre du Temple de Karnak m'a condamné à errer ainsi plein ouest sans me retourner. Je n'ai nul endroit où aller. Je ne fais que traverser ce désert sans m'arrêter, sans aucun objectif particulier. Je ne vous gênerai pas. »

— Une nouvelle discussion eut lieu, entre les Libyens. Ce fut plus long cette fois, mais ils ne semblaient pas craindre quoi que ce soit de Mery et de son arc, ce qui était un point positif pour lui et sa famille.

« Bien, tu es libre de tes mouvements. Je conserve pour le moment ton arc et ce matériel d'écriture. Sache tout de même que certains soldats comme moi-même savent parfaitement lire l'égyptien… Tu peux venir installer ta tente à côté de notre campement et faire boire tes dromadaires. Mais attention, ne cherche pas à t'enfuir. Où que tu ailles, nous te retrouverions très rapidement. »

— Il fut invité à sortir du bâtiment et un homme lui redonna ses trois dromadaires. Ils firent ce que le chef libyen leur avait demandé. Ils démontèrent leur premier campement pour venir s'installer proche de celui des Libyens. Ils bénéficiaient ici de toute l'eau qui leur était nécessaire. Pour la première fois depuis plusieurs mois, ils purent se laver correctement et même nager délicieusement dans l'eau du lac qui faisait le tour du dôme montagneux. En ce sens ils venaient de retrouver un confort, dont ils avaient oublié l'existence même. Ce bain avait été un vrai délice. Ils lavèrent leurs vêtements et nettoyèrent tout ce qu'ils pouvaient. Les dromadaires purent boire et manger autant que nécessaire et plus encore Mery et sa famille purent enfin manger des fruits frais, des dattes surtout qui étaient excellentes. Tayet était ravie de ce répit, tout comme Meryamon qui profitait d'une détente bien méritée.

*

— Jamais je n'irai comme cela dans le désert, à l'aventure, déclara Tal, même aujourd'hui avec un quatre quatre, muni d'un GPS et de toutes les réserves d'eau nécessaires. Cela me semble horriblement dangereux, alors à l'époque, sans aucune carte pour savoir où aller, je n'ose même pas imaginer !

— *Oh, pauvre choupinette qui serait morte de peur toute seule dans le désert... reprit Anita en singeant une peur maladive et extravagante. Il est vrai qu'elle doit avoir besoin d'une armée de bonhommes pour la servir en permanence. Qui donc lui apporterait son mouchoir pour lui tamponner le front lorsqu'elle s'exclame...*

— *Je n'ai besoin de personne ma grande, se défendit Tal, qui avait baissé sa garde un peu hâtivement. Contrairement à certaines, ma carapace est sans aucun doute plus drue que celle des petites vikings qui doivent se tartiner de crème solaire dès qu'il fait plus de quinze degrés.*

— *Toujours est-il que Mery avait un objectif, une raison de faire cela, lui répondis-je, autrement plus importante que celle de faire du tourisme dans le désert. Je te rappelle qu'il devait trouver Nout pour chercher à comprendre comment était le monde ? C'est une quête majeure du savoir et de la connaissance qui était en jeu.*

— *Oh le prince charmant vient maintenant au secours de sa belle, me rétorqua Tal un tant soit peu moqueuse ! Il est vrai qu'il est amoureux et ne peut par conséquent supporter qu'on houspille ou tance sa princesse... Mais je te rappelle quant à moi qu'elle a déjà porté son dévolu sur Mery. J'ai comme l'impression que tu arrives trois mille ans trop tard, gros bêta...*
Néanmoins, et pour en revenir à notre sujet, quelle est l'importance de savoir comment est le monde ? Nous ne

sommes vivants que pour très peu de temps. Ne vaut-il pas mieux en profiter tant que cela est possible, plutôt que de chercher à tout comprendre ? Car en dernier ressort, le jour de ta mort, que t'apportera le fait de connaître le monde ? Personnellement je préfèrerais pouvoir me retourner sur ma vie, en songeant avoir profité de tout ce qui m'a été offert, pour ainsi n'avoir aucun regret.

— C'est un débat vieux comme le monde, argua Neith, entre les épicuriens qui recherchaient les uniques plaisirs de la vie et les stoïciens auxquels la vertu devait suffire à leur bonheur...

— Pour ma part, rétorqua Hehou, je pense que c'est un peu comme pour tout, l'excès n'apporte jamais rien de bon. Il faut savoir prendre du plaisir, tout en cherchant à en savoir plus.

— De mon côté, enchainais-je, je pense que si personne n'avait jamais cherché à en savoir plus sur le monde, c'est-à-dire si nous avions tous suivi les principes d'Épicure, l'être-humain n'aurait pas pu évoluer. Il serait resté à jamais un grand singe, car le bonheur d'un grand singe est très certainement suffisant quand personne ne vient l'embêter. C'est donc le propre de l'homme que de justement chercher à en savoir plus sur le monde qui l'entoure. C'est tout simplement sa nature et quand bien même on le voudrait, je ne crois pas qu'on puisse aller contre, en cherchant à la remettre en cause. C'est ce qui fait, ce que nous sommes. Et par extension, si nous *observons au cours des différentes civilisations les personnages qui ont marqué leur époque ou les suivantes, ce sont ceux que notre société met en avant, hommes ou femmes, qui à un moment donné ont cherché à en savoir davantage sur le monde, prouvant je crois, à quel point la recherche de nouvelles connaissances est justement l'apanage de l'homme.*

— Pour ce qui concerne les dieux, décréta Horus, nous n'avons pas besoin d'en savoir davantage, car nous n'ignorons rien. « Savoir » n'est donc pas pour nous, un objectif en soi. Attention, je ne dis pas là que nous appliquons pour chacune de nos décisions l'entièreté du savoir du monde. S'il fallait procéder ainsi, nous ne ferions en effet jamais rien, car il nous faudrait alors analyser chaque possibilité, avant d'entreprendre quoi que ce soit. Aussi nous faisons, comme vous-mêmes, des choix, en ne sélectionnant qu'une partie des connaissances du monde. C'est sans doute ce que Mery nous reprochait le plus, quand il évoquait le fait qu'un dieu devait « se suffire à lui-même » pour exister. C'est une vision qui place Dieu comme un absolu. Mais c'est un non-sens de la praticité du monde. Je comprends en effet le besoin des êtres-humains à vouloir se rapprocher de la nature divine, en tentant par tous les moyens dont ils disposent, de tendre vers une connaissance plus omnisciente. Mais si vous en disposiez comme nous-autres, vous vous apercevriez que ce n'est pas parce que vous savez tout, que vous utilisez tout. Et d'ailleurs, vous faites constamment des erreurs de jugement, que vous

pourriez pourtant très facilement éviter avec votre seule connaissance actuelle...

Chapitre 20 : A la recherche de Nout – partie 2

— *Cela faisait maintenant plusieurs jours qu'ils étaient immobilisés en ce lieu, continua Anita, et Mery commençait à s'impatienter. Ils n'avaient pas vraiment de contact avec les Libyens. Aucun d'entre eux ne parlait de quelque façon que ce soit leur langue. En revanche, ils n'étaient pas hostiles à Mery et à sa famille. Ils sortaient régulièrement en patrouille avec leurs dromadaires et ne s'occupaient tout simplement pas d'eux.*

Mery se décida un jour de gravir la montagne qui les avait tant fait réagir. Il était certain maintenant que le Soleil ne s'y engouffrait pas, mais cela l'intéressait cependant de voir ce qu'il pouvait bien se trouver en son centre. Il prit le chemin qui lui semblait le plus simple pour parvenir au sommet. A un moment, il lui fallut réellement escalader les rochers, mais il finit par y parvenir. La montagne était comme il l'avait imaginée, avec un grand creux en son centre. La roche était noire et très accidentée à l'intérieur du dôme. Mais il n'y vit rien de particulier, ni dieux, ni même cavernes ou gouffres descendant dans le monde souterrain des morts. En revanche il pouvait de là-haut observer tous les alentours. Sur de nombreux kilomètres s'étendait une nouvelle mer de sable. Très loin cependant du nord-ouest au plein ouest, se dressait une nouvelle chaine montagneuse qui n'augurait rien de facile pour la poursuite du voyage.

Plus tard, au moment du dîner, une femme vint les voir et demanda à Tayet de se rendre auprès du chef libyen pour discuter avec lui. Elle accepta plutôt facilement, malgré l'air inquiet de Mery, qui lui dit de ne pas hésiter à crier et à demander de l'aide si besoin. Il avait remarqué la présence de plusieurs femmes dans le camp et était par conséquent relativement rassuré sur les intentions du chef libyen. Tayet revint d'ailleurs quelques heures plus tard, en l'informant qu'il ne voulait qu'une aide, pour lui faire de la cuisine égyptienne.

D'autres jours passèrent ainsi, sans rien de particulier. Mery réfléchissait à ce qu'il pourrait bien dire à Nout si toutefois il devait la rencontrer un jour. Il devait se préparer à cette éventualité. Il avait été pris au dépourvu devant le dôme montagneux. Si la Déesse Nout avait été présente, il n'aurait pas su quoi faire, ni quoi dire. Il commençait aussi à trouver le temps long. Cela faisait maintenant deux bonnes semaines, soit plus de vingt jours qu'ils étaient en ce lieu. Certes ils étaient bien traités, et le repos pris par toute la famille comme par les dromadaires leur avait été bénéfique. Mais il leur fallait maintenant repartir. Il se rendit devant la maison du chef libyen et demanda une audience à l'homme qui la gardait. Le soldat en armes qui n'avait sans doute rien compris, alla chercher son chef qui fit entrer Mery dans la maison.

« Je suppose que tu souhaites maintenant repartir ? questionna Marouad ?

— *Oui en effet, je ne peux pas rester ici toute ma vie, lui répondit Mery.*

— *J'ai lu tes papyrus. Il n'y a en effet là-dedans rien de bien subversif. Il ne s'agit que d'un carnet de voyage, mais il n'est toutefois pas dénué d'intérêt. Nous savons beaucoup de choses sur vous autres Égyptiens. Je suis même allé une fois jusqu'à Thèbes tu sais, la grande ville d'où tu viens. Mais, nous-autres Libyens, n'y avons pas été très bien accueillis... Vous nous considérez comme des sauvages sans culture, ni connaissance. Vous ne nous tolérez que pour faire du troc. Vous avez tort. Je reconnais que l'Égypte est une grande civilisation et j'ai pu voir certains de vos monuments très impressionnants, mais vous bénéficiez d'un atout que nul autre pareil n'a : le Nil ! C'est grâce à ce seul fleuve que vous devez votre richesse. De notre côté, nous n'avons pas cette chance, mais nous n'en avons pas pour autant une vraie culture et des chefs armés qui s'ils se réunissent pourront bien vous envahir à nouveau, comme nous l'avons déjà fait par le passé.*

Tu peux repartir quand tu le souhaites. Je ne m'y opposerai pas. Je te rends tes papyrus et même ton arc et tes flèches qui ne feraient pas de mal à une mouche. Toutefois, j'ai discuté avec ta femme et sache qu'elle ne souhaite pas repartir dans ce long voyage que tu as entrepris et qui risque de te mener nulle part. Or elle est libre de choisir son destin. Tu ne peux la forcer à partir avec toi. Si elle souhaite rester ici, je lui ai assuré de ma protection. Il en va de même de ton fils. Il est encore petit, mais il doit pouvoir prendre sa décision, seul. »

— Mery sortit de la maison, abasourdi et rembruni par ces révélations. Il n'était pas question pour lui de partir sans sa famille. Il rentra précipitamment sous la tente avec Tayet, pour discuter avec elle. Il l'empoigna fermement rempli de colère en ces circonstances.

« Je ne comprends pas Tayet, le chef libyen vient de m'expliquer que tu ne souhaitais plus continuer le voyage que nous avons fait jusqu'ici ? Peux-tu m'expliquer ? »

— Tayet se dégagea tout d'abord de cette empoignade, un peu trop brutale, faisant comprendre à Mery qu'il était allé trop loin. Puis elle égrena les raisons qui l'avaient poussée à prendre une telle décision.

« C'est vrai Mery. Tu ne m'écoutes pas quand je te dis que tout ça n'a aucun sens. Tu ne prends jamais mon opinion en considération. Tu demandes souvent mon avis, mais tu n'en tiens jamais compte. Tu décides de tout et m'imposes par conséquent tes choix qui ne sont pas les miens. Ce n'est pas moi qui ai demandé à faire ce voyage stupide. Chaque jour, je me demande bien pourquoi je suis là avec toi à marcher bêtement vers l'ouest plutôt que d'être à Thèbes avec mes amies, ou même dans n'importe quel autre endroit en Égypte. Même si tu as été banni de Thèbes, rien ne nous empêchait de nous rendre à Memphis ou dans toute autre grande ville pour y vivre tranquillement, sans faire d'histoire. Nous avions des terres, nous aurions pu les troquer contre un commerce ou que sais-je moi… Mais pourquoi donc as-tu choisi la voie la plus compliquée ? Je ne te comprends plus Mery. Tu t'obstines dans un chemin qui ne peut nous emmener que vers une mort certaine. Je t'ai aimé lorsque nous étions plus jeunes, parce que tu faisais attention à moi, parce que tu me regardais et faisais toujours tout pour me satisfaire. Mais ce n'est plus le cas. Depuis que tu as commencé ta formation de prêtre, tu réfléchis au sens du monde, mais en te détournant de moi. Je ne suis pas qu'un simple objet que tu peux poser sous ta tente. Je suis une femme, un être-humain avec des sentiments, des émotions, des pensées, des idées, mais rien de tout ça en moi ne semble plus t'intéresser. Par conséquent, oui, puisque j'en ai la possibilité, j'ai décidé de rester avec le chef libyen. Il m'a promis son appui et sa protection. Je sais que je ne retrouverai jamais ma vie d'avant, mais je peux encore me faire une nouvelle vie et dans tous les cas rester en vie ici, sera toujours mieux que de mourir plus loin dans le désert.

Mais tu peux aussi pour une fois prendre mon parti et décider comme moi de rester dans cette oasis. Personne ne nous embêtera ici. Nous pouvons nous refaire une vie simple mais heureuse. C'est un choix que tu peux aussi faire avec moi Mery et j'en serais alors très contente. »

— À cet instant précis, Mery voulut exploser de colère, mais il se ravisa aussitôt et ne dit finalement rien. Il pensa sagement qu'il aurait été contre-productif de se quereller davantage. Il sortit de la tente, pour s'éloigner et réfléchir plus loin, devant les eaux bleues du lac. Il éprouvait un sentiment mélangé allant de la rage à la lamentation. Son monde s'écroulait ici bien davantage que cela n'avait été lors de son bannissement par le Conseil du Temple. Il hurla de douleur en larmoyant longuement. Son chagrin était immense. Il se sentait brusquement abandonné, trahi par celle qu'il aimait. Il repensait à Satis et aurait aimé disposer de son soutien, mais après réflexions, elle-même ne l'aurait pas forcément appuyé. Son premier réflexe aurait été de forcer Tayet à le suivre, mais il ne voyait pas comment il pouvait s'opposer au chef libyen. Par ailleurs, les allégations que Tayet lui opposait étaient également légitimes. Il est vrai qu'il avait décidé de ce voyage tout seul, en l'imposant à sa famille. Il ne s'était même pas vraiment demandé si cela leur plaisait ou non de marcher ainsi toutes les nuits dans le désert, sans même qu'un réel but ne leur soit expliqué. Il payait aujourd'hui le fruit de son égoïsme et de son obsession pour la connaissance. Pourtant, Tayet comme Meryamon avaient suivi Mery dans sa quête, non pas pour en savoir davantage sur le monde, mais simplement parce qu'il était le père de famille. Il ne savait plus que faire. Fallait-il abandonner cette quête et vivre simplement comme toutes les familles ? Mais le pourrait-il seulement ? Ne deviendrait-il pas totalement fou à rester ainsi, dans cette oasis, sachant que les réponses de ce qu'est le monde étaient peut-être juste derrière la première chaîne de montagne qu'il voyait au loin ?

Mery resta quatre jours à réfléchir ainsi, sans pouvoir prendre une décision. Mais alors qu'Ounnefer lui avait demandé de garder le secret de sa mission, en désespoir *de cause, il réunit finalement Tayet et Meryamon. Il leur expliqua la raison pour laquelle il avait entrepris ce voyage, le fait qu'il était à la recherche de Nout et que cette expédition pouvait changer le sens de la connaissance du monde. Tayet avait admis que l'enjeu était d'importance, mais n'avait pas pour autant changé d'avis, car pour elle cette quête n'était simplement pas la sienne et elle préférait profiter pleinement de la vie qui lui restait. Il la supplia, se repentit de ses erreurs et implora sa mansuétude. Mais Tayet resta inflexible sur sa position.*

En revanche, Meryamon qui était pourtant encore très jeune lui apporta son soutien à son projet. Lui aussi préférait parcourir le désert, pour savoir si Nout se trouvait bien au bout du monde et si Ré s'y engouffrait chaque soir. Meryamon aimait l'environnement désertique et n'appréciait pas spécialement les Libyens dont il ne comprenait pas la langue. Ils lui semblaient plus des étrangers que les araignées et les scorpions du désert. Mery avait été très touché par le soutien de son fils, cela lui avait redonné l'espoir de convaincre Tayet de se rallier à eux pour continuer le trajet. Il avait bien sûr tenté de la persuader en argumentant sur le fait qu'elle ne pouvait abandonner Meryamon comme cela, mais Tayet n'avait pas spécialement la fibre maternelle. Pour elle, Meryamon était certes jeune, mais il n'avait plus vraiment besoin d'elle et si son choix était de partir, elle le respecterait, car tous les enfants finissent par s'éloigner de leurs parents.

Alors que Meryamon était déjà prêt à repartir, Mery n'arrivait pas à faire ce saut dans l'inconnu sans sa femme. Il demeura ainsi paralysé pendant encore de nombreux jours. Il couvait du regard Tayet, la regardait aller et venir avec les femmes et les hommes libyens, commencer sa nouvelle vie sans lui, apprendre une nouvelle langue, manger et discuter avec ces inconnus. Il ne comprenait pas comment elle pouvait être aussi insensible à son état. Elle devait avoir éprouvé un sentiment de rancœur depuis très longtemps pour agir aujourd'hui de la sorte, avec autant de détachement. Il s'en voulait de n'avoir rien vu, sans doute trop absorbé par ses réflexions sur le monde. Il se mettait à la détester, mais dans le même temps, ne pouvait néanmoins cesser de l'aimer.

Mery se sentait abandonné, il n'avait plus le goût à rien. Il ne mangeait presque plus, ne s'occupait plus des dromadaires. Il passait ses journées près du lac à se morfondre et à ne rien faire. Il fallut que Meryamon prenne les choses en main. Il alla voir son père pour lui parler.

« Je comprends que tu sois fâché et triste père, mais tu ne peux pas rester ici toute ta vie à ne rien faire. En tout cas, sache que si tu ne bouges pas d'ici deux jours, je partirai quant à moi, seul pour poursuivre la découverte de l'occident et rechercher l'endroit où le Soleil bascule dans le ciel de Nout. »

— Cet ultimatum déclencha le réveil de Mery. Il comprit d'un seul coup, alors qu'il l'avait jusque-là *considéré comme un très jeune enfant, à quel point Meryamon avait acquis une maturité déroutante, et ce malgré son très jeune âge. Comment un enfant seul, de neuf ans tout au plus, pouvait-il vouloir faire un tel voyage dans un but purement scientifique ? Était-ce de l'inconscience ? En voulait-il à sa mère de les laisser ? Se rendait-il seulement compte des dangers qui les guettaient ? Il maîtrisait mieux que Mery lui-même tous les arcanes du désert. Il semblait être parfaitement dans son élément, dans cet environnement pourtant des plus hostiles. Et il avait par ailleurs une soif de connaissance que Mery n'avait vue chez personne d'autre, pas même chez lui-même.*

« C'est entendu Meryamon. Laisse-moi juste encore deux jours ici au bord du lac et nous partirons ensemble tous les deux. »

— Meryamon entreprit presque tous les préparatifs du départ. Les Libyens lui donnèrent des réserves de nourriture. Il remplit toutes les jarres d'une eau qu'il fit préalablement bouillir. Il démonta presque tout seul la tente et chargea tous les paquets sur les dromadaires. Le Soleil commençait à décliner lorsqu'ils se mirent en route. Mery se retourna à plusieurs reprises pour tenter d'apercevoir une dernière fois Tayet. Et ce n'est qu'à sa quatrième tentative qu'il la vit enfin. Elle était tout de même venue et leur fit un signe de la main leur souhaitant une bonne route.

Le voyage continua ainsi dans un désert toujours plus grand qui s'étendait à perte de vue. Les jours, puis les semaines passèrent, sans que rien ne change.

Meryamon était devenu leur guide. Il suivait en amont les traces des animaux que son père ne voyait jamais. Il repérait le vol de deux oiseaux tournoyant dans le ciel, lui indiquant un point d'eau. Il pistait même la direction de quelques insectes, ce qui lui fournissait des indications sur la météorologie à venir. Il avait aussi appris à reconnaître certaines roches peu poreuses sur lesquelles l'eau de pluie ou de rosée glissait simplement le long des parois pour venir infiltrer le sol et former des points d'eau à seulement quelques dizaines de centimètres sous la terre.

Depuis qu'ils étaient repartis de l'oasis où Tayet les avait laissés, la chaleur de la journée commençait à diminuer progressivement. Aussi modifièrent-ils leur stratégie de déplacement. Pendant un moment, ils décidèrent de marcher très tôt avant l'aube, de cinq heures jusqu'à dix heures du matin environ, puis de reprendre leur marche à partir de seize heures jusqu'à vingt-deux heures. Ce n'était pas spécialement facile, car cela les obligeait à monter leur campement deux fois par jour. En revanche ils pouvaient ainsi marcher durant une bonne partie de la journée et dormir une partie de la nuit, ce qui était tout de même bien plus agréable. Plus tard encore, les nuits devinrent trop froides et ils décidèrent alors de ne se déplacer que durant la journée.

Les paysages étaient magnifiques, des roches sortaient parfois du sable telles des colonnes de granite s'organisant comme des temples en certains lieux. Ils découvrirent des canyons de couleur ocre, où des rivières serpentaient doucement, souvent totalement asséchées. Ils croisèrent des amas rocheux d'un blanc étincelant, piégeant dans des piscines naturelles de l'eau de pluie. Ils parcoururent des oasis verdoyants où les joncs côtoyaient des palmiers dattiers. Un autre jour, alors qu'ils traversaient le fond d'un canyon au milieu de nulle part, Meryamon repéra à trois mètres de hauteur environ une fresque, représentant des hommes se battant avec des lances, mais aussi des dieux zoomorphiques à tête de singe qu'ils ne connaissaient pas.

Le sable était partout et pouvait prendre différentes couleurs, le plus souvent beige ou jaune, mais parfois très gris, presque noir, ou même rougeoyant. Les arbres étaient très rares et précieux dans ce paysage. Il est difficile d'ailleurs d'évoquer un paysage désertique, alors qu'il existait en fait, une myriade de paysages différents. Ils découvrirent à un autre endroit un immense cercle de sable rose. Le cercle était absolument parfait et faisait peut-être cent mètres de diamètre, comme celui d'un cratère volcanique, mais entièrement plat, sans aucune montagne associée. Ils cherchèrent pendant plusieurs jours une explication et un éventuel passage quelque part. Ce cercle ressemblait à une porte vers un autre monde. Mais ils durent se résigner à reprendre leur expédition, car ils n'y trouvèrent finalement rien de plus.

Ils pouvaient arpenter ainsi le désert pendant des jours sans que rien ne se passe, aucun rocher apparent, que du sable à perte de vue, pas même la découverte d'un insecte. Ils foulaient, tels des pionniers, des lieux vierges de tout passage et de toute vie.

Ils ne rencontraient presque jamais personne. Mais il convient toutefois de relever trois situations importantes auxquelles ils furent confrontées. La première fut celle d'un homme totalement seul qui marchait plein est, à l'inverse d'eux. Il possédait un unique dromadaire, ainsi qu'une chèvre. Cette dernière avait été installée dans une sorte de boîte montée sur le côté droit de son dromadaire. L'homme était âgé. Il avait un œil vitreux qui ne semblait pas voir et avait une longue barbe blanche qu'il tressait. Il ne parlait aucunement égyptien et il ne pouvait se faire comprendre que par des gestes ou des représentations dessinées dans le sable. Mery et Meryamon l'interrogèrent sur Nout ? Etait-il sorti de la bouche de Nout ? Ils souhaitaient savoir d'où il venait comme cela ? Mais ils ne comprirent rien de ce qu'il pouvait dire. Ils restèrent ensemble toute une nuit autour d'un feu, sans se comprendre, puis chacun repartit le lendemain matin en poursuivant son chemin comme si cela n'avait pas d'importance.

La seconde rencontre fut plus impressionnante encore. Il s'agissait d'une caravane d'une trentaine de dromadaires venant du sud. C'étaient des Nubiens à la peau très foncée. Mery eu peur, car les Égyptiens et les Nubiens étaient régulièrement en guerre. Mais ceux-ci semblaient assez différents de ceux qu'il connaissait et qu'il avait pu rencontrer à Thèbes. Ils étaient habillés dans de très belles étoffes bleues et blanches. Ils étaient armés, mais n'ont pas menacé Mery et son fils. Il s'agissait manifestement de marchands qui traversaient ce désert en allant plus au nord. Là encore, aucun échange verbal ne fut possible. La caravane leur laissa une amphore d'eau contre quelques amulettes qu'Ounnefer avait offert à Mery avant son départ, et chacun repartit rapidement dans sa direction. Ils ne se croisèrent en tout et pour tout, qu'une trentaine de minutes seulement.

La dernière fut la plus inattendue. Mery et son fils s'étaient arrêtés sur un petit promontoire surélevé d'où ils ne pouvaient observer jusqu'à l'horizon, que du sable s'étalant à perte de vue. Des rochers leur offraient une ombre providentielle, qu'ils choisirent de s'approprier jusqu'à la tombée de la nuit, avant de repartir. Après avoir donné à manger et à boire aux dromadaires, Meryamon commença par déballer quelques affaires qui leur permettraient de s'installer relativement confortablement. Pendant ce temps, Mery observait du promontoire ce qui les attendait et cherchait des yeux la meilleure route à suivre, lorsqu'il vit au loin, au milieu du désert une silhouette se dessiner. Un homme seul marchait ici à contre-sens, se dirigeant droit vers leur campement improvisé. Mery tout en désignant le point mobile, informa son fils qu'ils seraient sans doute bientôt trois plutôt que deux. Ils attendirent patiemment durant une bonne heure que l'homme fusse suffisamment proche pour lui faire signe de les rejoindre. Celui-ci encore au loin s'arrêta un court instant - sans doute pour prendre une décision qui lui revenait de droit - puis il se remit en marche en direction de Mery. À dix mètres environ du vagabond, Mery eu comme un coup dans la poitrine. Il le reconnut aussitôt. Il s'agissait du mendiant qu'il avait voulu aider il y a très longtemps de cela dans les faubourgs de Thèbes, en lui portant une cruche d'eau.

« *Mes salutations étranger… Mais il me semble te reconnaître, lança Mery… N'es-tu pas un habitant de Thèbes ? Comment t'appelles-tu déjà, je ne crois pas connaître ton nom noble vieillard ?*

— J'habite à la fois partout et nulle part, répondit ce dernier. Je ne suis qu'un voyageur qui erre et parcoure ce monde sans but précis. On me nomme Almusafir « celui qui voyage ». Mais je crois en effet te reconnaître également, car ça ne fait finalement que quelques années que nous nous sommes croisés. Cependant, de mémoire, tu étais alors prêtre, non ? Que fais-tu ici dans des contrées si éloignées de ton Temple ?

— Je chemine moi aussi ce désert, dans le but de me rendre à l'occident. Mais dis-moi plutôt pourquoi t'es-tu enfuis le jour où nous avons parlé ensemble, alors que j'étais parti pour te ramener une cruche, afin que tu puisses y boire l'eau du puits ?

— Mais je me tenais là, devant toi noble prêtre… Simplement tu semblais ne plus pouvoir me voir. Sans doute étais-tu trop absorbé par tes pensées sur ce qu'était le monde. Et pour te le prouver, je peux à mon tour t'offrir cette même cruche. Elle te servira davantage qu'à moi, car j'ai pris l'habitude de ne plus boire depuis déjà plusieurs années. »

— *Tout en affirmant ces dernières phrases, il sortit de son sac ladite cruche, que Mery reconnut aussitôt comme étant bien celle qu'il avait choisie chez le potier.*

« *Tu veux dire que tu ne bois jamais rien, ni vin, ni bière, ni même une seule goutte d'eau ?*

— *Ni même un jus de fruit, ajouta-t-il. Plus rien du tout... Le voyage est devenu ma seule boisson, je n'ai plus besoin d'autre chose pour survivre.*

— *Toi qui reviens de l'ouest, là où nous souhaitons nous rendre avec mon fils, là où se trouvent le royaume d'Osiris et la porte d'entrée vers Nout, peux-tu nous dire ce que tu as vu et ce que nous devrions y découvrir ?*

— *Ce n'est qu'en parcourant le chemin que tu le comprendras toi-même. L'ouest est un monde unique, différent pour chacun. Mon cheminement n'est en aucun cas le tien. Je ne peux savoir ce qui sera pour toi à l'ouest.*

— *Mais il semble bien qu'on puisse en revenir, puisque tu l'as toi-même traversé, insista Mery, avec soudainement un certain espoir de trouver Nout puis de retourner à sa vie Thébaine ?*

— *Cela est vrai pour certains, mais je ne suis qu'un voyageur qui accompagne ceux qui souhaitent parcourir ce chemin. Je n'ai pas davantage de réponses à t'apporter sur ce qui se trouvera pour toi à l'ouest, car je ne le connais tout simplement pas.* »

— *Mery ne comprit pas comment cet homme pouvait ne jamais boire, ni d'ailleurs comment celui-ci faisait-il pour disparaître ou réapparaître ainsi sans prévenir. Il le considéra comme une sorte de mage, probablement en relation ou en communication avec les Dieux.*

Ils passèrent une partie de la soirée à discuter autour du feu, de la façon dont les choses ont été, sont, ou devront être à l'avenir et dont les lois façonnent l'enchaînement des événements. Puis alors que Mery s'était simplement levé pour attiser quelque peu les braises, il se retourna et ne vit soudainement plus personne. Almusafir avait à nouveau disparu. Ils le cherchèrent un temps avec Meryamon, mais comprirent rapidement qu'ils ne le reverraient plus. Sans-doute était-ce sa manière de voyager...

Les semaines laissèrent place à des mois, qui s'enchaînaient les uns derrière les autres. Ils ne savaient plus vraiment depuis combien de temps ils étaient partis, deux ans ? Peut-être trois ? Ils avaient passé au moins trois saisons de grande chaleur, lorsqu'un jour, alors que l'air devenait depuis plusieurs jours déjà, plus humide et que Meryamon avait observé de plus en plus d'oiseaux dans le ciel, ils découvrirent en passant sur le haut d'une dune, l'immensité de l'océan qui s'étalait à présent devant eux à l'infini ! Mery, épuisé, trébucha une première fois avant de s'agenouiller sur cette dune de sable. Il ne put s'empêcher de retenir ses larmes, devant le spectacle du Soleil Ré qui se couchait une nouvelle fois très loin à l'horizon dans un ciel rosé, puis presque rouge.

« Nous sommes arrivés au bout du monde Meryamon. Le comprends-tu seulement ? C'est l'océan primitif de Noun que nous avons devant nous, celui d'où a été créé Amon-Ré lui-même, mais Nout semble toujours aussi loin. J'ai été présomptueux et arrogant dans cette quête. Tayet avait raison ! Nous n'avons fait tout ce chemin que pour observer le bout du monde et y trouver la mort...

— Je ne suis pas d'accord avec toi, père. Tout d'abord, nous avons découvert le bout du monde et c'est déjà quelque chose en soi que personne n'avait jamais fait auparavant. Nous entrons dans l'histoire des grands découvreurs de l'Égypte et c'est avant tout grâce à ta ténacité. Nous devrions au contraire célébrer ce fait.

Par ailleurs, j'ai moi aussi, eu le temps, durant toute cette marche dans le désert, de bien réfléchir à la physique du monde et j'ai maintenant une hypothèse en tête que je crois de plus en plus possible et qu'il va me falloir confirmer. Je pense que Geb - la Terre sur laquelle nous évoluons - est totalement sphérique comme une pastèque. Imagine alors que Thèbes soit à un endroit fixe de cette boule, et que notre Soleil Ré tourne autour de nous en une journée. Dès lors qu'il dépasse notre horizon à l'ouest, nous perdons sa lumière et le ciel de Nout nous apparaît, car le Soleil ne nous aveugle plus. Mais ce dernier continue de tourner de l'autre côté de la Terre, pour finalement se lever à l'est chaque matin et ainsi de suite.

Si mon hypothèse est vraie, en continuant vers l'ouest comme nous l'avons fait pendant des mois, nous ne pourrons alors jamais atteindre l'endroit où se couche le Soleil, car il n'existe tout simplement pas. Au mieux, en poursuivant ainsi tout droit, nous pourrions retrouver la ville de Thèbes si nous arrivions à faire le tour entier de la Terre. Cela signifierait aussi que le passage vers Nout n'existe tout simplement pas, car dans ce modèle, nous voyageons en réalité déjà dans le corps de la grande Déesse !

— *Ton hypothèse est incroyablement audacieuse Meryamon... Cela signifierait que Geb - la Terre - est à l'intérieur de Nout ? Toutefois, sache comme je te l'ai déjà dit plusieurs fois déjà, que si le Soleil Ré tourne autour de nous, de son point de vue, c'est nous qui tournons autour de lui. Tu dois te souvenir de toujours prendre tous les points de vue, avant de formaliser des expériences de pensée.*

Si je te comprends bien, il nous suffirait de construire une barque et de poursuivre à nouveau tout droit dans l'océan de Noun, pour retourner à Thèbes. Cette perspective a en effet du sens et me semble incroyable. Mais je ne crois plus avoir la force de faire cela Meryamon... Ce nouveau voyage que tu me proposes à travers les eaux, pourrait bien prendre plus de temps encore que celui que nous venons de faire et rien ne nous dit que nous trouverions de quoi nous sustenter dans cet océan qui semble s'étaler à perte de vue.

— *Il existe père, une autre façon je pense, beaucoup plus simple, de savoir si la Terre est oui ou non sphérique comme une pastèque. Est-ce qu'à midi par exemple, les longueurs des ombres d'une même coudée royale positionnée à deux endroits différents sur la Terre sont les mêmes ? Si elles sont identiques, cela signifie que le Soleil éclaire de la même façon tous les endroits de la Terre et que mon hypothèse est sans doute fausse. Mais si jamais elles diffèrent, cela prouvera que les rayons lumineux de Ré parcourent au même instant des chemins plus ou moins longs, selon l'endroit où on se trouve sur la Terre et ainsi que notre monde Geb possède donc une certaine courbure. Nous pouvons facilement faire cette expérience tous les deux. Je propose que tu restes ici et que je parte à trois jours de marche vers le sud par exemple, en suivant la plage. Chacun de nous réalisera alors à midi, à l'heure où le Soleil est le plus haut dans le ciel, une mesure de l'ombre d'une coudée royale posée verticalement sur le sol. Puis je reviendrai trois jours après et il nous suffira de comparer nos mesures pour savoir si mon hypothèse est la bonne. »*

— *Mery était brusquement à nouveau très excité par cette nouvelle expérience que lui proposait son fils. Il ne comprenait d'ailleurs pas pourquoi il n'avait pas eu lui-même cette idée plus tôt et s'énervait de sa propre absence de réflexion en la matière.*

« Oui, bien-sûr ! Et pour être très précis, le mieux je pense sera de faire de multiples mesures pendant une heure environ, aussi nous devrions voir tous deux la

longueur de l'ombre diminuer puis ré-augmenter. Le minimum de la longueur sera alors facile à tracer sur un papyrus et nous pourrons à ton retour comparer avec précision les minima des ombres pour savoir s'il existe une différence. Si tel est le cas, tu auras prouvé Meryamon qu'il ne sert à rien de chercher plus loin Nout.

— Dans six jours seulement, nous saurons si cela a du sens ou non de continuer à naviguer sur une barque plein ouest. »

— Meryamon qui avait maintenant à peine douze ans, partit seul sur son dromadaire vers le sud et tous deux firent l'expérience qu'ils avaient conçue ensemble. Six jours plus tard le fils de Mery revenait très fier et plein d'espoir. Ils comparèrent leurs résultats et n'eurent aucun doute sur la courbure de la Terre.

« On pourrait toutefois nous opposer que cette mesure ne soit vraie que localement, dit Mery, qu'il existe en effet une courbure à cet endroit du bout du monde, où il n'y a que nous, mais que ce n'est peut-être pas la réalité partout... Je pense qu'il te faudra refaire de nouvelles expériences comme celle-ci, entre Thèbes et Memphis par exemple, avant que l'on te croit réellement.

Mais comme tu le vois je pense, je ne me sens plus la force de faire le trajet en sens inverse, pour revenir jusqu'à Thèbes. Je suis maintenant épuisé par ce voyage Meryamon... Nous allons consigner ensemble tous nos résultats sur ces derniers papyrus qui me restent et il te faudra alors me laisser là. Je sens que je suis arrivé au bout de mon propre voyage. Ma réflexion n'est plus aussi rapide que la tienne et mon corps est à la peine. Tu sauras bien mieux que moi t'orienter et retraverser ce désert immense. Je vois bien que tu es promis à un avenir radieux et cela me réjouit au plus haut point. »

— Meryamon voyait en effet les forces de Mery s'amenuiser. Mais il demeurait son père, celui qui lui avait appris tant de choses et qu'il vénérait. Il ne pouvait pas admettre qu'ils ne puissent faire ensemble le voyage en sens inverse.

Ils restèrent plusieurs mois sur cette dune, face à la plage sur laquelle les vagues venaient s'écraser immanquablement, toutes les sept secondes, selon un rythme ininterrompu. Mais pour Mery cette fréquence commençait à s'allonger lentement. Jour après jour, il voyait ses forces décliner et sentait l'ensemble du monde progressivement s'accélérer, sans qu'il puisse continuer de s'y accrocher. En bon relativiste, Mery avait compris que ce n'était pas le monde qui s'accélérait ainsi, mais son propre corps qui ralentissait.

Il repensait à l'ensemble de sa vie, à Satis qui devait être devenue une prêtresse de premier plan au sein du Temple de Karnak, une adoratrice d'Amon-Ré. Il la revoyait très belle, allongée presque nue sur ce promontoire rocheux où ils avaient attendu tant de jours ensemble que l'étoile Sirius se lève en même temps que la crue du Nil. Elle lui souriait tendrement lorsqu'il lui caressait la joue et essuyait ses grosses larmes.

Il revoyait Tayet riant aux éclats lorsqu'ils étaient enfants, sur ce radeau de fortune qu'ils avaient construit pour jouer sur ce cours d'eau jouxtant le Nil. Il refaisait l'amour avec elle. Il la revoyait encore lui faire ce dernier signe d'adieu de la main au milieu de nulle part dans ce désert de couleur ocre.

Il revoyait son père et sa mère qui l'avaient tant aimé et lui avaient appris à observer et à analyser le monde.

Il discutait même encore quelques fois avec Ounnefer du monde dans lequel tous étaient réunis. Un monde créé par l'espace, le temps et l'énergie, selon une loi de destruction du vide, un monde fini dans un univers infini, un monde dont tous ses composants sont des unités aux limites floues et indéterminées, un monde immense où les hommes et les femmes ne représentent à peu près rien, où l'existence des choses est toujours issue d'une substance répondant à la loi de la causalité, un monde en évolution permanente, où les êtres-humains sont totalement figés dans le temps, immobiles à l'instant présent dans une caravane du temps qui se déplace à une vitesse constante dans l'espace, un monde où la description des choses est toujours relative, dépendant d'un point de vue, d'un référentiel qu'il convient de définir pour en dire quelque chose, un monde où l'existence matérielle se confond avec celle de la pensée et de l'imaginaire, un monde que le ciel de Nout englobe entièrement, sans entrée ni sortie...

Mery mourut comme bien d'autres à treize virgule huit milliards d'années de l'origine du temps et à quarante-six milliards d'années lumière environ de l'origine de l'expansion spatiale de l'Univers.

Chapitre 21 : Le jugement

Dans l'immédiat, Anita ne semblait plus pouvoir ou vouloir poursuivre son récit. L'émotion l'avait quelque peu submergée. Chacun comprenait l'intensité de son implication dans la traduction de ces papyrus et de l'histoire de Mery auquel elle s'était tant attachée. J'éprouvais personnellement un sentiment de grande tristesse et de compassion à son encontre. Je lui pris la main et lui tendis un simple mouchoir en papier afin qu'elle essuie ses yeux humides. Elle posa sa tête sur mon épaule, et je l'enlaçais quelques instants en essayant de la réconforter.

Horus, que nous pouvions maintenant percevoir sans aucune ambiguïté comme un être hiéracocéphale à tête de faucon et à corps d'homme avec des ailes, prit une dernière fois la parole.

— Il me faut dans le temps imparti qui nous reste, vous narrer ce qui s'est désormais passé, car bien sûr aucun papyrus n'a pu relater ce que je vais maintenant vous confesser.

Meryamon s'occupa tout d'abord de momifier le corps de son père. Ce dernier lui avait expliqué comment mener cette opération, mais il est vrai qu'entre la théorie et la pratique, existe un chemin souvent important.

Meryamon n'avait concrètement jamais procédé à la momification d'un être-humain et ce n'est pas un exercice facile, surtout quand il convient de l'observer sur un être cher. Il fit aussi bien qu'il put, avec les moyens et les outils très rudimentaires dont il disposait. Je dois dire d'ailleurs que cela a été finalement assez mal fait. Il fit beaucoup d'erreurs, mais sans personne pour lui indiquer les bonnes pratiques, je ne vois pas bien comment il aurait pu mieux faire. Je vous passe les détails de cette opération, car Anita risquerait de nous faire une syncope.

Durant la période des soixante-dix jours où le corps asséchait peu à peu dans son bain de natron, Meryamon se lança dans la construction d'une petite tombe enterrée. Il choisit tout d'abord le meilleur emplacement possible, un peu plus dans les terres, sur une hauteur d'où on pouvait suivre la course du Soleil Ré et son coucher chaque soir auprès de Nout. La tombe fut creusée à même le sol. Elle a été entreprise plus sereinement et avec plus d'habilité que la momification du corps, comme un cube de trois mètres environ de côté. Tout comme le voyage de Mery, elle fut orientée est-ouest. On y pénétrait par un petit escalier assez restreint de cinquante centimètres de large tout au plus, réalisé à l'aide de pierres plates. L'accès avait été entrepris à l'est, la momie étant déposée dans un sarcophage rectangulaire, fait de quelques éléments de bois, la tête orientée à l'ouest. Meryamon prit le temps de décorer le sarcophage, recopiant pour ce faire le papyrus du livre des morts que son père avait emmené avec lui dans son aventure. La tombe étant creusée non pas dans la roche, mais dans une terre plutôt meuble et sablonneuse,

Meryamon l'avait tout d'abord étayée progressivement lors de sa construction, avec des rondins de bois qu'il avait trouvés sur place. Mais il s'était bien vite rendu compte que ce bois finirait avec le temps par pourrir pour finalement s'effondrer sous le poids de la terre et de l'eau de pluie ruisselante. Aussi une fois l'enceinte totalement creusée, construisit-il des murs ainsi que quatre poteaux en pierre soutenant finalement une toiture, elle aussi assemblée avec des pierres plates déposées en encorbellement. La seule paroi décorée fut celle donnant vers l'océan. Meryamon y façonna une fausse porte sur laquelle il grava l'image du Soleil Ré sous la voûte céleste de Nout que Mery avait tant recherchée. Cette porte devait permettre à la momie et à son Ka de s'échapper et de pouvoir accéder au monde des morts. Ces travaux prirent bien plus longtemps que les soixante-dix jours du bain de natron. Aussi Meryamon travaillait-il encore dans la tombe, alors que la momie avait été déposée dans son sarcophage. Lorsqu'il considéra qu'elle fut enfin terminée, il pratiqua le rite de l'ouverture de la bouche, puis condamna la tombe, en bouchant son entrée avec de nouvelles pierres plates, simplement empilées les unes sur les autres. Il lui fallut encore remblayer totalement l'escalier avec de la terre et effacer autant que possible toute trace de sa présence. Durant tout ce temps qui dura presque six mois, il ne croisa absolument personne. Aucun être-humain ne semblait vivre à cet endroit, ou ils étaient si peu nombreux qu'ils ne se croisaient jamais.

Cette tombe existe toujours et se trouve quelque part en Afrique de l'Ouest, au Sahara occidental, aux environs des îles Canaries. Mais il ne sert à rien de la rechercher, car elle ne contient rien d'autre que la momie de Mery.

Meryamon entreprit alors un long voyage en sens inverse, plein est vers son pays d'origine - l'Égypte - dont il avait presque tout oublié. Il mit à profit tout ce qu'il avait appris durant le voyage aller. Sa connaissance et sa maîtrise de la vie dans le désert lui permirent de faire cette nouvelle traversée, totalement seul. Il retrouva un jour l'oasis où sa mère Tayet les avait laissés, mais il n'y vit personne, même les soldats libyens avaient tous disparu. Il y resta plusieurs mois à attendre en vain sa mère, puis il se mit à errer cette fois plusieurs années, sans but précis, au milieu du Sahara. Sans doute refit-il durant cette période des expériences similaires de celle qu'il avait faite avec son père, pour se convaincre de la rotondité de la Terre. Mais ce n'est finalement que près de sept ans plus tard qu'il repartit réellement en direction de l'Égypte. Fort de son expérience, il ne mit cette fois que quelques mois pour retraverser la partie du désert qui le séparait encore du Nil et réussit ainsi à se rendre jusqu'au Temple de Karnak. Personne n'aurait pu le reconnaître tellement il avait changé. Il était parti comme un enfant et revenait comme un homme. Mais son pays lui était devenu totalement étranger. Il parlait parfaitement l'égyptien et savait même écrire en hiéroglyphes, contrairement à la plupart de ses compatriotes, mais il avait pris l'habitude de vivre seul dans le désert et ne comprenait pas comment autant de personnes pouvaient vivre ainsi agglutinées les unes sur les autres, dans cette immense ville de Thèbes. La ville lui faisait peur, tout comme le Temple, devant lequel une foule immense se pressait sans discontinuer, dans une ferveur divinatoire et une activité débordante.

Il demanda aux gardiens, puis aux prêtres à l'entrée du Temple s'il pouvait rencontrer la divine adoratrice d'Amon-Ré, la grande prêtresse Satis. Mais il eut pour toute réponse beaucoup de rires et de moqueries, comme si ce gueux, très sale, venu du désert, à peine habillé, pouvait se permettre d'approcher une grande prêtresse telle que Satis. Il ne réussit pas à convaincre les gardiens du Temple qu'elle accepterait de le recevoir.

Il demeura toutefois sur place, car il savait que c'était la seule façon pour que quelqu'un fasse un jour un geste en sa faveur. Il passa ainsi plusieurs semaines devant le Temple, avant qu'un gardien excédé par les supplications répétées de Meryamon, n'accepte de lui prendre les papyrus qu'il lui tendait, pour les remettre à la grande prêtresse. Satis ne réceptionna les papyrus que le jour suivant. Dès le début de leur lecture, elle comprit aussitôt qu'il s'agissait des écrits de l'expédition de Mery. Son cœur s'emballa brusquement, elle se précipita à la porte du Temple, mais Meryamon était déjà reparti en sens inverse vers le désert. Personne n'entendit plus parler de lui. Il est probable qu'il retourna vivre et mourir dans le Sahara. Il disparut sans laisser aucune trace. Le grand prêtre Ounnefer était décédé depuis déjà plusieurs années et alors que de nouveaux événements tragiques avaient lieu, Satis décida finalement de cacher ces papyrus qui présentaient une vision du monde de l'occident, très différente de celle dont le Temple faisait la promotion.

Mais ce qui importe n'est pas vraiment là. Ce qu'il vous faut savoir c'est qu'après sa momification, Mery pu entrer dans le monde souterrain des morts. Ses formations de scribe comme de prêtre, lui permirent de passer les différentes portes de la Douât. Je vous épargne les détails de ce cheminement très long et des transformations qu'il dut faire pour cela. Toujours est-il qu'il finit par se retrouver devant nous, les dieux.

C'est comme il se doit Anubis, le Dieu gardien des nécropoles qui l'accueillit au sein du tribunal d'Osiris. Tous les dieux étaient présents. Je n'entends pas ici une présence physique, ni même imaginaire comme vous la comprenez souvent, mais plutôt une présence de synchronisation avec le défunt - la même que j'utilise actuellement pour communiquer avec vous et comme vous le constatez, ça ne change en définitive pas grand-chose pour vous. Mais bref, Osiris le Dieu des morts, qui préside toujours à ce qui suit, ordonna la pesée du cœur de Mery. Anubis plaça le cœur sur la balance de gauche et la plume de la Déesse Maât s'installa sur le plateau de droite. Thot l'ibis prenait les notes que lui communiquait Anubis, mais quelque chose de très étrange se passa alors. Mery dont la momie, le Ba, le Ka et le Shout observaient toute la scène, jouait ici sa place dans l'éternité. Mais Thot et Anubis se mirent à discuter dans un langage inconnu de Mery. Tous les deux semblaient en désaccord et assez contrariés par le problème qu'ils rencontraient. Lors de la pesée, les choses sont normalement très simples, on demande au défunt de nous dire s'il a vécu selon les préceptes de l'harmonie du monde et on compare avec ce que nous informe la balance. Osiris et le monstre Ammout à tête de crocodile attendent ainsi simplement que Thot leur annonce les résultats. Mais là en l'occurrence, aucunes questions n'étaient encore posées à Mery. Thot demanda finalement à Anubis de recommencer la procédure dès le départ, comme si un problème technique était venu perturber le jugement. Intrigués beaucoup de dieux se mirent à s'approcher de la balance et Osiris lui-même vint regarder de plus près comment les choses se déroulaient. Les deux plateaux de la balance furent totalement vidés, puis Anubis et Thot vérifièrent ensemble que la balance était en parfait équilibre de sorte qu'aucun biais à vide ne vienne perturber la pesée qui devait suivre. Tous deux semblaient d'accord sur le fait que la balance à vide fonctionnait bien. Par acquit de conscience, on demanda à Nephtys, la Déesse protectrice des morts d'intervenir en faisant une troisième lecture de la balance, ce qu'elle fit, confirmant que l'équilibre était parfait. Thot demanda alors à Anubis de reposer sur le plateau de gauche le cœur de Mery sans que rien ne fût en contrepartie posé sur le plateau de droite. Tous les dieux se rapprochèrent encore pour mieux observer ce qui allait suivre. Anubis prit le cœur de Mery et le déposa avec précaution sur la balance, mais celle-ci ne bougea pas, comme si le cœur de Mery ne pesait absolument rien. Les dieux se mirent tous à nouveau à discourir. Osiris lui-même demandait comment cela était-il possible ? Thot invoqua deux solutions qui lui semblaient envisageables :

« Ou bien, dit-il, le cœur de Mery ne pèse rien, et il faut alors comprendre pourquoi, ou bien il fait l'objet d'une magie que nous, les dieux, ne connaissons pas. Pour comprendre davantage le problème, il nous faut toutefois aller au bout de la pesée. Maât, peux-tu s'il te plaît venir maintenant déposer ta plume de l'harmonie du monde sur le plateau de droite ? »

— Cette fois tous les dieux se pressaient les uns devant le cadran de la balance, les autres devant les plateaux pour observer de quel côté allait bien pouvoir pencher celle-ci, mais là encore il ne se passa absolument rien, comme si non seulement le cœur de Mery ne pesait rien, mais était aussi en parfaite harmonie avec le monde, ce qui semblait totalement illogique, cela laissant supposer que l'harmonie du monde ne pesait rien... Osiris lui-même interrogea directement Mery.

« Que penses-tu du monde Mery. Comment est le monde, selon toi ? »

— Mery nous fit un très long discours dont je n'ai malheureusement plus le temps aujourd'hui de vous narrer, car il me faudrait une nouvelle nuit comme celle-ci et je vois que les premiers rayons de lumière de l'aube apparaissent. Il me faut donc vous laisser, mais sachez toutefois que Mery a finalement été l'un des très rares humains à accéder à l'éternité et à rejoindre le ciel de Nout.

La lumière du jour qui se faisait en effet naissante laissait maintenant entrevoir pleinement des couleurs bleues et ors sur les ailes que déployait Horus. Il s'envola très rapidement en repoussant simplement son fauteuil. Je ne vis de lui en tout et pour tout que deux battements d'ailes dans le ciel de Nout, qui durèrent moins d'une seconde.

Horus avait disparu en un éclair. Nous étions maintenant seuls sur le bateau, tous épuisés par cette nuit difficile et décidâmes de nous quitter ici. Neith et Tal qui disposaient manifestement de cabines sur le bateau prirent congé de nous. Hehou nous raccompagna et nous remercia Anita et moi-même d'être venus et d'avoir joué le jeu, en animant autant que possible la soirée. Nous le remerciâmes chaleureusement pour son accueil fabuleux, puis nous partîmes ensemble, main dans la main, le long du grand fleuve, en direction du sud. Il faisait un peu frais à cette heure très tardive, presque matinale et Anita se colla à moi, sans doute pour se réchauffer un peu. Nous marchâmes ainsi très lentement une quinzaine de minutes, repassant en revue la soirée et évoquant les éléments de la nuit qui nous avaient chacun parus plus particulièrement intéressants.

Je lui demandai si elle avait déjà rencontré Horus auparavant, et quelle était son interprétation de sa présence divine. Elle me répondit qu'elle ne l'avait jamais encore vu, mais qu'Hehou lui en avait parlé à plusieurs reprises. Aussi bien sûr, avait-elle été plus qu'intriguée par ce personnage qu'elle ne comprenait en définitive pas mieux que moi. Mais comme son point de vue était de toute façon de croire en tous les dieux de toutes les civilisations, sans pour autant leur accorder plus d'attention que nécessaire, elle était plutôt satisfaite et se disait réconfortée par le fait que son jugement sur le monde lui semblait être le bon. Pour ce qui me concerne, je devais lui avouer que la présence d'Horus m'avait été réellement déstabilisante. Tout ce qu'il avait pu dire lors du dîner ne me semblait pas du tout stupide, bien au contraire même. Horus m'était apparu très pertinent dans ses interventions. Alors que je l'imaginais initialement au début du dîner, comme au pire un imposteur probable, ou au mieux comme un magicien de qualité, je devais avouer que si tel était le cas, il était quoi qu'il arrive un très bon prestidigitateur. Je savais parfaitement que le nombre connu d'êtres-humains qui pensaient s'être réellement retrouvés, d'une façon ou d'une autre, à conduire une discussion avec un dieu quelconque, devait se compter sur les doigts de nos deux mains tout au plus, et que les témoignages de la plupart d'entre eux ne semblaient pas vraiment crédibles. Alors comment devais-je interpréter ce qui venait de se passer cette nuit-là ? Mon côté scientifique associé aux probabilités, me conduisaient à penser à quatre-vingt-dix-neuf pour cent que j'avais tout simplement été l'objet d'une manipulation mentale, physique, chimique ou le tout à la fois, mais je ne pouvais non plus totalement écarter le un pour cent restant, qui demeure à ce jour toujours une explication envisageable.

Arrivés à un embranchement, nous nous étions arrêtés de marcher en même temps, nous retournant l'un vers l'autre. Les yeux gris-bleu d'Anita me fixaient toujours aussi profondément. Sans qu'aucun de nous n'échangions plus un mot, nous nous rapprochâmes instinctivement pour nous embrasser longuement. C'était très lent, mais aussi très intense. Je sentais la pression de ses mains sur les miennes qui me caressaient passionnément dans un double massage, ainsi que l'une de ses cuisses qui remontait contre moi. Nous ne pouvions nous quitter du regard. Elle me faisait l'amour avec ses yeux qui se plissaient doucement de désirs. C'est tout le ciel de Nout que je pouvais voir en elle. Des étoiles étaient propulsées dans mon cerveau. Anita brillait maintenant en moi comme le Soleil de Ré, je m'étais définitivement perdu dans mon propre espace-temps. Il n'y avait plus de temps, plus d'espace, plus d'énergie, plus de vide, plus de fini ou d'infini, plus de dieu, il n'y avait plus qu'elle et elle était divine. Nous mîmes quelques dizaines de secondes, avant de reprendre nos esprits et de nous écarter lentement l'un de l'autre, jusqu'à ce que nos mains ne se séparent elles-aussi. Nous étions je pense épuisés par cette nuit et c'est sans un mot, que chacun partit de son côté en nous retournant à plusieurs reprises, pour tenter de nous apercevoir une dernière fois.

Je n'ai jamais revu Anita, ni personne d'autre de ce dîner.

Le grand dévoreur de l'ombre apparaissait maintenant pleinement à l'est, propulsant ses couleurs jaune orangé sur le monde que Mery nous avait laissé en héritage. Il venait comme chaque jour de renaître, après un trop long voyage à travers Nout.

Remerciements et dédicaces

Un grand merci à mes parents et plus particulièrement à ma mère Monique et à mon frère Olivier qui ont relu avec patience et minutie mes tournures de phrases souvent alambiquées, qui ont réalisé la couverture du livre selon une savante technique de dessin qui leur est propre, ainsi que pour tous leurs conseils avisés.

Un autre remerciement tout particulier pour mon ami Julien et nos discussions le plus souvent totalement absurdes, ainsi qu'à Mimée pour ses yeux gris-bleu et son côté fantasque ésotérique.

Cet ouvrage est dédié à mes enfants, Déborah et Etann.